区块链技术丛书

BUILDING BLOCKCHAIN APPS

区块链应用开发实战

[美] 袁钧涛（Michael Juntao Yuan）◎ 著

石涛声 曹洪伟 ◎ 译

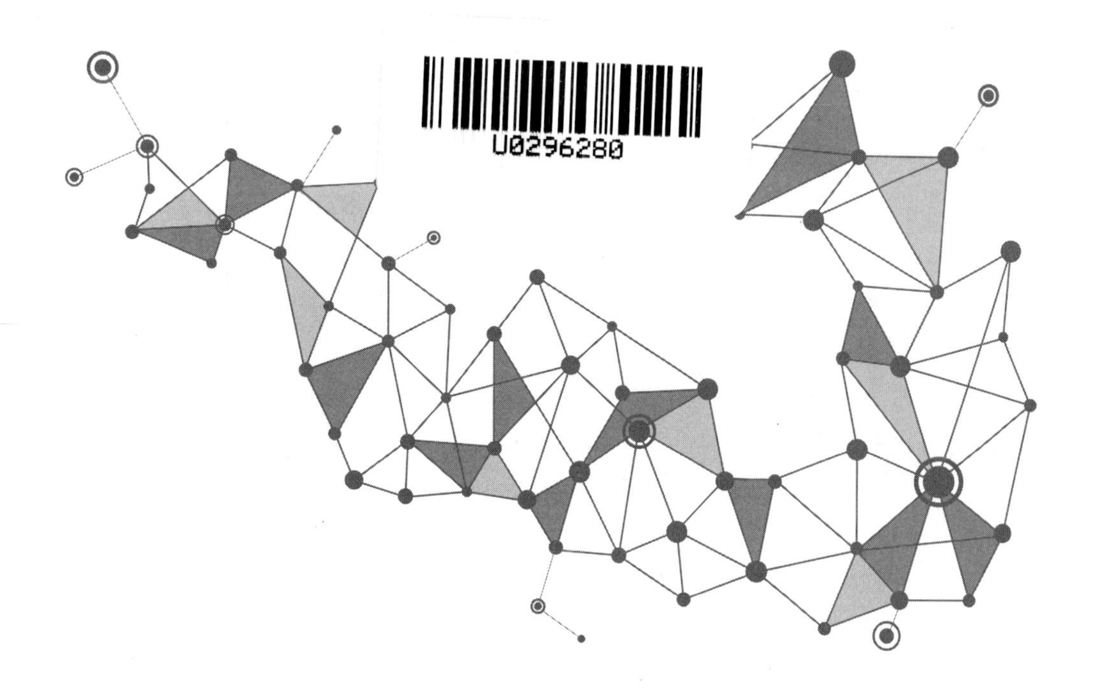

机械工业出版社
China Machine Press

图书在版编目（CIP）数据

区块链应用开发实战 /（美）袁钧涛（Michael Juntao Yuan）著；石涛声，曹洪伟译 . 一北京：机械工业出版社，2020.8

（区块链技术丛书）

书名原文：Building Blockchain Apps

ISBN 978-7-111-66288-4

I. 区… II. ①袁… ②石… ③曹… III. 区块链技术 – 程序设计 IV. TP311.135.9

中国版本图书馆 CIP 数据核字（2020）第 143975 号

本书版权登记号：图字 01-2020-1654

区块链应用开发实战

出版发行：机械工业出版社（北京市西城区百万庄大街 22 号 邮政编码：100037）

责任编辑：冯秀泳 责任校对：殷 虹

印 刷：北京瑞德印刷有限公司 版 次：2020 年 8 月第 1 版第 1 次印刷

开 本：186mm×240mm 1/16 印 张：17.25

书 号：ISBN 978-7-111-66288-4 定 价：99.00 元

客服电话：（010）88361066 88379833 68326294 投稿热线：（010）88379604

华章网站：www.hzbook.com 读者信箱：hzit@hzbook.com

Foreword 1 推荐序一

最近，当我与袁钧涛博士重新取得联系时，他刚刚成功地完成了区块链项目 CyberMiles（CMT㊀）的融资工作，该项目后来孵化了一家名为 Second State 的科技公司。袁博士一直站在区块链技术和融资的前沿。我回想起了他最初在一份出色的技术白皮书中描述 CMT 区块链核心技术基础的方式，以及这些方式如何与当时我自己的中间件体系结构经验和理解产生了共鸣。他用我听得懂的语言阐述一切。值得注意的是，他最初提出的愿景正在 Second State 得以实现，并应用于企业级区块链市场。

在 21 世纪初，袁博士是开源运动的热心支持者，这也是我们第一次见面的原因。开源软件在 1999 年后期从一个“毒瘤”变成了互联网的基石。到 2008 年，比特币的半匿名作者首次提出“开源货币”的概念并公之于众。比特币的非凡之处在于没有人“拥有它”，包括任何国家或公司。它作为一个开源软件存在于互联网上。作为以互联网为中心的数字价值存储手段，加密货币是开源分布式账本的第一个杀手级应用。值得重申的是，比特币之所以如此特殊，是因为它不是由一个实体拥有或运营，而是在某种意义上属于互联网的去中心化财产。它是一个开源软件。该软件的实现是在 MIT 许可证（开源许可证）下进行的，它邀请了一切有足够能力的人加入、讨论并保护网络。因此，比特币的运营者往往会聚集在世界各地的廉价能源周围，因为确保网络安全需要特殊的数学计算（比特币的精微玄妙之处）。事实上，比特币已经超越了价值存储手段，无中生有地创造了开源加密账本——该技术的第一个杀手级应用。

以太坊的引入和智能合约的概念彻底改变了加密金融领域。在 ERC20 领域出现了引人注目的资本筹集动力，这又是一种无中生有。ICO 现象背后的一个疑问是，加密资产的资本市场是否有能力彻底改革融资的方式。这标志着一代人的转变。加密货币的金融应用尚处于起步阶段。这些应用只有十岁，对于互联网货币的限制，更多的是心理上的，而不是

㊀ CMT 是 CyberMiles Token 的缩写。——译者注

技术上的。

然而，也许更具哲学性的DLT（Decentralized Ledger Technology，去中心化账本技术）的应用对未来展示了更多的希望。例如，（主权）身份和附加到该身份的医疗数据的概念。今天，我们可以设想一个以互联网为中心（即去中心化）的ID存储库，存储适当保护的私有生物特征数据。不要忘记，DLT是以互联网为中心的分布式安全数据库。我们都知道，存储数据的DLT存在于普通手机中，而且代价很小。例如，不必依靠政府来发布和验证身份，现在在技术层面上已经有“互联网身份”的概念，可以应用到许多新的应用中，与受信任方进行视频会议就足以建立高度信任的身份。许多初创公司建议提供这种身份的实现。这种身份可以附加到医疗数据中。同样在哲学上，这些医疗数据最终属于个人。从技术上讲，分布式账本技术允许这种情况存在，并且作为一个社会，可以实现“全球范围的以互联网为中心的”数据结构。开源的未来是光明的。

从历史上看，社会的进步通常伴随着账本技术的进步，甚至是由账本技术的进步所推动的。尽管会计职业“声名狼藉”，但它似乎对人类的进步至关重要。例如，法国大革命之后，拿破仑为了建立一支军队，使用了由民族国家统一管理的中央账簿。IBM——美国的标志性公司，诞生于19世纪晚期的全美人口普查工作。当时用穿孔卡片来记录在这片广袤大陆上的人民，人口普查工作引发了一项工程壮举和蓝色巨人的诞生。未来的几代人将以我们今天无法预见的方式使用DLT。

但是回到现在，袁博士对智能合约生态系统工具的关注是富有洞察力、博学和及时的。在本书中，他将快速引领读者走上以太坊开发之路。全书使用Dapp作为具体的例子。在这个快速发展的生态系统中，开发者可以快速地提高编程效率是非常重要的。另外，本书是技术性的，涵盖了许多高层次的方面，包括通证经济学（tokenomics）。本书针对的是专业人员，包括安装开发环境和开始构建Dapp的所有步骤。本书还将超越DLT的金融应用，研究为下一代杀手级应用提供了巨大潜力的智能合约。DLT领域中的工具和虚拟机正在迅速发展，本书为专业开发者提供了全面指南。HODL[㊀]和

㊀ HODL是加密货币投资者常用的一个术语，是指投资者不管加密货币的价格是上涨还是下跌都拒绝出售加密货币。在熊市中，当人们不顾价格下跌而拒绝出售他们的货币时，这个词更常用。

HODL后来被改称为“Hold On for Dear Life”的缩写，指即使在市场剧烈波动和市场表现不佳的情况下也不抛售股票。

HODL最初是一个名叫“GameKyuubi”的用户在BitcoinTalk上犯的拼写错误。在BitcoinTalk上一个标题为“I am HODLING”的帖子中，GameKyuubi写道：“I type d that tyitle twice because I knew it was wrong the first time. Still wrong. w/e. GF's out at a lesbian bar, BTC crashing WHY AM I HOLDING? I'LL TELL YOU WHY. It's because I'm a bad trader and I KNOW I'M A BAD TRADER.”

从那以后，HODL就成了那些承认自己不具备短线交易技能的人使用的一种策略——比如黄牛交易、日内交易或震荡交易。HODL这个术语还激发了类似术语BUIDL的创建，进而引发了BUIDL运动。——译者注

BUIDL[1]：未来是光明的。

——Marc Fleury 博士，Two Prime 创始人，JBoss 创始人和前 CEO，
Red Hat 前高级副总裁

[1] 与 HODL 一样，BUIDL 也是加密货币社区常用的术语，指的是为区块链行业构建不同类型的应用程序。BUIDL 是单词“build”的变形。BUIDL 运动认为，人们不应该只是积累或交易加密货币，而是应该开始主动贡献，以帮助人们采用和改善其投资的生态系统。

BUIDL 理念认为：不必成为编程方面的专家就能有所贡献，可以是简单地使用加密货币，还可以是使用智能合约、beta 测试产品、撰写文章、玩区块链游戏、使用加密货币钱包，以及任何可以帮助区块链和加密货币领域发展和扩展的东西。

目前还不清楚谁是第一个使用 BUIDL 这个词的人。然而，在加密货币生态系统中，许多重要人士都相信 BUIDL 理念并经常使用这个术语来鼓励整个生态系统的发展。

Vitalik Buterin 在提到以太坊的发展时也使用了 BUIDL 这个词。——译者注

推荐序二 Foreword 2

网络先行，应用为王

12年前，区块链技术随着比特币的诞生而为人所知。这是一项突破性的技术，在区块链系统之上增加激励机制，可以实现去中心化的网络，从而自动建立信任、去中介化。它带来的是生产关系的变革，实现了代码即法律的高效信任逻辑。区块链自诞生之日起，便引发了无数人的好奇心，他们躬身入局，成为区块链的开发者和推动者。

以太坊（Ethereum）的创始人 Vitalik Buterin 便是其中一位突出代表。以太坊在比特币诞生6年后走上历史舞台。以太坊的愿景是"世界计算机"，即在一个去中心化的世界里提供可验证的计算服务。自此，智能合约正式有了现实的意义。

区块链作为一个公共系统、全球性网络平台，其发展必然有一个渐进的过程。区块链的发展模式，可以用我曾经写过的一篇文章的标题来概括，那就是"网络先行，应用为王"。所有网络都有一个共同特点，在系统发展的初期，投入最大、利润最高的是基础平台的建设。20世纪初，证券市场最热门的股票是铁路系统，当铁路系统基本建成时，可以承载各种实体服务（应用），工业取得极大发展。之后20年，最热门的是通信（依旧是平台和网络建设），当通信基本建设就位时，互联网兴起（注意，互联网公司所做的实际就是在通信网络之上的应用）。当今，热门的云计算仍然属于基础设施范畴。

一个时代的崛起，首先是平台和网络建设的投入，而后是应用层出不穷。可以参考这些网络：铁路系统，高速公路，航空系统，互联网络，无线网络（2G/3G/4G/5G）。当网络初具规模时，迎来的将是应用的爆发。交通系统、通信网络服务不再拥有超额利润，而利用这些网络的应用层出不穷。当然，应用又会反过来促进网络的发展，形成螺旋式增长模式。

区块链作为一个更加全球化的系统，一个初级的网络已经建成，现在正是第一轮应用爆发的时机。但是，作为一个新的系统，开发所基于的各种基础设施还不完备，或者不为人所知。Michael Juntao Yuan 数年来一直致力于区块链的应用开发，他是 CyberMiles 的联合创始人，Second State 公司的 CEO。而这两个公司都是为去中心化开发应用而生的，关注的是如何让开发更简单、更安全、更高效。

这样一本书，就是要让区块链应用开发从高不可攀走向大众化。全书从简单介绍区块链入手，直接进入应用实践，然后再逐步推进，让用户由浅入深，掌握区块链应用的各种概念、开发环境、语言、可利用的代码库以及熟悉区块链应用应该注意的方方面面。通过对本书的全面学习，读者甚至可以自己构建一个区块链网络。

全书24章，看起来比较多，但组织有序，开发者可以将其用作教程。区块链爱好者也可以通过它系统地了解区块链相关的知识。本书也是一本很好的普及读物。

区块链发展到了第12个年头，第二个六年即将结束。第一个六年诞生了以太坊，这是一次革命，开启了网络建设的大幕。第二个六年，我们会迎来更多的改变，包括跨链、侧链技术的突破，去中心化存储Filecoin的上线，DAO（去中心化自治组织）从理论走向实践。在这个时机，我们还应该看到第一波应用的爆发，看到一些中心化应用向去中心化网络迁移，也会看到一些新兴应用的诞生。在这个时候，我十分乐见这样一本书的出版。因为本书中文版的出版，我也乐见中国的区块链开发者队伍因此书的带动而壮大。

李　昕

IPFS 原力区 CTO

2020年6月7日

于上海市漕河泾开发区

译者序 The Translator's Words

Web3，区块链后花园的姹紫嫣红

在 Web 之前，是互联网。

互联网发明于 20 世纪 70 年代，正值美苏冷战的高峰期。

当时，美国有一台中央计算机控制着其核武器。美国政府担心，一次攻击就可能使该计算机系统瘫痪，使得自己无法进行反击。因此，美国政府建立了一个去中心化的系统，让许多计算机分布在全国各地。即使发生了攻击，防御系统仍能够继续运行。这对互联网来说是一段黑暗历史，但这也是去中心化思想的由来。

之后，在 1990 年，蒂姆·伯纳斯 – 李（Tim Berners-Lee）创建了 Web（万维网），这是互联网上最早的应用之一，使得人们能够轻松地浏览网上内容。然而，它是一个高度专业化的工具，主要用于研究人员和高校学生。五年后，像 Mosaic 和 Microsoft Internet Explorer 这样的新浏览器把 Web 1.0 带给了普通大众。此时的网页设计很糟糕，我们通过拨号（PPP）连接互联网，下载一张照片或一个视频将花费很长时间。这就是 Web 1.0，也是我们在网上冲浪的美好时光。

Web 1.0 具有三大特征：去中心化、开源和只读。Web 1.0 是由普通电脑用户驱动的。蒂姆·伯纳斯 – 李的电脑上贴着照片，它上面有一张贴纸，纸上写着不要关机，因为这台电脑正在为互联网提供动力。开源使得像谷歌和亚马逊这样的新企业成为可能。Web 1.0 是只读的。只读是指每千名浏览 Web 的用户中，只有少数人具备发布内容的技能。

这一切在 2005 年前后发生了改变，YouTube、Facebook 和 Twitter 等新网站带来了 Web 2.0。任何人都可以在网上发布内容，无论技术水平如何，这是第一次实现。Facebook、YouTube 和 Twitter 都是人们创建自己 Web 的简单方式。它们导致了今天 Web 的大规模普及。

但在那时，人们已经开始看到这些新 Web 背后的问题。虽然它们使我们的网上生活更方便，但它们慢慢地在开放的 Web 上建立“围墙花园”。此外，以前为 Web 提供动力的计算机逐渐演变成为这些平台提供动力的大型中心化数据中心。我们开始偏离 Web 的最初愿景。

智能手机的发明加速了这一现象。今天，我们拥有许多令人难以置信的设备，让我们可以做很多意想不到的事情。是的，智能手机可以让我们通过 Safari、Firefox 和 Chrome 等应用浏览网页，通过微信链接朋友，通过抖音等观看世界。但不幸的是，这些应用淹没在其他众多封闭、私有、不透明的应用之中。

互联网已经 30 岁了，但这不是我们想要的网络。互联网的发明者蒂姆·伯纳斯–李利用互联网 30 岁生日这个机会，表达了他对互联网近年来发展方向的不满。

随着 Web 2.0 思想的广泛传播，一个不可避免的问题出现了：Web 3.0 将会是什么样子？

Web 3.0，简称 Web3，将带来三大变化：

- 货币将成为互联网的固有特征。
- 去中心化应用（Dapp）为用户提供新的功能。
- 用户将对他们的数字身份和数据拥有更多的控制权。

Web 2.0 之所以被人们所诟病，在于广告成为 Web 的默认商业模式，其根本原因是 Web 上没有传递价值的可信方式。值得庆幸的是，最近有一项发明解决了这个问题。这项发明就是比特币，它将在未来几十年对我们的社会产生重大影响。

比特币带来了两大创新：

- 它允许数字稀缺。历史上第一次，我们可以创造既数字化又独特的物品。
- 它允许我们在网上消费而不需要任何中介。

这两项创新为人们带来了价值互联网。

要了解价值互联网有多大，请考虑 Web1 和 Web2 如何彻底改变了信息的自由流动。科技改变了每一种媒体：报纸、电话、电视、书籍、广播、摄影、百科全书等。很多没有改变的东西都与价值有关。

正如 Web1 和 Web2 带来了信息流的爆炸，Web3 也将带来价值流的爆炸。

就像信息一样，在未来的几十年里，价值的转移将是全球性的、即时的、自由的，每个人都可以获得的。虽然比特币可能会颠覆现金或黄金（取决于你问的是谁），但价值革命远远不止于此。想想社会的每个组成部分都需要稀缺性——股票、债券、身份、不动产等。所有这些都可以通过 Web3 进行转换。这将是巨大的机会。

比特币允许我们在没有任何中介的情况下进行交易。为什么我们不能用同样的想法来构建其他的应用呢？将比特币的创新（区块链、密码学、对等网络和共识算法）添加到 Web 应用中，这就诞生了去中心化应用。

现在我们可以把日常使用的每一个应用都放在 Web 上。例如，Airbnb、Twitter、Facebook、YouTube 都有去中心化的版本，没有中央权威机构或超级权力。这掀起了去中心化应用的一场运动，在所有领域（无论是货币、银行、支付、广告、供应链），人们都在构建我们今天使用的应用的去中心化版本。

Web 基础设施本身的改变是催生去中心化应用的重要因素。Web 基础设施将有自己的原生支付层，其中包含像比特币这样的项目（当然，比特币不是唯一的项目，还有许多其他竞争性的加密货币），然后是像以太坊这样的虚拟机。这些平台可以运行去中心化应用的代码。

在此基础上，还需要一个去中心化的存储层，用来存储去中心化应用所需的源文件，如图像、视频、文本等。在这方面，值得关注 IPFS 和 Filecoin 项目。IPFS（星际文件系统）是由协议实验室和 Juan Benet 共同开发的一个项目，它的目标是成为 HTTP 的替代协议。Filecoin 是基于区块链构建的可验证存储市场，是 IPFS 之上的激励层。

而就在今年，Filecoin 作为 Web3 的基础设施，即将迎来主网上线，Web3 的黎明和曙光初步显现。基于 IPFS 的内容寻址存储服务和基于 Filecoin 的可验证存储将为 Web3 提供存储层的技术堆栈。相信未来随着可验证计算等更多基础构件的成熟，区块链的后花园必将姹紫嫣红。

本书的翻译源自几个不同有趣灵魂和人生轨迹的碰撞。关敏老师是机械工业出版社华章公司的策划编辑，是她从始至终的关怀、支持和信任，才让这本书花开中国。冯秀泳老师是机械工业出版社华章公司的责任编辑，是他出色的文笔、专业的知识和严谨的态度让本书精彩盛放。曹洪伟是一个 70 后老程序员，在 IT 领域有超过 20 年的沉淀，期望以码农的工匠精神倾注在区块链技术上。石涛声是一个区块链工程师，在分布式系统领域有超过 10 年的积累，期望以学者严谨的精神让更多的读者从本书受益。本书的翻译更是得到 IPFS 原力区 CTO 李昕先生的关怀和指导，他亲自为本书撰写了推荐序。李昕先生对区块链、分布式存储、IPFS&Filecoin、Web3 等相关技术领域和产业方向都有深刻的理解，并躬身入局推动相关产业的发展。借此序言，向袁博士、关老师、冯老师、李昕先生致以最衷心的谢意！同时衷心感谢译者家人在翻译全程中的理解与支持。

无论如何，翻译都是一项特殊的创作过程，在一次次的字斟句酌中，在一次次的推敲打磨中，包含了译者的理解和选择。尽管小心谨慎，孜孜矻矻，如履薄冰，终因译者水平有限，本书翻译错漏之处在所难免，望诸位读者海涵并指正。任何疏忽纰漏之处，都是译者的问题，与作者和编辑无关。

总体来说，每一次技术变革都需要最初的一批技术极客、开发者、信仰者、布道者和爱好者来拓荒。技术社区也需要更多区块链技术书籍来提供深入浅出的讲解和系统性的开发指导，而袁博士的这本书正好兼具这两个特性。

石涛声　曹洪伟

Acknowledgements 致谢

特约撰稿人 Tim McCallum、Ash SeungHwan Han 和 Victor Fang 为本书增色不少。Tim McCallum 是澳大利亚的一名软件工程师，他是本书中讨论的许多软件项目的开源贡献者。Ash SeungHwan Han 是韩国首尔的一位企业家，他为加密货币基金和加密货币交易所在开发者生态系统中的运作提供了至关重要的见解。Victor Fang 博士是加州硅谷的一位企业家，他的公司（AnChain.ai）是区块链安全领域的世界领导者。

在撰写本书的早期，Cosmos 项目的 Jim Yang 和 Jae Kwon 对整体结构与内容提供了批判性的反馈。他们的早期支持、意见和建议是无价的。

Second State 和 CyberMiles 团队制作了书中使用的许多开源软件和代码示例。我要感谢（这里排名不分先后）Shishuo Wang、Zhi Long、Maggie Wang、Weibing Chen、Luba Tang、Hung-Ying Tai、Meng-Han Lee、Shen-Ta Hsieh、Yi Huang、Dai-Yang Wu、Rao Fu、Vivian Hu 和 Lucas Lu。

最后，我要感谢责任编辑 Greg Doench，感谢他在早期对本书的信任，以及在困难时期的支持。

和以前一样，我对本书中的任何错误负责[1]。

[1] 本书部分源代码可从 buildingblockchainapps.com 下载。——编辑注

目　录 *Contents*

第四部分 构建应用协议

第五部分 构建自己的区块链

第六部分 加密经济学

第一部分 Part 1

区块链入门

本书的第一部分介绍区块链技术的基本概念，如免信任共识、加密货币和加密经济学。对于应用开发者和业务主管来说，理解这些概念是至关重要的，因为这些概念为进一步的讨论建立了一个通用的词汇表。为了设计和开发区块链应用，读者有必要了解区块链网络的基本特征和关键特性。

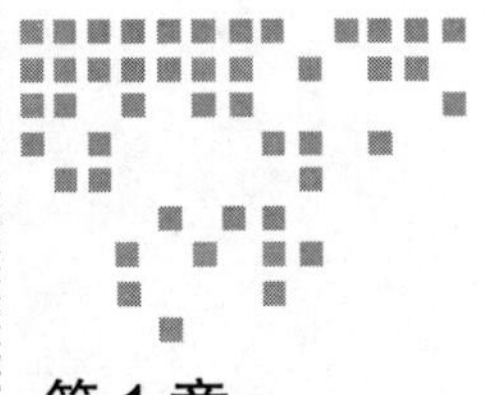

Chapter 1 第1章

区块链简介

区块链一词，最初是一个描述抽象数据结构的计算机科学术语。然而，随着区块链技术变得越来越流行，甚至是无处不在，这个词引发了许多人的想象。如今，区块链就像每个人心中的“哈姆雷特”。

1.1 区块链

对于计算机科学家来说，区块链是一系列相互连接的数据块（数据区块）。每个数据块可以存储任何信息，但通常存储一组交易数据。区块的信息由唯一的散列表示。每个区块的数据内容都包含前一区块的散列值（见图1.1）。

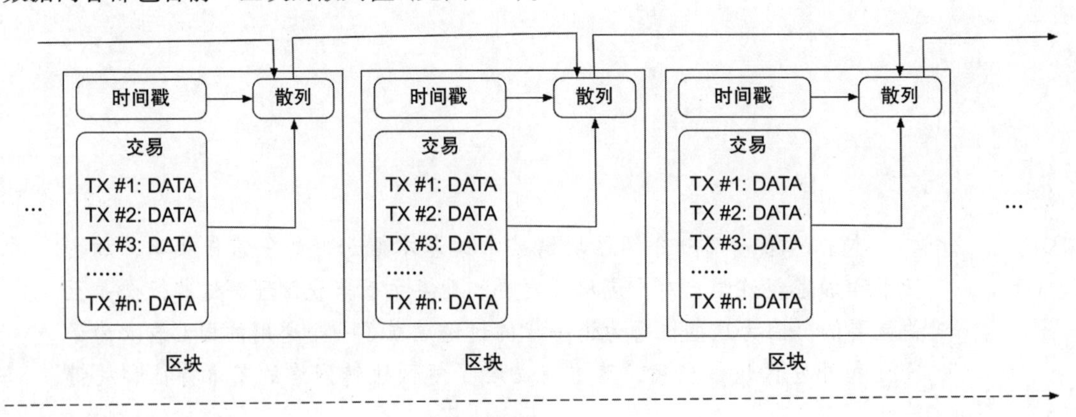

图1.1 区块链

注意

加密散列是大量数据的简短表示，而且非常容易计算。但是，如果只知道散列值，则很难找出产生这个散列的原始数据。

为什么我们要在区块链结构中存储数据，而不是使用数据库呢？原因是，区块链的第一个关键特性：很难更改链上的任何数据。

假设读者有一个包含 1000 个区块的区块链。现在，有人想改变在区块 10 中的内容，当改变该区块数据的时候，该区块的散列值也发生了改变。那么，区块 11 包含了区块 10 的散列值，因此区块 11 中的内容也会改变，从而导致区块 11 的散列值同样发生了改变，这个过程会沿着区块链传播开来。所以，任一区块的任何改变，最终都会重建它后面的所有区块。这就是所谓的*硬分叉*，即创建一个与现有区块链不兼容的新区块链，即使它们都使用了相同的软件。从这个意义上讲，区块链是不可变的。不可能有人“悄无声息地”修改区块链的历史。

正如这里可以看到的，区块链越长，就越稳定。当读者在比特币网络上进行交易时，会经常听到交易在经过 6 个或更多的区块（大约一个小时，因为比特币网络每 10 分钟创建一个区块）后才被安全“确认”。经过 6 个区块之后，不太可能出现另一个分叉链并获得社区的接受。因此，基本上可以肯定，经过 6 个区块之后，读者的交易已经被记录为永久历史的一部分。

虽然可以在区块链中存储任何数据，但区块链最常见的用例是存储交易记录。这是有道理的，因为货币交易的历史准确性和有效性至关重要。在实践中，区块链被用作记录交易的数字账本。

1.2　协作账本

如今，一般用数据库（或*日志*）来记录交易更改的历史。自从个人计算机发明以来，人们就一直使用电子表格或数据库作为交易账本。账本自身既不复杂，也不是一个明显的增值业务。

那么问题是：为什么我们需要类似区块链这样一个新的、计算密集型的数据结构？答案在于区块链的第二个关键特性：很容易围绕区块链构建协作网络。

由于每个区块都是单独添加到区块链中的，所以我们可以设计一个网络，其中一个或多个参与方提出下一个区块，然后所有网络节点（即网络上的参与计算机）可以验证所提出的区块，并就是否应该将其附加到区块链达成一致。如果一个区块被大多数网络参与者认为无效，那么区块链可以丢弃它，甚至惩罚它的提议者。关于区块链共识的更多技术细节见第 2 章。

验证规则取决于特定的区块链。例如，对比特币区块链而言，矿工检查区块中记录的每笔交易的加密签名和账户余额，以确定其有效性。

这样一来，区块链就变成了一个协作账本。

1.3 加密数字货币

账本记录了某种货币的流通情况。要认识到的一个重大创新是：区块链可以定义自己的“货币”，并进行交易。这种货币被称为*加密数字货币*，因为这种货币的有效性是由区块链网络使用的加密技术来保证的。例如，这种货币的每一笔交易都是需要数字签名的，以确保其真实性和唯一性。这个加密数字货币也被称为*加密通证*或*通证*（token[一]）。本书将交替使用这些术语。

交易验证的规则允许区块链创建自己的*货币政策*来管理它自己的加密货币。例如，比特币区块链为其加密货币（即比特币）的创建和消费定义了以下规则：

- 出块奖励规则：新区块的提议者将收到若干新挖出（创建）的比特币。
- 总量和释放规则：比特币总量是 2100 万枚，因此区块奖励随着时间的推移而减少。
- 最小单位规则：每个比特币可以分成 100 万个单位（Satoshi）用于交易。
- 验证奖励规则：比特币矿工验证新区块中的交易，将收到一些比特币作为奖励。

有趣的是，这种货币政策被编码在了比特币的区块链软件中。没有人可以在不创建新区块链（即硬分叉）的情况下来更改策略。

区块链创建的加密货币有一个重要的功能。它提供了一种工程机制，通过激励设计（或经济工程）来完成软件工程无法单独完成的事情：建立信任。

我们可以使用区块链技术和加密数字货币的设计来构建免信任的（trustless[二]）协作网络。

> **注意**
>
> 很长一段时间以来，技术社区一直认为区块链技术的“企业（To B）”用途是在一家公司或一组已经拥有信任关系的公司内部建立一个分布式账本。可信的网络验证者和节点使得开发高性能共识协议变得很容易。像 IBM 和微软这样的公司提倡使用这种许可或可信的区块链[三]。
>
> 然而，经过几年的试验，很明显，这种在可信 / 单一公司 / 集中环境中使用区块链的“企业”对商业实践的影响有限。可信区块链只是企业 IT 部门可以使用的另一个数据管理软件的解决方案。这种区块链的使用方式不会产生网络效应。

[一] 对于 token 一词的翻译，本书翻译根据上下文情况交替使用“货币”“代币”或“通证”。——译者注

[二] 在区块链领域里是指参与的协作方之间不需要信任，因为有区块链作为信任的基础。所以 trustless 译为“免信任”。——译者注

[三] 即联盟链。——译者注

1.4 智能合约

当比特币区块链的矿工验证交易时，他们只核算大多数基本的会计准则。例如，交易发送者的账户中必须有足够的资金，必须用私钥对交易签名。比特币的矿工很容易核实这些交易，并达成共识。

现在，区块链的矿工可以不检查基本的会计规则，而是运行任何一种计算机程序，然后就计算结果的正确性达成共识。最后，共识的结果可以保存到区块链中作为永久记录。这就是智能合约背后的思想。为比特币开发的共识机制可用于为任何类型的计算建立信任。

以太坊区块链是首批支持智能合约的公共区块链之一。以太坊的特点是支持图灵完备的虚拟机，称为以太坊虚拟机（EVM）。EVM 在所有节点上运行，以验证任意计算任务的正确性。为 EVM 开发的程序存储在区块链的账户中，任何涉及该账户的交易都将由以太坊矿工根据该程序进行验证，然后交易才能记录在区块链上。智能合约已经成为区块链最重要的应用。

区块链背后真正革命性的思想是由非合作的参与者在免信任的网络上产生可信的计算结果。

1.5 免信任网络

区块链技术最初的杀手级应用是比特币。比特币是由完全免信任的网络来创建和管理的。任何人都可以在比特币网络上验证交易，提出新区块，如果区块被一致接受，就可以获得比特币奖励。比特币网络的参与者互不认识，也互不信任。然而，该系统的设计目的是防止任何参与者对区块链进行恶意更改。

比特币用于达成共识的确切机制被称为*工作量证明*（Proof of Work，PoW）。我们将在第 2 章讨论 PoW 的技术细节。现在，只需知道有一些机制可以让不受信任的网络参与者就哪些交易是有效的以及哪些交易应该记录在区块链上达成一致。共识机制的核心是加密货币的使用，激励参与者按照规则行事（例如，不验证无效交易）。这种使用加密货币作为激励措施的做法被称为*加密经济学*。

在没有权威信任中心的情况下达成共识，这种能力是强大的。当今最伟大的互联网公司都是建立在网络效应之上，像 Uber（优步）和 Airbnb 这样的公司是它们所构建网络的信任中心。这些公司制定规则，特别是关于如何在网络中进行货币交易的规则。它们确保每个人都遵守规则，并在这个过程中获取巨大的利润。但这些信任中心真的有存在的必要吗？网络能否在没有规则制定者和仲裁者的情况下运行？为什么网络参与者自己不可以拥有网络并获得利润？

然而，过去试图取代 Uber 并建立一个合作式非营利交通网络的努力基本上都失败了。原因如下：

- 用一个中心化的非营利组织代替一个中心化的公司并不能解决信任问题。许多非营利组织都很腐败，大多数经营者中饱私囊。司机和乘客仍然没有真正的网络“所有权”。
- 一个中心化的非营利组织缺乏奖励早期采用者和启动网络的手段。然而，Uber 这样的企业可以筹集风险资本（VC）的资金，并在激励措施上投入巨资，直到网络效应能够自我维持。

一个使用加密货币的区块链网络可以解决这两个问题。由不受信任的对等方运行网络，因此不会产生腐败。该网络可以发行代币，通过一个例如首次代币发行（Initial Coin Offering，ICO）的过程来补偿早期采用者。此外，通过将网络参与者（Uber 示例中的司机和乘客）转变为通证持有者，我们可以建立一个货币网络，并建立网络忠诚度，这是像 Uber 这样的公司无法做到的。

1.6 新的协作方式

这种不受信任的网络为人们的合作开辟了新的途径。例如，假设有一个有价值的数据集，但是没有人拥有全部的数据。网络中的每个参与者都拥有一片数据集，但他们都不愿意共享，因为最后共享数据集的一方将受益最大。在这种情况下，社会往往无法利用这些数据集。

> **注意**
>
> 一个具体的现实案例是，医院所拥有的医疗数据——虽然整体价值极高，但没有一家医院在没有激励的情况下去分享自己的数据。

现在，让我们设想一个网络，所有各方都可以贡献数据。当使用这些数据产生收益时，网络将按照预先商定的份额比例将收入分配给各方，并且每个分配都由网络参与者独立验证，这样就不会有作弊的机会。

在区块链技术出现之前，这样的数据协作网络也是可能的，但它需要一个所有人都信任的中心权威机构来确定和分配收入。这种可信的中心权威机构既有作弊的动机，也有作弊的机会，从而使得这种可信的网络难以建立。

1.7 胖协议

区块链网络的特点是可以在没有中央企业的情况下创造价值。网络的价值不在于各个企业的股份，而在于网络协议，反映为网络通证的价值。这个理论被称为胖协议理论（fat protocol theory），最初由来自联合广场风险投资（Union Square Ventures）的 Joel Monegro 提出。例如，在今天的比特币或以太坊网络上，没有一家公司的估值达到了很高的水平，但这些网络本身的价值却高达数百亿美元。图 1.2 显示了互联网协议是“瘦”的，因此应用捕获了大部分价值，而区块链协议是胖的，它们自身可以捕获价值。

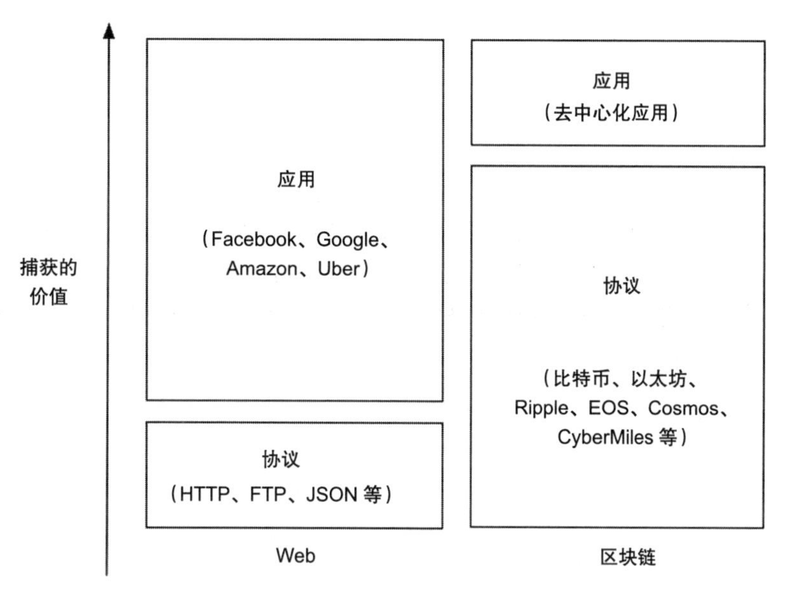

图 1.2　胖瘦协议对比（来自 https://www.usv.com/blog/fat-protocols）

现代企业之所以存在，是因为企业与其合作伙伴之间的外部交易成本远远高于部门内部的交易成本。这是由于企业可以对其内部部门施加命令并控制结构。然而，在今天的经济运行中，随着通信成本的下降，外部交易成本下降到了公司越来越依赖外包或承包劳动力的程度（见之前 Uber 和 Airbnb 的例子）。

免信任的区块链网络将进一步降低外部交易成本。这些网络不仅简化了信息的交易，也简化了货币的交易。公共区块链网络与加密通证一起，使新的业务模型成为可能，这些模型可以取代今天的公司，也可以创造公司无法实现的新机会。

区块链网络的协作规则和共识规则被嵌入到网络协议本身中并得到实施。这当然不同于大多数公司的人力驱动规则。区块链的协作规则是基于算法、自动、快速、公平和一致的。为了充分利用区块链网络，我们应该尽可能多地将协作规则编入网络协议。

1.8　我们相信代码

智能合约通常与现实世界中的法律合约非常相似。例如，交易双方可以签订一份托管协议，规定只有在满足某些条件时才能支付资金。现在，由网络验证者和维护者来判断是否满足这些条件，以及在向区块链追加新的区块时判断如何执行交易。

然而，与由中心权威机构强制执行的法律合约不同，智能合约可以自动地在区块链上应用协作规则。这些规则是用代码开发的，并且由免信任网络的参与者进行检查，以防止腐败或串通。因此，我们将智能合约代码视为区块链网络中的“法律”。代码以书面形式执行，即使代码包含了作者没有预料到的缺陷或副作用，它仍然被视为真理的来源，并作为法律强制执行。

1.9 本章小结

本章讨论了区块链网络的关键概念。通过加密数字货币，区块链网络将软件和经济工程结合起来，在非合作参与者的网络中建立了信任。这可能会颠覆当今最伟大的互联网公司，因为网络效应不再是由位于这些网络中心的大公司来创造。网络由每个参与者共享的软件代码来维护。我们信任代码！

第2章 Chapter 2

达成共识

区块链网络背后真正的核心思想并不是技术，因为散列算法和公钥基础设施（PKI）已经存在很多年了。正如我们在第1章中所讨论的，比特币的主要创新是一种新的激励结构，以确保网络中的每个个体虽然不合作（即去中心化的），但它们的集体行为仍然能够维护网络的完整性和安全性。来自加密数字货币的经济激励措施与区块链网络的技术解决方案协同工作，以解决以前单靠技术无法解决的问题。

这种软件工程和经济设计之间无缝合作的最重要例子就是区块链的共识机制。

2.1 什么是区块链共识

由于公共区块链是由非信任参与者维护的分布式账本，因此就哪些交易是有效的、哪些交易应该记录在区块链上达成全网共识至关重要。自动化共识是区块链背后的核心理念。如何在不损害安全的前提下提高达成共识的效率是区块链当今面临的最重要挑战之一。

公平地说，人类社会早就有了达成共识的方法。例如，所有类型的投票系统都是为了达成共识而设计的。通过技术的支持，我们现在也有了非正式的投票系统，比如Facebook和Reddit的“点赞”。然而，人的投票过于缓慢，并且受制于人们对规则的不确定解释。它不能处理全球计算网络所需的高速、大容量交易。

算法可以帮助我们在互联网规模上更快地达成共识。这样的例子包括谷歌的网页排名、谷歌的广告拍卖、在线声誉评分、从Uber到Tinder的匹配算法等。然而，这样的算法通常只在一定程度下是正确的。它们不能保证单个交易的准确性。区块链网络更进了一步，提供了一个自动化的计算方法，能够明确地验证和记录交易。

虽然许多区块链项目在共识机制上进行了创新，形成了各种各样的“XYZ 证明”，但我们认为，从根本上来说，只有两种类型的共识机制：工作量证明（Proof of Work，PoW）和权益证明（Proof of Stake，PoS）。

2.2 PoW

比特币是一个典型的 PoW 共识区块链。它虽然存在着各种技术问题，如性能低下、扩展性差、浪费电力等，但它已被证明是安全的，可以抵御来自个人、组织甚至民族国家的强烈攻击。它建立了一个价值万亿美元的全球网络，却不需要与任何参与者建立信任关系。到目前为止，还没有人能够在区块链中创建一个欺诈性的交易，尽管这样的黑客可以带来巨大的经济收益。这是比特币的创造者中本聪（Satoshi Nakamoto）取得的巨大成就。

在 PoW 系统中，矿工们为竞争每个区块而解决一个数学难题。第一个解决这个问题的矿工第一个提出一个新的区块，并获得与该区块相关的比特币奖励。“赢家”可以在这一区块中包含他选择的任何未完成的交易，但不能包含任何无效的交易（即所有交易都必须正确签名，而且交易发起账户必须有足够的资金）。如果其他矿工发现该区块存在无效交易，他们将提出新的竞争区块。

矿工社区通过每个矿工独立“投票”选择在哪个竞争区块之后构建新区块。假设有一个恶意矿工，每当他解决数学难题并打包一个新区块时，该区块打包了一个支付给自己的未经授权的大额比特币交易。但是，没有人会在恶意矿工的这一区块上继续构建区块，因为其他矿工也是自私的，没有动机去打破规则来使恶意矿工受益。如果恶意矿工继续在这个区块之后构建区块，它将是该区块链的唯一一个分叉。很明显，恶意矿工的区块链分支（或分叉）是非法的。

现在，如果大多数矿工（以计算能力衡量）相互串通，他们就可以故意构建无效区块形成分叉，并使分叉链作为比特币区块链的合法主链，这就是所谓的 51% 攻击。在像比特币这样的大型区块链网络中，累积达到 51% 的计算能力所需的资源是巨大的。有了这样的计算能力，潜在的攻击者在经济上更容易遵守比特币区块链的出块规则，而不是试图攻击以及破坏所有人的比特币价值。

> **注意**
>
> 51% 攻击是社区达成共识接受包含无效交易区块的一种方式。

2.3 PoS

虽然 PoW 是一个伟大的发明，而且在现实世界中已经被证明是安全的，但它也存在着许多问题。它需要浪费大量的计算能力来执行计算工作，从而人为地使潜在攻击者在经济上不可行。它鼓励每个人都参与挖矿的过程，导致共识达成和收敛的速度变慢。当存在多个相互竞争的区块时，系统需要很长时间（一个小时或更长时间）才能在一个共识的分叉上稳定下来。

为了解决 PoW 存在的问题，业界提出了一种新的共识机制——PoS。

PoS 系统允许网络的利益相关者（区块链原生加密货币或通证账户持有者）对每个新区块进行直接投票。新区块的提议者是随机选择的。投票权与账户中的通证成正比。通过投票，区块链可以用最少的计算量实现每个区块的确认。一个被接受的新区块的提议者将获得区块链的原生加密货币作为奖励。

这个过程被称为铸造新的加密货币，而不是 PoW 的挖矿。PoS 系统通常比 PoW 系统性能更好。大型公共 PoS 区块链的例子包括：

- Casper 项目（https://github.com/ethereum/casper）旨在将以太坊区块链从一个 PoW 系统转变为一个 PoS 系统。转变一旦完成，以太坊将成为世界上最大的 PoS 区块链生态系统。
- QTUM 区块链（https://qtum.org/）的设计目标是成为一个类似比特币基础设施的 PoS 区块链。

注意

PoS 加密货币的一个有趣的副作用是，利益相关者被鼓励将他们的代币投入投票过程中，并获得新的区块奖励。他们在经济上缺乏动力去交易他们的代币。这减少了“货币”供应，并可能使这种加密货币在市场上更有价值。

PoS 系统中的投票机制是当前研究和创新的热点。具体来说，这个系统必须假定投票者不合作，甚至是恶意的。这就是博弈论中的拜占庭将军问题。一个数学上能够证明承受三分之一恶意投票者的投票机制必须是拜占庭式容错（Byzantine Fault Tolerant，BFT）的。BFT 共识引擎现在广泛应用于区块链设计中。

然而，一个普通的 PoS 系统也有明显的缺点。以下是一些例子：

- 如果对无效的区块提案投赞成票，参与者不会有任何损失。必须引入某种惩罚（或扣款）来“惩罚”行为不端的参与者。
- 投票本身是一项很少有人掌握的技术工作，因为高性能网络的性能和安全性要求很高。
- 允许所有利益相关者（即使只有一个代币）投票可能导致与 PoW 系统相同的性能下降。
- 随着时间的推移，来自大型利益相关者的巨大投票权可能导致权力集中。

已经出现一些对 PoS 的改进建议，例如，一个领先的候选方案被称为委托权益证明（Delegated Proof of Stake，DPoS）。

2.4 DPoS

一个 DPoS 系统只有有限数量的验证者，他们可以对新提出的区块进行建议和投票。利益相关者可以将他们的加密货币“委托”给他们选择的验证者，由验证者代表他们进行投票。这样，委托验证者可以成为专业的操作人员（类似于 PoW 系统中的矿池），如果他们投票给无效的区块（不论是由于粗心还是被黑）将受到处罚。DPoS 区块链的例子如下：

- ❑ Bitshares 项目（https://bitshares.org/）是 DPoS 概念的先驱者。它是一个有 21 个选举验证者的公共区块链。
- ❑ Cosmos 项目（https://cosmos.network/）是一个公共区块链网络，节点全部建立在 Tendermint DPoS 共识引擎之上，可以相互交换信息。我们将在后面的章节中讨论 Cosmos。
- ❑ CyberMiles 项目（http://cybermiles.io/）是一个公共区块链网络，专门针对商业企业的智能合约和合规通证发行进行了优化。我们将在后面的章节中采用 CyberMiles 作为区块链系统设计的一个例子。

从政治经济学的角度来看，DPoS 类似于有土地所有者（或财产所有者）参政的代议制民主。

- ❑ 验证者，或者代表，被社区委派来处理日常问题，比如每个区块和每个交易的共识，以保持账本的完整性（没有双重花费）和智能合约的执行。
- ❑ 拥有某种形式财产的参与者拥有对代表的投票权。这种财产代表了对社区的承诺，以及流动性的损失。在这种情况下，表示整个区块链网络价值的加密通证就是财产。这种模式类似于历史上的土地选举权。

注意，与民主系统类似，该财产（或通证）仅用于质押委托。用于质押的通证被网络锁定，以防止交易，并可用于处罚。质押通证的所有权永远不会转移到验证者。

最后，区块链的目的是达成共识。我们很自然会仿效人类社会使用了数千年的代议制民主机制来建立共识。

2.5 本章小结

本章解释了经济工程如何与软件工程携手保护区块链网络。这是一个免信任网络的需要，也使得有价值的加密数字货币能够运行。

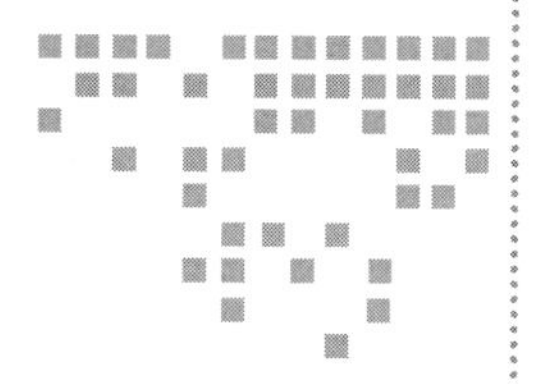

第 3 章 Chapter 3

第一个区块链应用

开始区块链应用开发的最简单方法是使用开源的 BUIDL 工具——一个在线集成开发环境（IDE），它可以在任何现代 Web 浏览器中工作。只需要打开 http://buidl.secondstate.io/，就可以开始编码了！ BUIDL 为创建和部署端到端区块链应用提供了一个完整的编程环境（见图 3.1）。开发者可以在 BUIDL 中创建一个完整的区块链应用，包括从后端的智能合约到前端的 HTML，以及中间的所有东西。

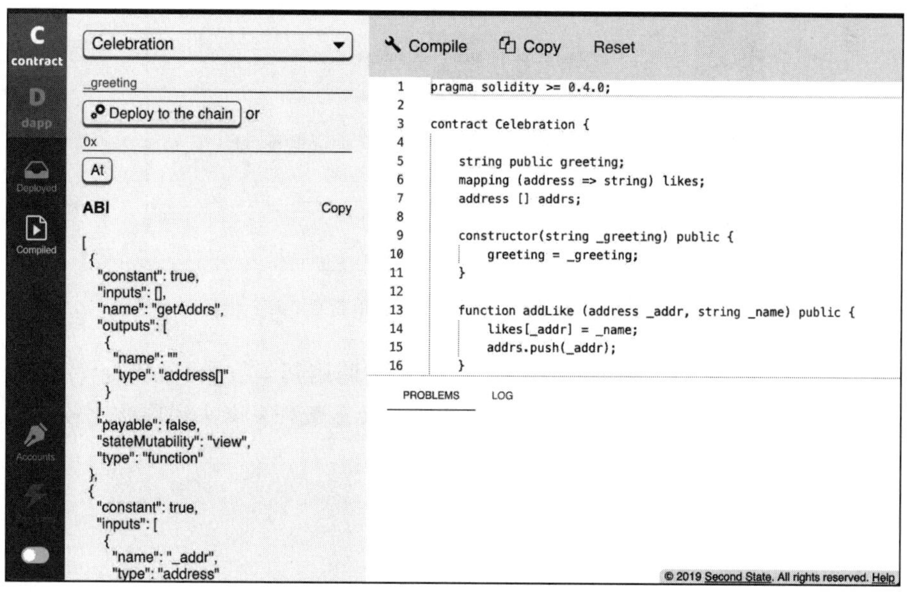

图 3.1　BUIDL 是一个用于端到端区块链应用开发的开源在线 IDE

无论是针对区块链开发的初学者，还是针对区块链开发专家，BUIDL 都消除了区块链开发的复杂性和学习成本，使得开发者可以专注于编码，而不需要下载或安装任何其他软件。BUIDL 消除了开发者处理钱包、私钥、加密货币、交易确认冗长时间的需要。并且 BUIDL 会把开发者的应用部署在正在运行的公共区块链上，开发者分享到的任何人都可以访问这个应用。

在这一章中，读者将学习创建第一个区块链应用，然后与全世界分享。我们将介绍区块链应用背后的关键概念，即*去中心化应用*（Decentralized app，Dapp）。

3.1 智能合约

简而言之，*智能合约*是生存在区块链上的后端服务代码。一旦部署完毕，外部应用可以调用智能合约中的函数和代码来执行任务，并通过共识协议在区块链上记录结果。最流行的智能合约编程语言是以太坊开发的 Solidity 语言。在这个示例中，我们将创建一个简单的智能合约，并使用 BUIDL 来部署它。

在 Web 浏览器中加载 BUIDL，将从在线编辑器的窗口中看到一个简单的智能合约（见图 3.2）。

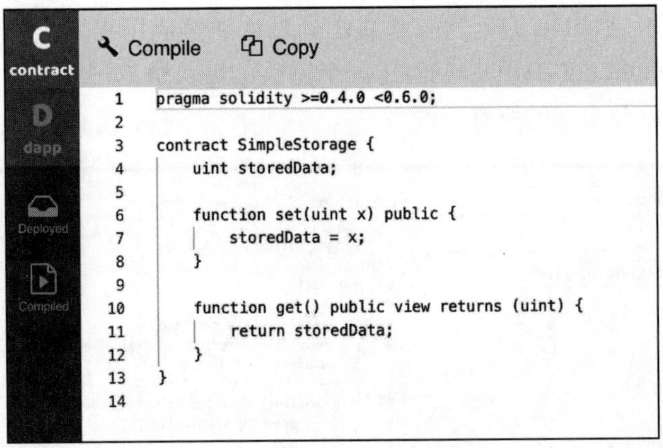

```
C contract    Compile    Copy
D dapp
Deployed
Compiled
1  pragma solidity >=0.4.0 <0.6.0;
2
3  contract SimpleStorage {
4      uint storedData;
5
6      function set(uint x) public {
7          storedData = x;
8      }
9
10     function get() public view returns (uint) {
11         return storedData;
12     }
13 }
14
```

图 3.2 BUIDL 中的一个简单智能合约

该合约只是在区块链上存储一个数字。可以通过调用其函数 get() 和 set() 来查看或更新存储的数字。代码如下所示。Solidity 的语法对于大多数开发者来说应该比较熟悉，因为它和 JavaScript 很相似。

```
pragma solidity >=0.4.0 <0.6.0;

contract SimpleStorage {
  uint storedData;
  function set(uint x) public {
```

```
    storedData = x;
  }

  function get() public view returns (uint) {
    return storedData;
  }
}
```

单击“Compile”按钮来编译合约。这将打开一个侧边栏，显示已编译的应用程序二进制接口代码（Application Binary Interface，ABI，一个基于 JSON 的组件，被区块链用于执行远程函数调用）和合约的字节码（见图 3.3）。

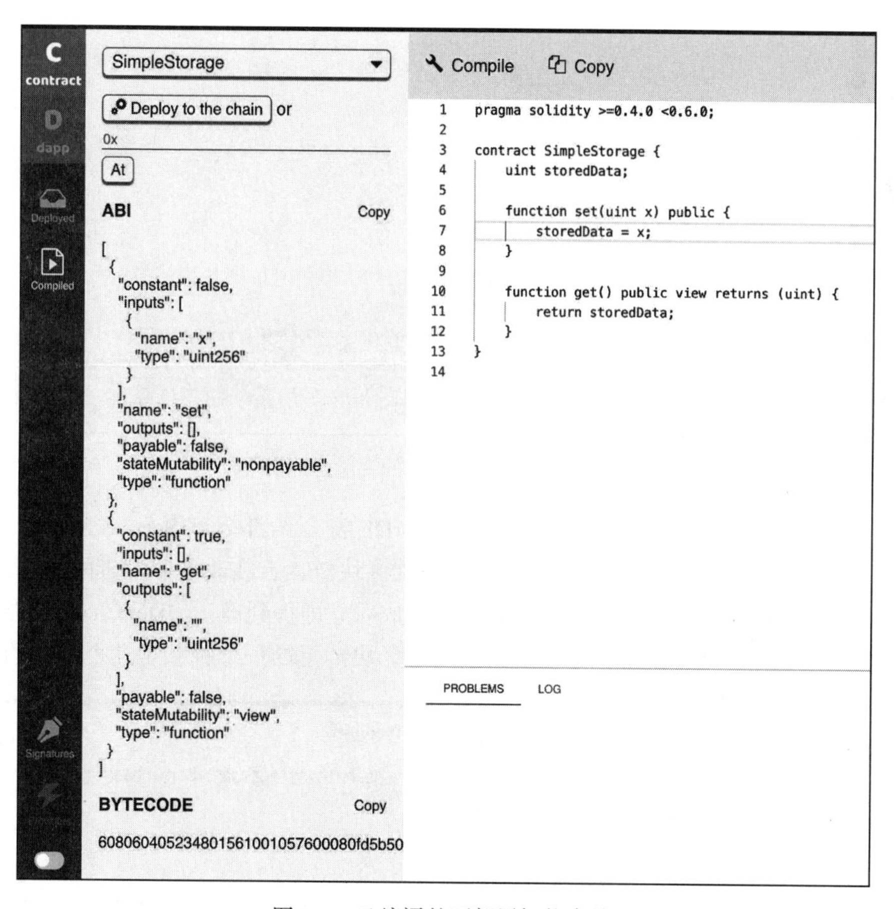

图 3.3 已编译的可部署智能合约

接下来，可以单击左侧面板中的“Deploy to the chain”按钮，将合约实例化并部署到公共区块链。可以从 BUIDL 内部通过调用所部署合约的公共方法来与合约进行交互。例如，可以设置合约的 storedData 值，然后单击“Transact”按钮将值保存到区块链中。然后单击“Call”按钮，查看右边 LOG 面板中的值（见图 3.4）。

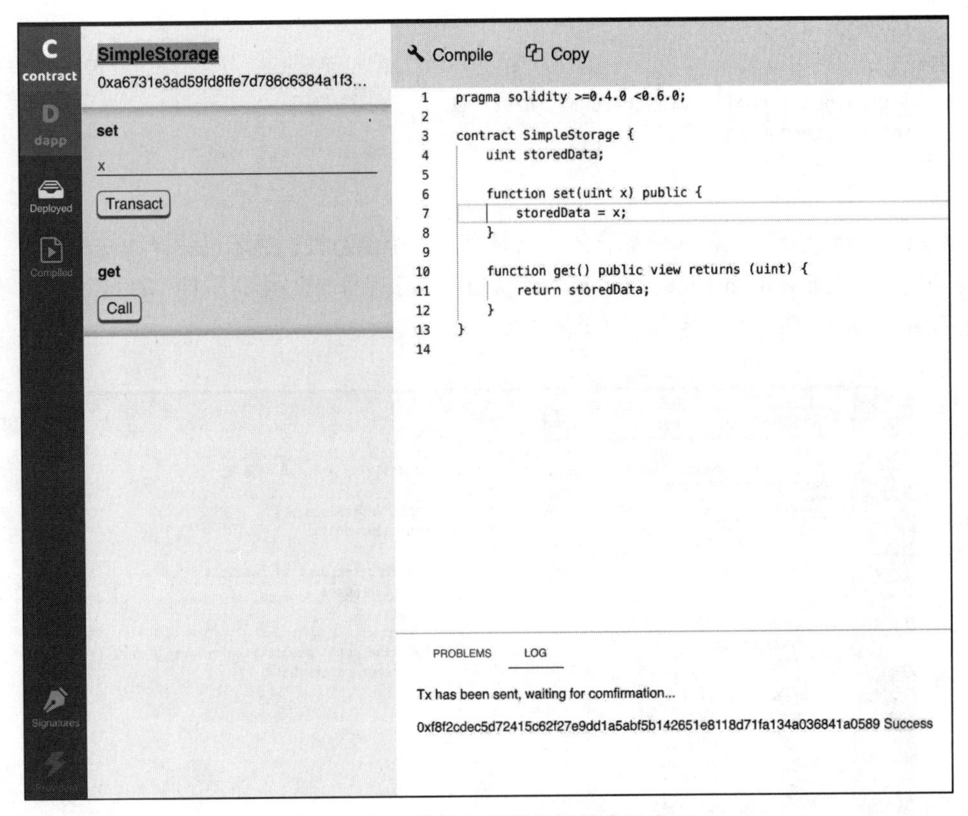

图 3.4 与区块链上部署的智能合约交互

大家可能已经注意到，默认情况下 BUIDL IDE 将合约部署到 Second State 区块链的开发网（DevChain）。这是一个以太坊兼容的公共区块链，旨在改善开发者的体验。例如，DevChain 的出块间隔为一秒，所有交易在区块生成后立即得到确认。DevChain 智能合约具有一秒钟的快速确认时间，而不是在公共以太坊区块链上的一分钟甚至几个小时的确认时间。DevChain 上的“gas 价格”为零，因此不必担心用加密货币去支付“gas 费”。

此外，由于 DevChain 不需要 gas 或加密数字货币，区块链上的地址或账户只作为智能合约函数调用者的 ID。BUIDL 自动生成五个地址供使用。开发者可以在“Accounts”选项卡上看到这些地址（见图 3.5），并且可以将其中任何一个地址设置为自己的默认地址。如果已经有了一

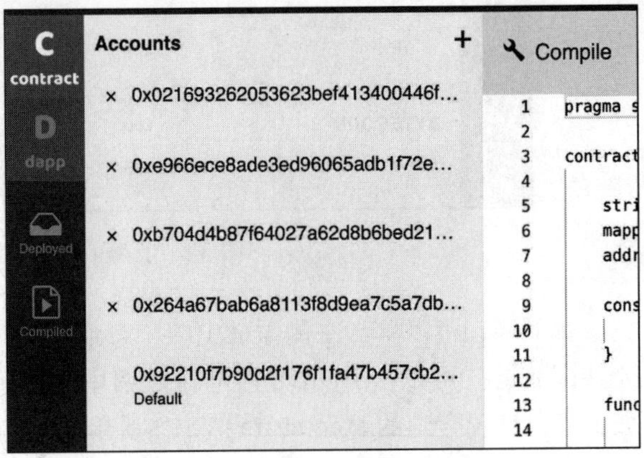

图 3.5 BUIDL 中的地址 / 账户

个地址，也可以导入到 BUIDL 中。所有地址的私钥都在计算机浏览器的本地缓存中管理。BUIDL 不需要开发者拥有任何加密钱包，因此它可以在任何浏览器上工作，包括智能手机的浏览器。总之，开发者使用 BUIDL 可以在任何地方开发代码。

一旦智能合约写好了，就可以将它部署到任何与以太坊兼容的区块链，包括以太坊的主网和测试网。开发者可以直接在 BUIDL 内部完成这项工作。详细信息见第 4 章以及 BUIDL 的相关文档。

3.2　前端的 HTML

接下来，单击“dapp”选项卡来处理与（区块链上的）智能合约交互的 Web 应用。应用的 HTML 前端代码非常简单。这段代码显示了两个按钮操作，允许用户调用两个相应的智能合约函数（见图 3.6）。

```
<button id="s">Set Data</button>
<button id="g">Get Data</button>
```

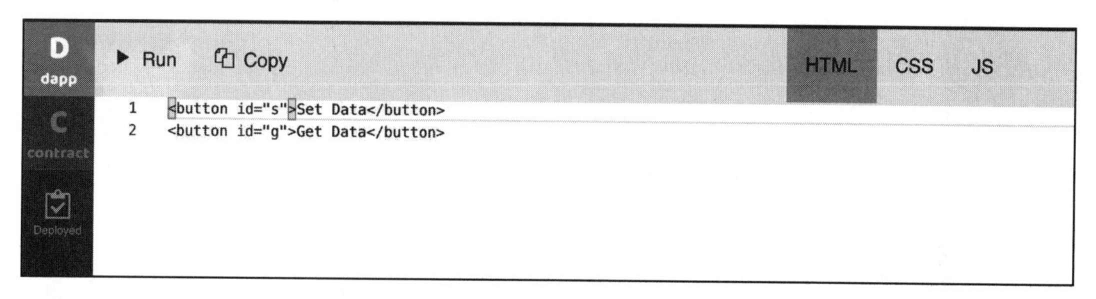

图 3.6　dapp 选项卡上的 HTML 编辑器

开发者还可以通过 BUIDL 中的“Resources”选项卡将 CSS 和 JavaScript 库资源添加到 HTML 中（见图 3.7）。

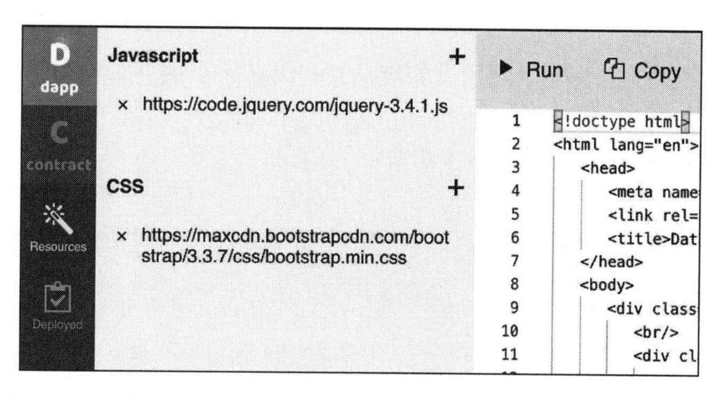

图 3.7　HTML Web app 的资源

3.3 JavaScript 和 web3.js

HTML Web 页面显示了 Dapp 的用户界面。Web 应用通过 JavaScript 的 web3.js 库调用智能合约的函数（见图 3.8）。

```
D dapp   ▶ Run   Copy   Publish   Reset All   HTML   CSS   JS
C contract
Resources
Deployed

1  /* Don't modify */
2  var abi = [{"constant":false,"inputs":[{"name":"x","type":"uint256"}],"name":"set","outputs":
3  var bytecode = '60806040523480156100105760008 0fd5b5060df8061001f6000396000f30060806040526004
4  var cAddr = '0xdc6ac5fb540fa517beca41a17b502a3ce82460ee';
5  /* Don't modify */
6
7  var instance = null;
8  window.addEventListener('web3Ready', function() {
9    var contract = web3.ss.contract(abi);
10   instance = contract.at(cAddr);
11 });
12
13 document.querySelector("#s").addEventListener("click", function() {
14   var n = window.prompt("Enter the number:");
15   n && instance.set(n);
16 });
17 document.querySelector("#g").addEventListener("click", function() {
18   instance.get(function(e,d) {
19     console.log(d.toString());
20     alert(d.toString());
21   });
22 });
```

图 3.8 dapp 选项卡上的 JavaScript 编辑器

JavaScript 代码中有几个部分。/ * Don't modify * / 部分由 BUIDL 工具填充。它包含了刚刚通过 BUIDL 部署的合约代码的实例化信息。合约实例及其操作都在 web3.js 库中定义。

“Set Data”按钮的事件处理程序显示了在一个交易中如何从 JavaScript 调用智能合约的 set() 函数。

```
document.querySelector("#s").addEventListener("click", function() {
  var n = window.prompt("Input the number:");
  n && instance.set(n);
});
```

“Get Data”按钮的事件处理程序调用了智能合约的 get() 函数并显示结果。

```
document.querySelector("#g").addEventListener("click", function() {
  console.log(instance.get().toString());
});
```

web3.js 库支持 JavaScript 前端对部署在区块链上的智能合约进行远程函数调用。

3.4 实战

要运行 Dapp，只需单击 BUIDL 中的“Run”按钮。开发者将在右侧面板中看到 Dapp

的 UI。可以单击“ Set Data”按钮存储数字，也可以单击“ Get Data”按钮读取存储的数字。图 3.9 显示了 Dapp 的运行情况。

现在，开发者有了一个运行在公共区块链上的 Dapp！

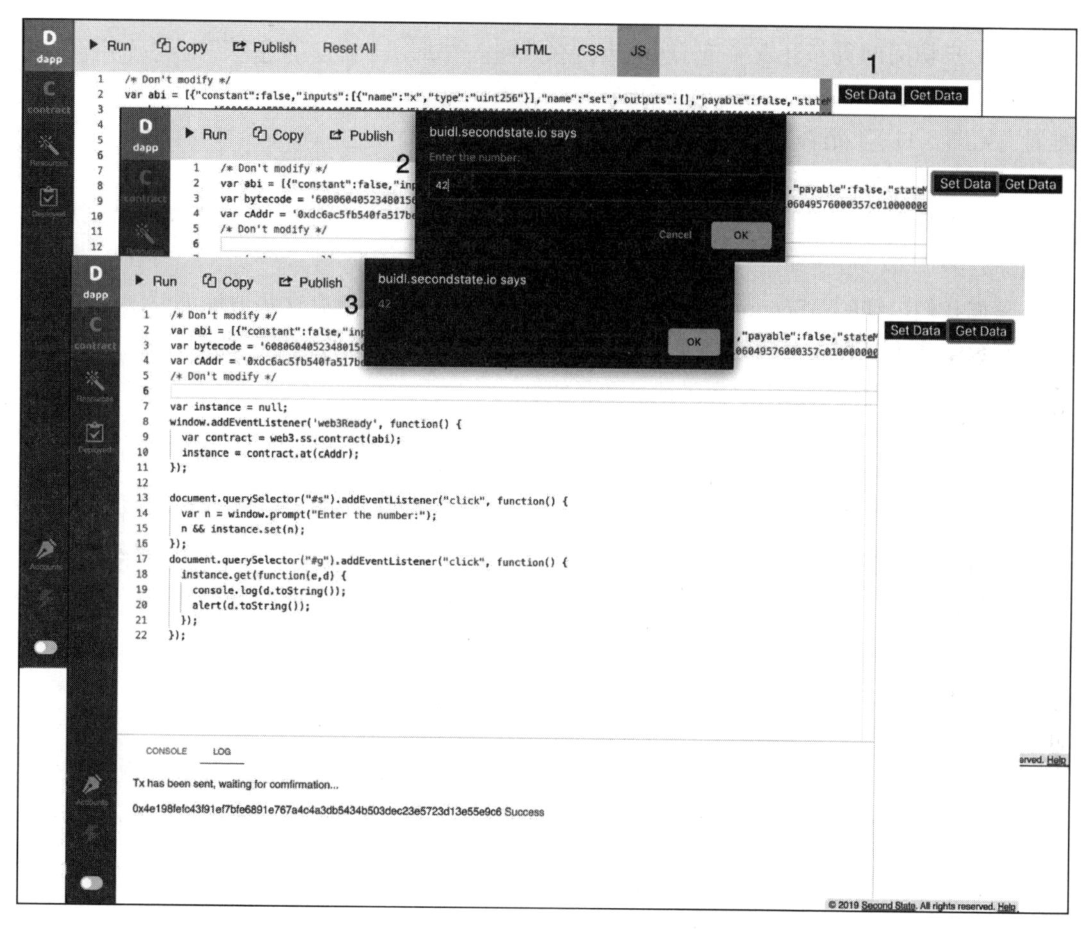

图 3.9 在 BUIDL 中运行 Dapp

3.5 分享 Dapp

由于 Second State 的 DevChain 是一个公共区块链，开发者可以与其他人分享自己的 Dapp，然后其他人就可以访问 Dapp 了。只需点击“ Publish”按钮，BUIDL 将把应用的前端打包成一个 HTML 文件，并上传到一个公共 Web 网站。一旦成功，BUIDL 将显示一个 Launched 链接（见图 3.10），点击那

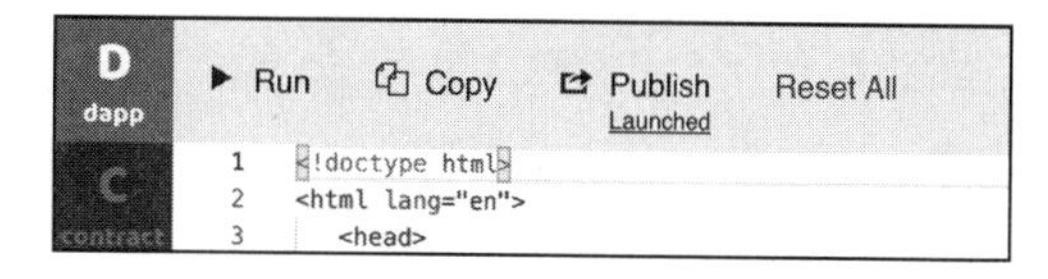

图 3.10 从 BUIDL 发布 Dapp

个链接将打开 Dapp 网站。现在，可以和任何人分享这个链接。

可以从启动链接下载并保存 HTML 文件到本地的计算机硬盘，也可以把 HTML 文件放在任何一个 Web 主机上，并使其对全世界开放。有许多免费的服务可以托管开发者的 HTML 文件。

当用户访问网页与开发者的 Dapp 进行交互时，他们会在页面底部看到一个小工具，允许用户选择他的区块链地址（见图 3.11）。请注意，所有这些地址都是自动生成的，所选地址作为用户的链上 ID。

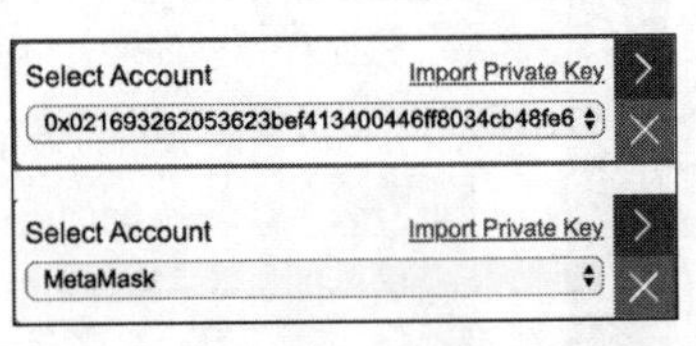

图 3.11 管理 Dapp 中的地址

还可以导入自己的地址私钥或使用 MetaMask 钱包中的地址。

正如我们提到的，Second State 的 DevChain 不需要 gas，所有这些地址都可以有零余额的加密数字货币。在企业环境中，每个用户可能都有一个唯一的地址作为 ID。在这样的环境中，可能需要为授权的用户提供地址和私钥。

3.6 本章小结

本章展示了如何使用 BUIDL 工具创建和部署第一个区块链 Dapp，文中构建的 Dapp 与以太坊协议兼容。在下一部分，将讨论以太坊协议及其应用。

第二部分 *Part 2*

走近以太坊

本书的这一部分介绍当前最重要的公共区块链之一——以太坊。就市值而言，以太坊仅次于比特币区块链。因为以太坊是第一个开创智能合约概念的区块链，所以如今许多公共和私有区块链都与以太坊兼容，以借助以太坊的开发者社区。从这个角度来说，以太坊不仅仅是一个公共区块链，它成为许多其他区块链遵循的一个协议。

因此，对于开发者来说，理解以太坊如何工作以及如何在其上开发应用（即智能合约和去中心化应用）非常重要。本部分的章节将讨论如何从零开始构建与以太坊兼容的智能合约和应用。值得注意的是，有几个与以太坊兼容的区块链可以用来开发和部署以太坊应用，特别是那些针对特定业务用例而优化的应用。

然后，在本书的第三部分，将进一步探索以太坊的内部机理和未来的发展。

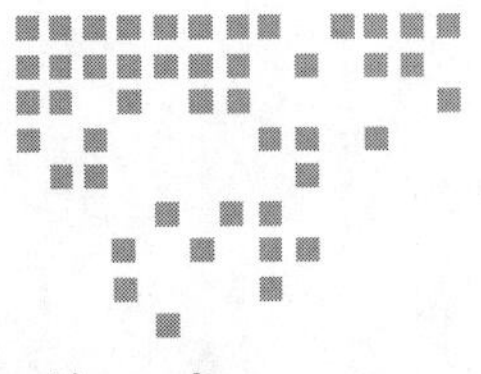

Chapter 4 第4章

以太坊入门

虽然也可以为比特币区块链开发软件应用，但由于比特币网络支持的编程功能有限，很少有人这样做。

以太坊是第一个支持复杂应用开发的大规模区块链网络。以太坊的雄心是成为“世界计算机”。通过自治的软件程序，即所谓的智能合约，以太坊区块链可以被开发为在满足某些条件时自动执行交易。为了支持这一点，以太坊原生支持图灵完备的编程语言（Solidity）和虚拟机（Ethereum Virtual Machine，EVM），这使得开发广泛的应用成为可能。

对于开发者来说，开发运行在以太坊区块链上的智能合约代码是进入区块链应用开发世界的第一步。随着以太坊继续普及和增值，以太坊应用开发编程已经成为一个必要且有价值的技能。

在本章中，我们将从一个简单的“Hello，World!”例子开始来开发以太坊的智能合约。我们使用流行的工具遍历整个部署过程，然后在以太坊的一个测试网络上与之交互。这个例子旨在让读者尽快上手使用以太坊。接下来的章节将更深入地探讨这些概念和替代工具。

注意

选择不在以太坊上，而在兼容以太坊的区块链上开发应用，会比较有帮助。读者已经看到Second State DevChain，它是一个快速且兼容以太坊区块链的明显例子。在这本书的后面部分，我们将使用CyberMiles公共区块链作为开发者使用的另一个以太坊兼容的替代网络。CyberMiles公共区块链针对电子商务应用进行了优化。但与此同时，它完全兼容以太坊的编程语言和工具，执行速度更快，交易确认时间也更快（10秒），并且成本也更低（是以太坊的千分之一）。读者可以在第14章了解更多的内容。

4.1 BUIDL 方式

第 3 章介绍了 BUIDL 这个开源的集成开发环境（IDE）。它可以工作在所有与以太坊兼容的区块链上，包括以太坊的主网和测试网。让我们使用 BUIDL 与以太坊交互，在 http://buidl.secondstate.io/ 上打开 BUIDL Web 应用，然后单击浏览器窗口左下角的“Providers”选项卡（见图 4.1）。

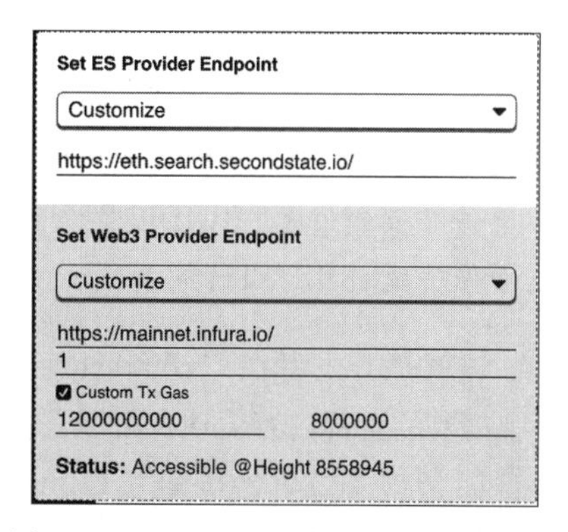

图 4.1　配置 BUIDL 与以太坊主网交互

4.1.1 以太坊主网

读者需要为公共以太坊节点配置 Web3 和 ES（Elasticsearch）的 provider，如下所示。或者，可以通过启动 URL（https://buidl.secondstate.io/eth）来自动配置以太坊的所有内容。

- ES Provider：将其设置为 https://eth.search.secondstate.io/。ES Provider 是一个智能合约的搜索引擎，它提供来自以太坊网络的实时数据。读者可以在第 11 章了解更多内容。
- Web3 Provider：将其设置为 https://mainnet.infura.io/。这是一个由 Infura 提供的公共以太坊区块链节点。要求普通用户注册一个 API 密钥以便使用他们的服务。这样做，并在 mainnet.infura.io 的 URL 设置开发者自己的 API 密钥。另外，读者也可以使用社区提供的 Web3 Provider，例如 https://main-rpc.linkpool.io/ 或 https://eth.node.secondstate.io/。
- Chain ID：为以太坊主网设置此值为 1。
- *Customize Tx Gas*：勾选此框，以便 BUIDL 在创建合约和调用合约函数时使用指定的 gas 价格。
- *Gas Price*：设置为 10000000000（wei，或 10 Gwei）作为 BUIDL 使用的默认 gas 价格。开发者可以使用以太坊的 gas 追踪器在网络上查看当前的 gas 价格（https://etherscan.io/gasTracker）。如果愿意支付的 gas 价格越高，交易就能越快地得到确认。
- *Gas Limit*：设置为 8000000，这是目前以太坊的 gas 限制。

注意

因为以太坊主网有时非常拥堵，所以开发者应该准备支付高昂的 gas 费用（仅仅为了部署一个合约或者调用一个函数，就要支付高达 10 美元的费用），而且开发者还可能等待数小时才能确认交易。这里建议大多数读者在更快和更便宜的区块链上进行开发和部署，如以太坊经典（Ethereum Classic）或 CyberMiles。

现在，我们配置了 BUIDL 在以太坊上部署和调用智能合约所需支付的 gas。BUIDL 为每个用户创建了 5 个随机账户，然后使用默认选择的账户与区块链交互（见图 4.2）。所以，开发者需要一个有 ETH 余额的默认账户，只从钱包或交易所的账户提取一些 ETH 到自己的 BUIDL 默认账户。或者，开发者可以使用账户旁边的“+”按钮从其他钱包导入一个 ETH 账户。

> **注意**
>
> BUIDL 有一个内置的钱包，可以管理账户私钥。然而，BUIDL 只能从这个账户签署交易和支付 gas。BUIDL 是为应用开发而设计的，不是一个通用的钱包，不建议在它里面保持超过 0.1 ETH 的余额。

这就是开发者在“contract”选项卡中需要的全部内容。现在可以开发一个智能合约了，单击按钮“Compile”和按钮“Deploy to the chain”将其部署到以太坊，然后可以使用 BUIDL 用户界面调用部署合约上的任何函数。

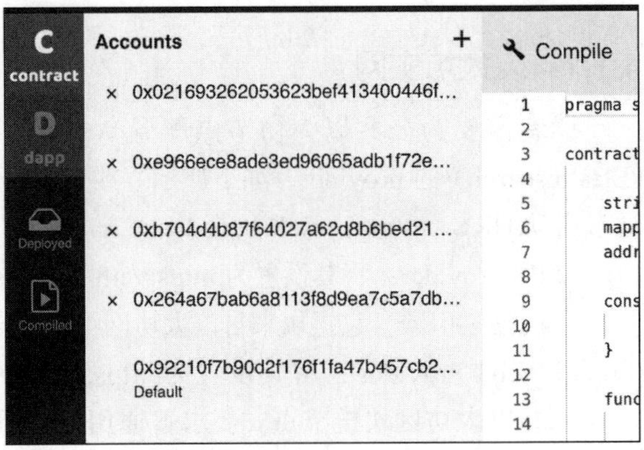

图 4.2　在 BUIDL 中选择一个默认账户。开发者需要一些 ETH 余额用来支付 gas

最后，在 BUIDL 的“Dapp”选项卡上，开发者需要将 gas Price 和 gas 参数添加到所有 Web3 交易中。这里可以安全地使用 BUIDL 的默认 web3.ss 包，因为它包含了所有 web3.eth 的对象和函数。下面是一个例子：

```
instance.set(n, {
  gas: 100000,
  gasPrice: 10000000000
}, function (e, result) {
  // ... ...
});
```

就是这样。至此，开发者在以太坊公共区块链上部署了默认的 BUIDL 示例智能合约和 Dapp。

4.1.2　以太坊经典主网

如果开发者不愿意为每次合约调用支付 10 美元并等待若干小时，可以使用以太坊经典区块链来部署应用。以太坊经典区块链是世界上信誉最好、最稳定的区块链网络之一，而且与以太坊协议完全兼容。它的原生加密货币 ETC 的成本仅为 ETH 的几分之一。以太坊经典区块链很少出现拥堵，因此 10 Gwei 的 gas 价格（几美分）通常在不到一分钟时间里就能得到交易确认的结果。要配置 BUIDL 以使用以太坊经典主网，请使用以下设置。或者，可以通过启动 URL（https://buidl.secondstate.io/etc）来自动配置以太坊经典网络的所有内容。

- ES Provider：将其设置为 https://etc.search.secondstate.io/。

- ❑ Web3 Provider：将其设置为 https://www.ethercluster.com/etc。
- ❑ Chain ID：为以太坊经典主网设置此值为 61。
- ❑ Customize Tx gas：勾选此框。
- ❑ Gas Price：设置为 10000000000（wei，或 10 Gwei）作为 BUIDL 使用的默认 gas 价格。
- ❑ Gas Limit：设置为 8000000。

此外，当前的以太坊经典区块链需要 0.4.2 版本的 Solidity 编译器，当启动 BUIDL 时，需要使用 URL 参数为 /?s042 的配置。

开发者发送一些 ETC 到自己的 BUIDL 账户作为 gas，现在可以编译、部署并调用以太坊经典区块链上的智能合约。

4.1.3　CyberMiles 主网

CyberMiles 公共区块链是一个兼容以太坊的区块链，但速度更快（10 秒的交易确认时间)，并且比 ETH 和 ETC 都便宜。读者可以在第 14 章了解更多的细节。配置 BUIDL 使用 CyberMiles 主网，请使用以下设置。或者，可以通过启动 URL（https://buidl.secondstate.io/cmt）来自动配置 CyberMiles 的所有内容。

- ❑ ES Provider：将其设置为 https://cmt.search.secondstate.io/
- ❑ Web3 Provider：将其设置为 https://rpc.cybermiles.io:8545/
- ❑ Chain ID：为 CyberMiles 主网设置此值为 18。
- ❑ Customize Tx Gas：勾选此框。
- ❑ Gas Price：设置为 5000000000（wei，或 5 Gwei）作为 BUIDL 使用的默认 gas 价格。
- ❑ Gas Limit：设置为 8000000。

开发者发送一些 CMT 到自己的 BUIDL 账户作为 gas，现在可以编译、部署、并调用在 CyberMiles 区块链上的智能合约。

> **注意**
>
> 以太坊、以太坊经典和 CyberMiles 都为开发者提供了测试网络，让开发者在不花钱的情况下测试自己的应用。然而，根据经验，测试网的通证很难获得，而且测试网的 Dapp 很难共享，因为很少有用户拥有测试网的钱包或通证。测试网通常也是不可靠的，并且运行的软件与主网也不相同。就 CyberMiles 而言，交易成本不到 1 美分。对于开发来说，这是一个很好的选择。

4.2　BUIDL 简易开发

BUIDL 的主要优点是易于使用，并且可以加快开发周期。但它也向应用开发者隐藏了一些重要的概念。在本节中，我们将回过头来使用更原始的以太坊开发工具来解释以太坊背后的概念。

4.2.1 Metamask 钱包

Metamask 钱包是 Chrome 浏览器的一个扩展，用来管理开发者的以太坊区块链账户。Metamask 存储和管理开发者计算机上那些账户的私钥（例如，私钥钱包，进一步说，是存储在那些账户中的加密货币）。对于开发者来说，Metamask 是一个很好的工具，因为它集成了其他开发工具，并允许开发者以编程的方式与以太坊账户交互。

首先，确保开发者安装了最新的谷歌浏览器，可以在 https://www.google.com/chrome/ 下载。

接下来，按照 Metamask 网站（https://metamask.io/）上的说明在 Chrome 浏览器上安装 Metamask。

现在，开发者应该可以在 Chrome 工具栏上看到 Metamask 图标。单击它，可以显示用户界面。开发者应该为自己的 Metamask 钱包创建一个密码（见图 4.3）。这很重要，因为这个密码保护了开发者账户存储在这台计算机上的私钥。一旦创建了密码，Metamask 会生成一个 12 个单词的助记词。这是开发者恢复密码的唯一方法，所以要保证助记词的安全！

出于开发的目的，版本选择是在 Metamask UI 中选择左上角的下拉列表，并选择“Ropsten Test Network”（见图 4.4），这是一个为测试目的而维护的以太坊公共区块链。

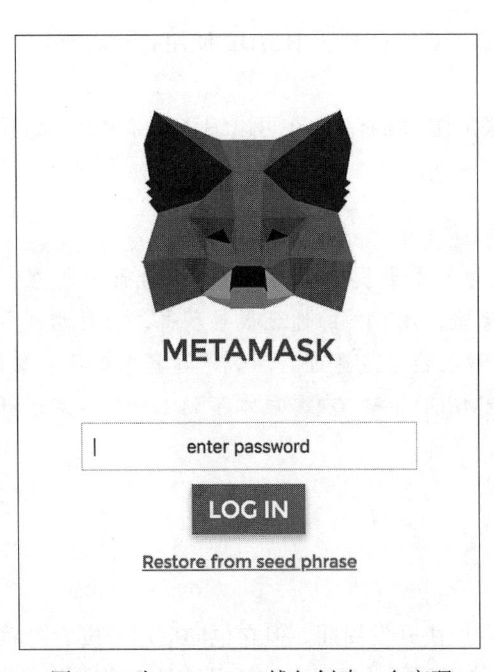

图 4.3 为 Metamask 钱包创建一个密码

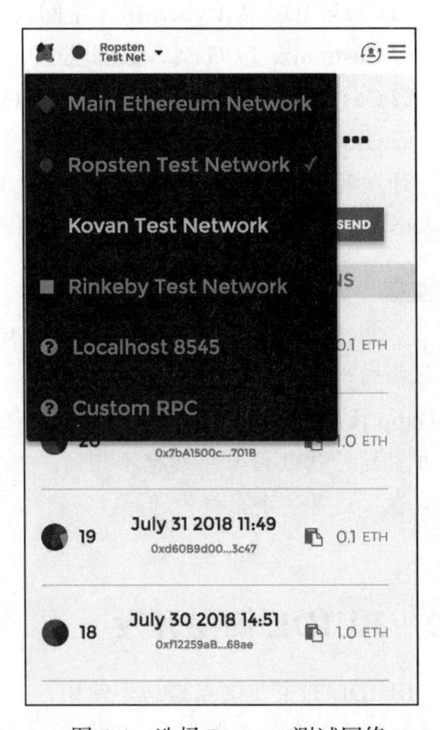

图 4.4 选择 Ropsten 测试网络

开发者还需要在Ropsten测试网络上创建一个账户来存储自己的ETH加密货币。选择Metamask UI右上角的“person”图标，然后选择“Create Account”（见图4.5左侧）。Metamask将为开发者创建一个账户地址及其相关的私钥。开发者可以在UI中单击一个账户，并在剪贴板中获取其地址或导出其私钥（见图4.5右）。开发者还可以命名此账户，以便以后可以在Metamask UI中访问它，也可以使用Metamask来管理主网的ETH，可以在交易所用美元进行交易。但要做到这一点，开发者应该确保计算机在物理上是安全的，因为真钱将会受到威胁。

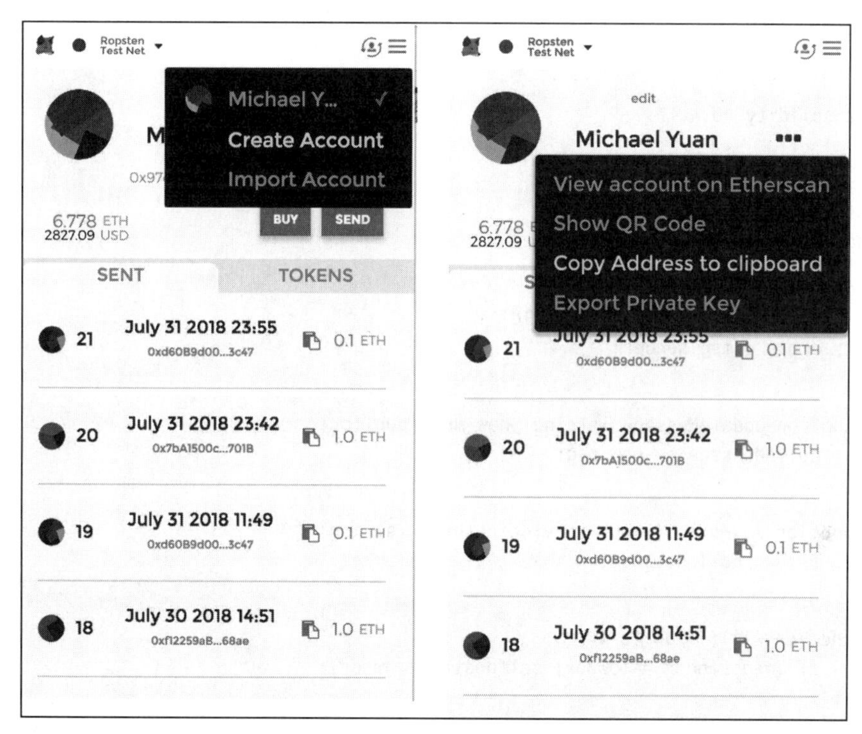

图4.5　在Ropsten测试网络上创建一个新账户并获取账户地址

当然，开发者仍然需要一些Ropsten测试网的ETH为自己的账户提供资金。去公共的Ropsten水龙头（http://faucet.ropsten.be:3001/）请求1 ETH（测试网）到开发者的地址！Ropsten测试网的ETH只能在测试网上使用。它没有在任何交易所交易，并且在Ropsten测试网退役后消失。与主网的ETH不同，Ropsten ETH的货币价值为零。

现在，已经设置好Metamask，可以开始在Ropsten测试网上建立自己的第一个以太坊智能合约！

4.2.2　Remix

Remix是开发者使用的以太坊IDE，用来体验以太坊区块链上的智能合约。Remix是完全基于 Web 的。只要登录它的网站就可以加载这个 Web 应用：https://remix.ethereum.org/。

> **注意**
>
> Remix IDE 类似于 BUIDL 中“contract”(合约) 选项卡，只是 BUIDL 不需要任何像 Metamask 这样的外部钱包。

在右边的代码编辑器中，我们输入一个简单的智能合约。下面是“Hello，World!”智能合约的示例。它是用一种特殊的、类似于 JavaScript 的编程语言写成的，这种语言被称为 Solidity。

```
pragma solidity ^0.4.17;

contract HelloWorld  {

    string helloMessage;
    address public owner;

    constructor () public {
        helloMessage = "Hello, World!";
        owner = msg.sender;
    }

    function updateMessage (string _new_msg) public {
        helloMessage = _new_msg;
    }

    function sayHello () public view returns (string) {
        return helloMessage;
    }

    function kill() public {
        if (msg.sender == owner) selfdestruct(owner);
    }
}
```

“Hello，World!”智能合约有两个关键方法。

- sayHello() 方法向其调用者返回问候语。当智能合约部署完毕后，问候语最初设置为“Hello，World!”。
- updateMessage() 方法允许方法调用者将问候消息“Hello，World!”更改为另一条信息。

单击右面板中的“Start to compile”按钮来编译这个合约（见图 4.6）。它将生成字节码和应用程序二进制接口代码（Application Binary Interface，ABI），供以后使用。

接下来，在 Remix 的“Run”选项卡上（见图 4.7），开发者可以通过“Injected Web3”下拉框将 Remix 连接到自己的 Metamask 账户。Remix 将自动检测开发者现有的 Metamask 账户。如果开发者的 Ropsten 地址没有在这里显示，尝试退出再重新登录。

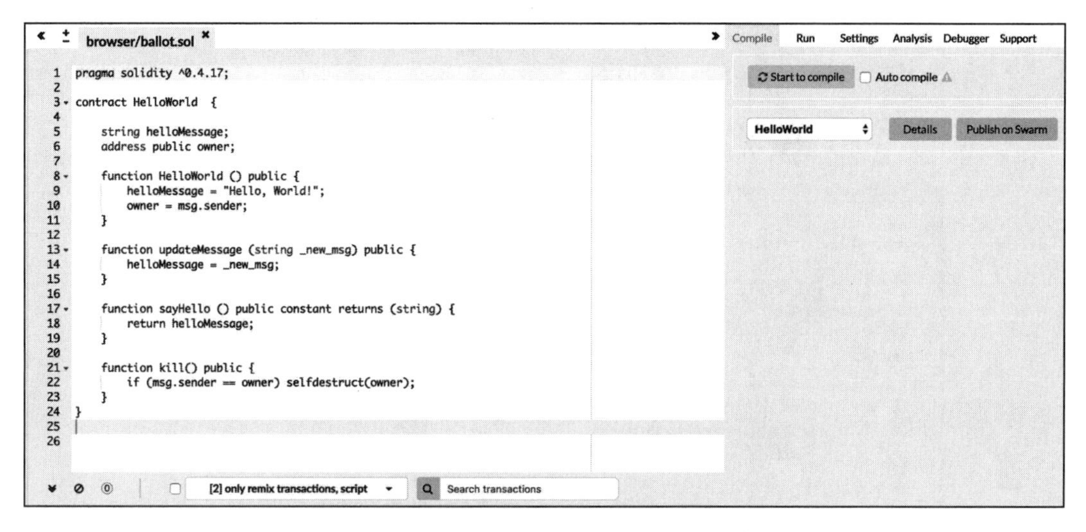

图 4.6　在 Remix 中编译一个以太坊智能合约

现在，开发者应该看到将智能合约部署到区块链的选项。单击“Deploy”按钮就可以将合约部署到区块链。因为开发者选择了一个 Ropsten 地址注入这个 Remix 的会话中，所以合约将被部署到 Ropsten 的测试网上。这个时候，Metamask 将弹出并要求开发者从自己现有的账户地址支付一些 gas 费（见图 4.8）。以太坊网络需要 gas 费来支付部署合约所需的网络服务。

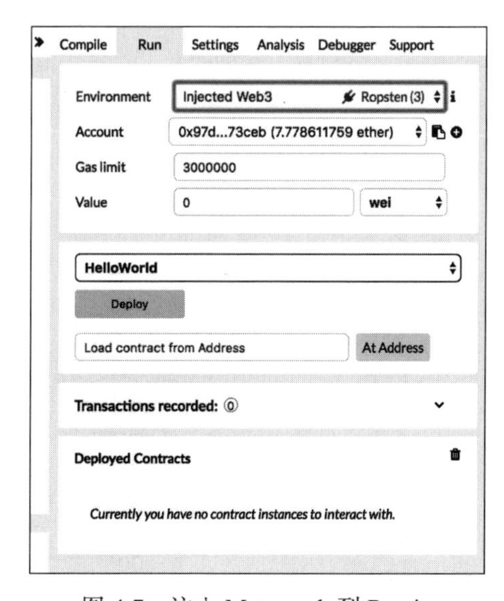

图 4.7　注入 Metamask 到 Remix

提交 Metamask 请求之后，等待几分钟，以便让以太坊网络确认合约的部署。在确认消息中将显示合约部署地址，部署的合约及其可用函数也将出现在 Remix 中的“Run”选项卡上（见图 4.9）。

如果开发者在 Ropsten 测试网络上部署了智能合约，那么已经知道合约的部署地址。只需在“At Address”按钮旁边的框中输入合约地址，然后单击该按钮即可。这会将 Remix 配置为使用已部署的合约。这种情况下不需要 gas 费。

一旦 Remix 连接到所部署的合约，就将在“Run”选项卡上显示出合约中的函数。开发者可以在“updateMessage”按钮旁边输入一个新的问候语，然后单击按钮更新信息。由于存储更新的信息需要以太网存储服务，开发者将再次被提示通过 Metamask 支付 gas 费用。

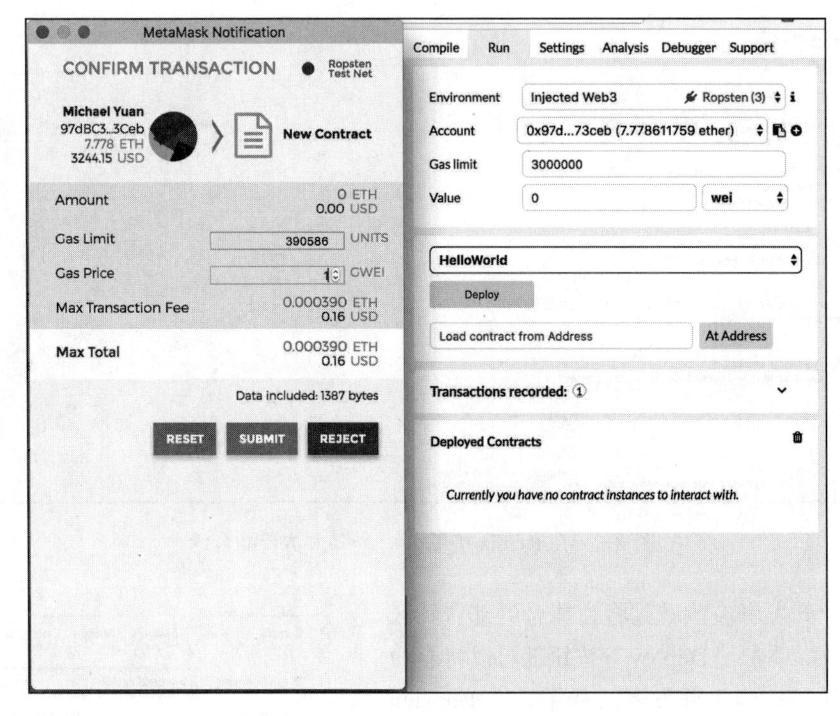

图 4.8 支付 gas 费来部署合约

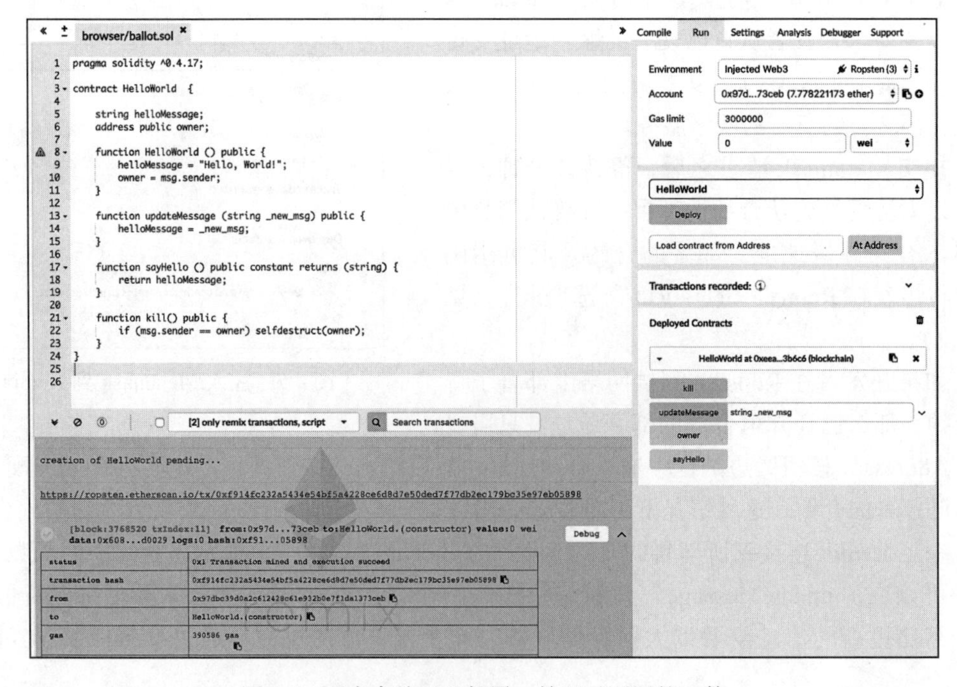

图 4.9 现在合约已经部署，并显示可用的函数

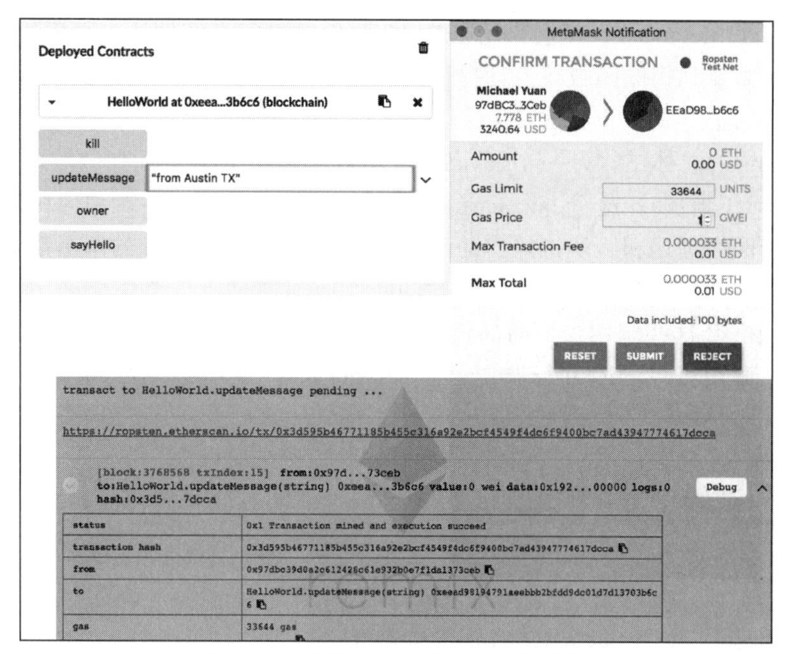

图 4.10　调用 updateMessage() 函数

一旦网络确认了消息的更新，开发者将再次看到确认消息（见图 4.10）。在确认 updateMessage() 函数之后，可以从 Remix 调用 sayHello() 函数（见图 4.11），就可以看到更新后的消息。sayHello() 函数不会改变区块链的状态。它可以由连接到 Remix 的本地节点执行，并且不影响网络上的任何其他节点。它的执行也不需要任何 gas 费。

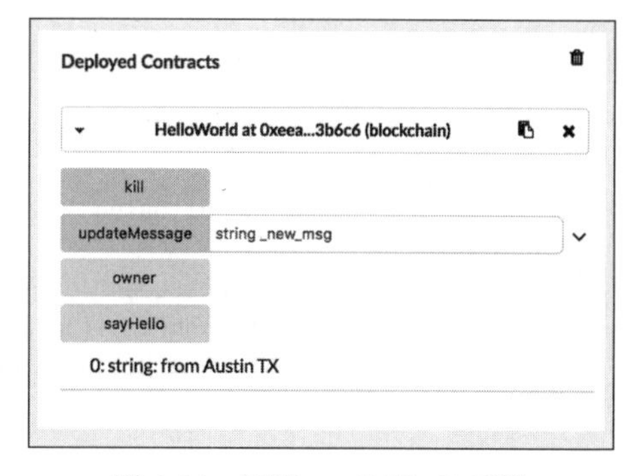

图 4.11　调用 sayHello() 函数

Remix IDE 很容易使用。对于初学者来说，这是一个很好的选择。随着开发技能的提高，也可以使用其他工具来开发和部署智能合约，第 6 章将讨论更多这方面的细节。

4.2.3　Web3

虽然 Remix 是一个很好的工具，但对于普通人来说还是太难用了。为了使智能合约对公众可用，通常需要构建一个基于 Web 的用户界面。为此，需要 Web3 JavaScript 库与以太坊区块链交互。

注意

BUIDL 中的“Dapp”选项卡可以将预先配置的 Web3 实例注入 BUIDL 的 JavaScript 程序中。

一旦安装了 Metamask，就会自动将 Web3 对象的自定义实例注入页面的 JavaScript 上下文中。调用需要私钥的函数将自动提示用户选择一个账户，在发送到以太坊网络之前，Metamask 将使用选定的账户私钥对交易进行签名。

Web3 Dapp 的总体结构是一个 JavaScript 函数，它在 Web 页面加载时启动（例如，下面的 onPageLoad() 函数）。这个 JavaScript 函数管理应用的状态，并调用区块链上的智能合约函数。由于网络延迟和区块链操作的确认要求，所有 Web3 API 的调用都是异步的。所以，我们使用 web3 的回调 API 来处理返回值。注意，如果开发者需要顺序地调用智能合约，那么必须嵌套这些调用。下面的代码片段显示了 JavaScript 函数的结构，myFunc() 和 anotherFunc() 调用可以同时并行调用，而 secondFunc() 调用必须在 myFunc() 函数返回后执行。

```
var onPageLoad = function () {
  web3.eth.getAccounts(function (e, address) {
    if (e) {
      // ...
    } else {
      contract = web3.eth.contract(abi);
      instance = contract.at(contract_address);
      instance.myFunc (params..., function (e, r) {
        if (e) {
          // ...
        } else {
          return_value_0 = r[0];
          return_value_1 = r[1];
          // ...
          // show the UI based on the return values

          // Make a subsequent call after myFunc
          instance.secondFunc (params..., function (e2, r2) {
            // update the UI based on the r2 return values
          }
        }
      });

      instance.anotherFunc (params..., function (e, r) {
        if (e) {
          // ...
        } else {
          // show results on UI
        }
      });
    }
  });
}
```

然而，“Hello，World!”示例不需要复杂的智能合约函数的调用序列。它只需要调用一个合约函数，然后更新 Web 用户界面。helloworld.html 文件的源代码如下所示：

```
<!DOCTYPE html>
<html lang="en">
  <head>
    <script>
      window.addEventListener('load', function() {
        var hello = web3.eth.contract(...).at("...");
        var new_mesg = location.search.split('new_mesg=')[1];
        if (new_mesg === undefined || new_mesg == null) {
        } else {
          new_mesg = decodeURIComponent(new_mesg.replace(/\+/g, '%20'));

          web3.eth.getAccounts(function (error, address) {
            if(!error) {
              hello.updateMessage(new_mesg, {
                  from: address.toString()
              }, function(e, r){
                if(!e)
                  document.getElementById("status").innerHTML =
                    "<b>Submitted to blockchain</b>. " +
                    "New message will take a few sec to show up! " +
                    "<a href=\"helloworld_europa.html\">Reload page.</a>";
              });
            }
          });
        }

        hello.sayHello(function(error, result){
          if(!error)
            document.getElementById("mesg").innerHTML = result;
        });
      })
    </script>
  </head>

  <body>
  <h2>Hello World</h2>
    <form method=GET>
      New message:<br/><br/>
      <input type="text" size="40" name="new_mesg"/><br/><br/>
      <input type="submit"/>
      <p id="status"/>
    </form>
    <p>The current message is: <span id="mesg"/></p>
  </body>
</html>
```

注意这一行代码：web3.eth.contract(...).at("...")。at() 函数将合约在区块链上的部署地址用作参数。开发者可以在“Run”选项卡的“Deployed Contracts”部分找到它，如图 4.9 和图 4.10 所示。合约函数采用一种称为合约 ABI 的 JSON 结构，可以通过单击“Compile”选项卡上的“Details”按钮来找到它。开发者可以通过单击剪贴板图标将整个 ABI 部分复制到计算机的剪贴板。另外，WEB3DEPLOY 部分的代码第一行显示了 contract 函数的 ABI

参数（以整行的方式显示）(见图 4.12)。

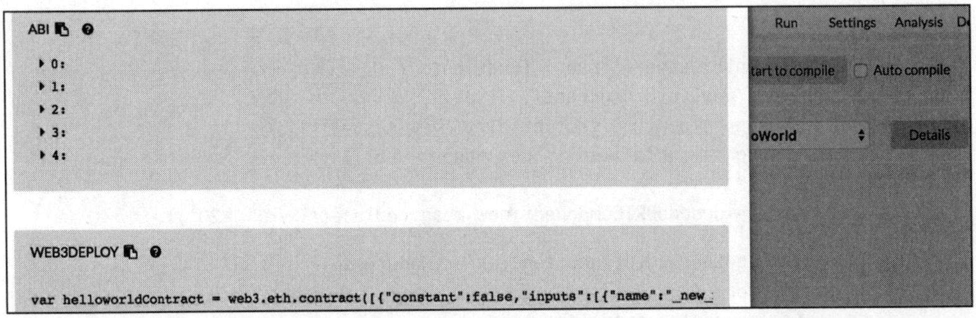

图 4.12 发现 ABI

这个 Web 应用现在允许用户从 Web 上与“Hello，World!”的智能合约直接交互（见图 4.13)。如果提交一条新信息，应用需要 Metamask 发送 gas 费，用来为它调用合约上的 `updateMessage()` 函数。请注意，所有 Web3 函数都是嵌套的并且是异步调用的。读者可以在第 7 章学习更多关于 Dapp 开发的内容。

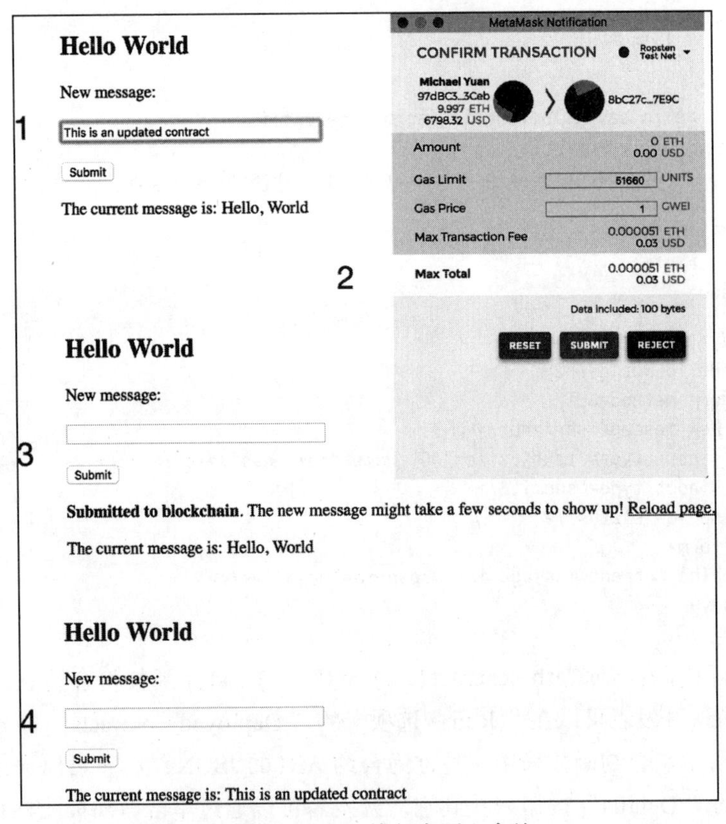

图 4.13 使用 Metamask 钱包来写入合约

在 web3.js 中使用 Metamask 可能是开始以太坊应用开发的最佳方式。但是对于一般的 Web 用户来说，安装和使用 Metamask 是一个巨大的入门障碍。正如开发者所看到的，BUIDL IDE 在 Dapp 网页上提供了一个轻量级的钱包，对于那些只需要为与以太坊区块链交互而支付 gas 费的用户来说，这可能足够了。或者，我们可以设计一个应用，让一个中心化的服务器为用户支付 gas 费（见第 8 章）。

4.3　本章小结

本章解释了如何在以太坊兼容的区块链上构建、部署和使用智能合约。我们使用了 Metamask、Remix 和 Web3 等工具开始区块链应用开发。在接下来的几章中，将探讨以太坊背后的关键概念、涉及其操作的软件工具、智能合约的内部工作方式、开放的替代工具以及去中心化应用的软件栈。我们将在第 16 章中用一个新的 Dapp 把这些内容串联起来，以展示智能合约的能力。

Chapter 5 第5章

概念与工具

在前面的章节中，我们向读者展示了如何构建、部署以太坊智能合约，并与之交互。然而，由于聚焦于图形用户界面（GUI）工具，我们也留下了许多没有解释的概念和要点。

本章将解释如何运行以太坊节点并与之交互。在这个过程中，将学习以太坊区块链设计、实现和操作背后的关键概念。这些概念也适用于与以太坊兼容的区块链。

5.1 以太坊钱包和基本概念

要使用以太坊区块链，首先需要一个以太坊钱包来持有用户的ETH币。和比特币一样，任何人都可以在以太坊区块链上创建一个"账户"来持有和交易ETH币。账户由一对公钥和私钥来唯一标识。一个密钥（key）是一长串看似随机的数字和字符。密钥对可以在自己的计算机上随机生成。

- 以太坊的账户是直接从公钥派生出来的。如果有人想发送一些ETH，发送者所需要的就是接收者账户。
- 私钥用于标识此账户的所有者。当需要将ETH从账户中转出（例如，花掉它或转移到另一个账户）时，则需要私钥。没有私钥，以太坊矿工将视之为无效交易，并拒绝将其打包在区块链中。

现在我们明白，保护私钥是至关重要的。如果其他人掌握了它，这个人将拥有对该账户ETH的全部权限。如果用户一不小心丢失了私钥，将永远失去对该账户ETH的控制权。ETH将保留在账户中为全世界所见，但没有私钥，任何人都无法转移或使用它们。

钱包所做的就是存储和管理用户的公钥/私钥对。通常，它还提供一个用户界面，以便使用底层的公钥/私钥对来管理账户中的ETH。钱包可以是一个完全独立的软件（甚至是硬件）。或者，它可以是一个将密钥存储在服务器上的Web应用。以下是一些著名的以太坊钱包：

- Mist是以太坊开发团队的官方钱包软件。读者可以在自己的电脑上安装和运行。不过，它不仅仅是一个钱包，而且是一个“区块链浏览器”，包含一个完整的以太坊节点。例如，用户可以使用Mist上传智能合约代码。这也意味着Mist需要超过4GB的内存和超过100GB的硬盘空间才能运行。Mist第一次开始运行时需要24到48小时，因为它需要下载整个区块链的历史记录数据。
- Parity是另一个功能齐全的GUI以太坊客户端，与Mist形成竞争。按理说它应该比Mist更快。但是，它仍然需要下载整个区块链历史记录数据来运行一个完整的以太坊节点。
- 第4章中的Metamask是一个基于Chrome浏览器的钱包。它通过Chrome浏览器在用户的电脑上存储私钥。因此，计算机的物理安全对于Metamask钱包来说至关重要。
- imToken移动应用是智能手机上的钱包。用户可以在应用中创建密钥对（账户），并使用该应用从自己的钱包账户发送ETH以及接收ETH到自己的钱包。imToken应用不需要下载区块链历史记录数据，可以快速启动并能够使用。
- Tezer和Ledger是基于USB密钥定制的硬件设备，用于存储和管理密钥。它们通常与计算机程序协同工作。计算机程序提供了检查余额以及创建交易的用户界面。当计算机程序需要签名一个交易时，它会传递到USB设备来完成。私钥永远不会离开USB设备。
- Coinbase是一个基于Web的钱包，它还可以提供银行服务，将用户的ETH兑换成美元。几乎所有加密数字货币交易所都会提供钱包用来存取数字货币。

> **注意**
>
> 如果读者在自己的PC设备/移动设备/专用硬件设备上运行一个钱包应用，则必须自己对设备的物理安全负责。不要丢失自己的私钥！

> **注意**
>
> 以太坊兼容的区块链也有自己的钱包应用。例如，CyberMiles区块链有自己的类似于Metamask的Chrome扩展钱包，以及一个独立的移动钱包应用，称为CyberMiles App，它可以运行基于Web3的Dapp。详情见附录A。

如果钱包只管理公/私密钥对，那么保存在这些账户中的数字货币和通证存储在哪里呢？读者的钱包里有数字货币吗？答案是否定的，用户的通证或数字货币不在用户的钱包里。记住，区块链是一个账本系统。它记录了所有的交易与系统内所有账户相关的余额。所以，钱包只需要管理用户的账户凭证，账户上的通证或数字货币可以从区块链本身中找到。

5.2 Etherscan

Etherscan 网站是一个有用的工具，可以看到以太坊区块链的内部状态。用户可以使用它来查找和审查记录在区块链中的每一笔交易，进而查看每个账户的余额和历史记录。在其首页上，用户可以看到最新的区块以及其中的交易（见图 5.1）。

注意

大多数区块链也有自己的区块链浏览器。例如，CyberMiles 公共区块链有 https://www.cmttracking.io/，不仅显示了交易，而且显示了与其 DPoS 操作相关的数据。详情见附录 A。

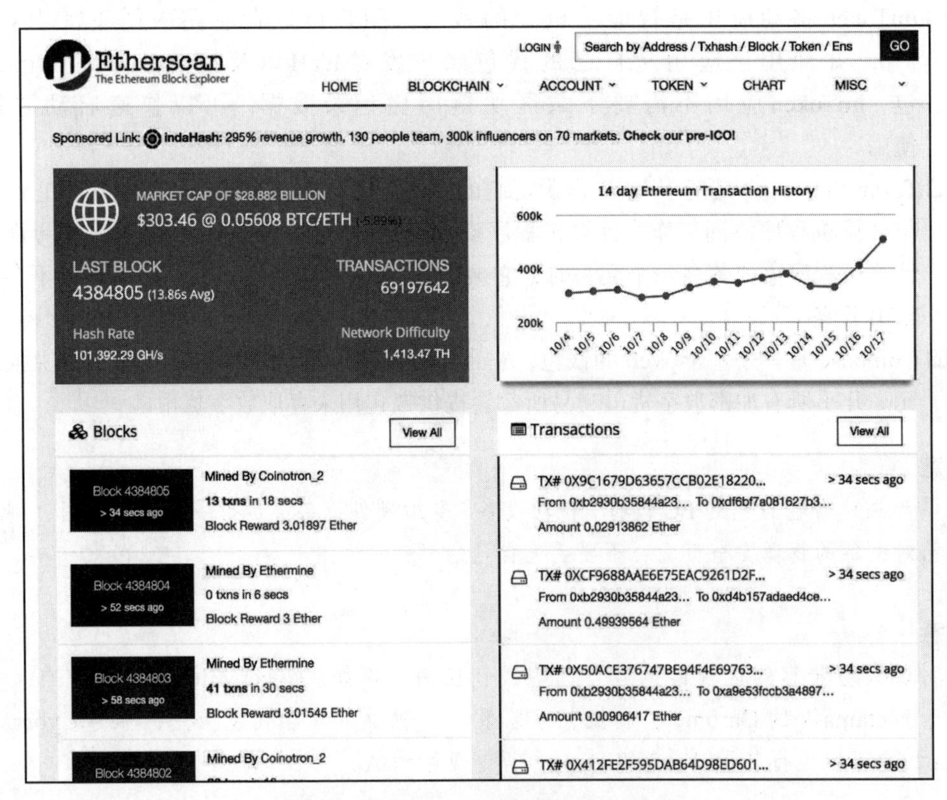

图 5.1 Etherscan 中最新的区块及交易

钱包或交易所也可以显示用户账户中的来往交易。Etherscan 显示了所涉及的账户和资金，以及交易是否经过区块链矿工的验证（见图 5.2）。

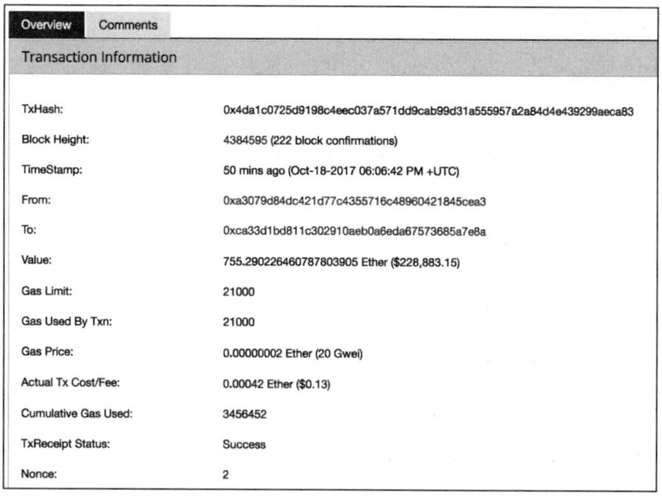

Overview　Comments

Transaction Information

TxHash:	0x4da1c0725d9198c4eec037a571dd9cab99d31a555957a2a84d4e439299aeca83
Block Height:	4384595 (222 block confirmations)
TimeStamp:	50 mins ago (Oct-18-2017 06:06:42 PM +UTC)
From:	0xa3079d84dc421d77c4355716c48960421845cea3
To:	0xca33d1bd811c302910aeb0a6eda67573685a7e8a
Value:	755.290226460787803905 Ether ($228,883.15)
Gas Limit:	21000
Gas Used By Txn:	21000
Gas Price:	0.00000002 Ether (20 Gwei)
Actual Tx Cost/Fee:	0.00042 Ether ($0.13)
Cumulative Gas Used:	3456452
TxReceipt Status:	Success
Nonce:	2

图 5.2　深入一个交易细节

当然，作为开发者，仅仅拥有账户和 ETH 是不够的。我们希望能够运行区块链软件，通过挖矿获得 ETH 数字货币，并执行自己的智能合约。

5.3　TestRPC

要研究和开发以太坊的应用，开发者需要访问以太坊虚拟机（EVM）。在理想情况下，开发者应该在区块链上运行一个完整的以太坊节点，并通过该节点与区块链网络通信。然而，一个完整的以太坊节点是昂贵的。对于开发者来说，使用 TestRPC 要容易得多。本章后面的部分将讨论如何运行一个以太坊的完整节点。

注意

为了运行一个完整的以太坊节点并加入以太坊网络，需要运行一个完整的以太坊客户端，下载整个以太坊区块链的交易历史（超过 100GB 的数据），然后开始“挖矿”ETH 来参与到验证交易的过程中，并在区块链上创建新的区块。这是一个很大的投入，需要大量的计算资源。即便如此，开发者也不太可能通过挖矿成功获得任何 ETH——ETH 的交易价格高于 150 美元时，挖矿竞争非常激烈。因为大多数关于公共以太坊区块链的任务需要 ETH 来完成，开发者需要购买 ETH 来开始实验。再说一次，每个 ETH 150 美元以上，这是一个昂贵的学习过程。

如果开发者要测试以太坊应用程序编程接口（API）函数和智能合约的编程，可以使用一个模拟器，它可以简单地响应所有以太坊 API 调用，但不会真正产生构建区块链网络的开销。TestRPC 就是这样一个模拟器。TestRPC 最初是作为一个志愿者开源项目而开发的。它后来被开源框架 Truffle 背后的公司收购，用于智能合约的开发（已重命名为 Ganache

CLI，见 https://github.com/trufflesuite/ganache-cli 文档）。

首先应该确保在自己的机器上安装了 node.js 及其包管理器 npm。开发者可以从 https://www.npmjs.com/get-npm 安装它们。在大多数 Linux 发行版上，也可以使用系统包管理器来安装它们。例如，使用下面的命令将在 CentOS/RedHat/Fedora Linux 系统上安装 node.js 和 npm:

```
$ sudo yum install epel-release
$ sudo yum install nodejs npm
```

接下来，让我们使用 npm 包管理器安装 Ganache CLI。

```
$ sudo npm install -g ganache-cli
```

开发者可以从命令行启动 TestRPC 服务器。它将随机创建十个账户（公钥地址和私钥对）。默认情况下，所有的账户都是解锁的，以便于测试。

```
$ ganache-cli
Ganache CLI v6.0.3 (ganache-core: 2.0.2)

可用账户
==================
(0) 0xbaea21140ce33f0fa7046692f61a4238eaa407e3
(1) 0x944205dcdaeeb097870925ea26e159f6b6dab4c1
(2) 0x1f62a96f38d5247815dd4ed2d18ed9e228c06d40
(3) 0x6235ca5d31c476b649b8517ce24f428db34e8446
(4) 0xa13feaf894f1ae33e321c78c396a3eaf2048a621
(5) 0xee3a90f6403853b57a7a325cccee0e6120cb39f2
(6) 0x889dd868cc580080e1e809fd38ca1b5ff2aef017
(7) 0xb0e664c4732d7c065b4f20e461cfc89ce5598119
(8) 0x3c183932b2d9c0aedb611cc89c210ab71e7d3f4c
(9) 0xf3deac45c47e48620571108b9a9320aacd7518fe

私钥
==================
(0) 75af4be053b6da9b6ae6af0dd137de406bb6405779be056ffa5861873346a54f
(1) 112ff21d135f28273c3185c6d519f3c4f38907418448ac875443206eed25eb39
(2) 28b5b6d6d04d38be899f69bb9ce6335d75b30daaea4476c9f16e75cb638076b9
(3) 122a12f40411b5fd66c354493d3ec9e83d66f14071e47bdfc9a0b747d1040344
(4) 6e062a75413f9632d33f1520e0b4246e05edde517caf4b1657c6d652d324dc06
(5) 71212db8910dabd3d5399470bb8ea37a29ffdb2402a2b03d9144d7bea6a5cfda
(6) 301283f708770350180a2b00e5f8092f43238d23fd2249397f5a185d5a9ecc1f
(7) 7cfc7dba9c475fc7f394507ea1e9fd3d8604b288a058477b684f9a58a9176f33
(8) 14f259263d41a1e5986c588f4ae9bc93b6e56c4734ed7046394a7b1d37aba094
(9) 4aceb1f8a42c36a50402d0e679d0666a61bb4786ef7196c98b5cd3e0f6992b5b

HD 钱包
==================
Mnemonic:  foot silly tag melt require tuition soon become frequent tell forest
satisfy
Base HD Path:  m/44'/60'/0'/0/{account_index}

Listening on localhost:8545
```

开发者可以每次使用相同的账户集合来启动 TestRPC 节点，并且，还可以为每个账户提供一个初始余额。

```
$ ganache-cli --account="0x99cf2f6...,1234000000000000000000"
--account="0xa295df7...,3141590000000000000000000"
Ganache CLI v6.0.3 (ganache-core: 2.0.2)

可用账户
==================
(0) 0xd61a8f9afaaa3f12e75781c3a1e271c2744442ba
(1) 0x9f37a44226a4c65336ceacbd608ea248fca5453c

私钥
==================
(0) 99cf2f6a09d3ba6491e838ac62edcd1b8df5507056a89c87e495948a2211c9c4
(1) a295df779395bb57b38765a592374d56d0d4a259d54fb8f5cfad2f35b90ae8cd

Listening on localhost:8545
```

TestRPC 是一个功能齐全的以太坊模拟器。它比任何在线的以太坊节点都要快，因为它不执行创建、挖矿和同步区块的实际工作。这使得它非常适合快速迭代的开发阶段。

5.4　通过 GETH 与以太坊交互

一旦 TestRPC 节点启动，或者整个以太坊节点与区块链同步，开发者就可以使用 GETH 程序连接到以太坊，并向网络发送命令和交互指令。所需要做的就是通过指定节点的 IP 地址将 GETH 命令附接到该节点上。如果节点在本地运行（例如，本地计算机上的 TestRPC 节点），可以简单地使用 `localhost` 作为 IP 地址。

```
$ geth attach http://node.ip.addr:8545
```

GETH 在新的终端中打开一个交互式控制台，开发者可以使用以太坊 JavaScript API 访问区块链。例如，下面的命令将创建一个新账户，用于保存这个网络上虚拟货币。只要重复操作几次，开发者就会在 ETH 的账户列表中看到一些账户。如前所述，每个账户由一对私钥和公钥组成。与此账户相关的每笔交易，在区块链上只记录公钥。

```
> personal.newAccount()
Passphrase:
Repeat passphrase:
"0x7631a9f5b7af9705eb7ce0679022d8174ae51ce0"
> eth.accounts
["0x7631a9f5b7af9705eb7ce0679022d8174ae51ce0", ...]
```

从 GETH 控制台创建或解除锁定的账户时，账户的私钥存储在附接的节点文件系统上的 keystore 文件中。在一个真实的以太坊节点（即，不是 TestRPC）上，开发者可以开始挖矿并将挖矿所得存入自己的一个账户中。对于 TestRPC，开发者的初始账户中已经包含了

ETH，并且可以跳过这一步。

```
> miner.setEtherbase(eth.accounts[0])
> miner.start(8)
true
> miner.stop()
True
```

接下来，开发者可以把一些 ETH 从一个账户发送到另一个账户。如果开发者的 GETH 控制台附接到一个真实的以太坊节点，那么需要（通过节点上的 keystore 和密码助记词）访问发送者账户的私钥。如果通过本地主机或远程连接到 TestRPC，因为 TestRPC 中的所有账户默认都是解锁的，开发者可以跳过账户解锁的调用。在连接到真实的以太坊节点控制台时，如果不首先调用 unlockAccount() 方法，sendTransaction() 方法将请求开发者的密码助记词为账户解锁。

```
> personal.unlockAccount("0x7631a9f5b7af9705eb7ce0679022d8174ae51ce0")
Unlock account 0x7631a9f5b7af9705eb7ce0679022d8174ae51ce0
Passphrase:
true
> eth.sendTransaction({from:"0x7631a9f5b7af9705eb7ce0679022d8174ae51ce0",
to:"0xfa9ee3557ba7572eb9ee2b96b12baa65f4d2ed8b",
value: web3.toWei(0.05, "ether")})
"0xf63cae7598583491f0c9074c8e1415673f6a7382b1c57cc9b06cc77032f80ed3"
```

最后一行是用于在两个账户之间发送 0.05 ETH 的交易 ID。使用像 Etherscan 这样的工具，开发者能够在区块链上看到这个交易的记录。

5.5 通过 Web3 与以太坊交互

GETH 交互控制台可以方便地使用 JavaScript API 方法测试和操作以太坊区块链。如果应用要访问以太坊区块链，可以直接从 Web 上使用 JavaScript API。

图 5.3 中的 Web 页面显示了查询以太坊账户余额的一个应用。用户输入一个账户地址，JavaScript API 检索并显示该账户的余额。

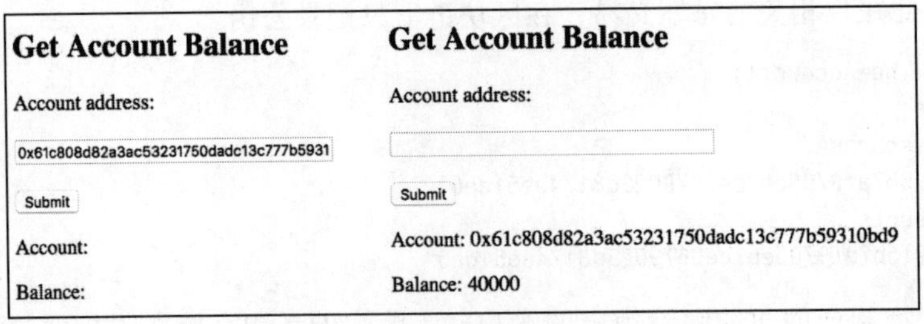

Get Account Balance

Account address:

0x61c808d82a3ac53231750dadc13c777b5931

Submit

Account:

Balance:

Get Account Balance

Account address:

Submit

Account: 0x61c808d82a3ac53231750dadc13c777b59310bd9

Balance: 40000

图 5.3 web3.js 的演示页面

通过以太坊项目提供的 web3.js 库，页面上的 JavaScript 首先连接到以太坊节点。在这里，可以使用自己的以太坊节点（例如，http://node.ip.addr:8545）或者是INFURA提供的一个公共节点（见下面的示例）。对于一个本地的TestRPC节点，可以简单地使用http://localhost:8545地址。

```
web3 = new Web3(new Web3.providers.HttpProvider(
  "https://mainnet.infura.io/"));
```

然后，JavaScript使用web3.js中的函数查询账户地址中的余额。我们可以在GETH控制台中使用这些相同的JavaScript方法调用。

```
var balanceWei = web3.eth.getBalance(acct).toNumber();
var balance = web3.fromWei(balanceWei, 'ether');
```

我们的演示应用查询了账户余额。余额是公开信息，不需要任何账户私钥。如果开发者的web3.js应用需要将ETH从一个账户发送到另一个账户，这需要访问发送账户的私钥。有几种方法可以做到这一点，本书将在第8章中介绍这些方法。

5.6　运行一个以太坊节点

虽然TestRPC非常适合初学者，但是要真正理解以太坊区块链，应该运行自己的以太坊节点。只有通过自己的节点，才能检查这些区块并访问区块链提供的所有功能。在本节中，将讨论如何在公共以太坊网络上运行节点。它需要大量的计算资源，例如24/7可用的服务器和互联网连接，以及至少几百GB的磁盘空间来存储区块链数据。如果读者在一个开发团队中（例如，在一个公司中），运行一个让所有团队成员访问的节点就足够了。首先，将官方的以太坊客户端软件GETH下载到你的电脑上。

```
https://geth.ethereum.org/downloads/
```

官方的GETH程序是用GO语言开发的。它只是一个编译好的二进制可执行程序，可以从命令行运行它。

```
$ geth version
Geth
Version: 1.7.1-stable
```

如果使用所有默认选项启动GETH，读者将连接到公共以太坊区块链。若要在非交互式模式中启动该节点，并在当前用户注销后在后台运行，则需要使用NOHUP命令。

```
$ nohup geth &
```

下载和同步整个区块链的历史记录需要数小时时间和大量的内存以及磁盘空间。因此，在官方的以太网测试网络上启动GETH可能是一个好主意。这将大大减少初始启动时间和资源，但是即使是同步测试网络，也仍然需要等待几个小时。

```
$ geth --testnet --fast
```

注意

在测试网络或自己的私人网络上挖矿或接收的以太币（ETH）没有任何价值。它只能用于网络测试目的，而不能在公开市场上兑换。

正如在本节前面提到的，开发者只需要为整个开发团队运行一个以太坊节点。运行在以太坊节点上的GETH客户端管理着计算机本地文件系统上的keystore。通过这个节点创建的所有账户的私钥都存储在这个文件中，每个私钥都将受到密码助记词的保护。keystore文件位于以下目录中，可以将keystore文件复制到另一个节点，并从新节点访问账户。开发者还可以从keystore中提取私钥，并对自己的交易进行签名，以便从以太坊区块链网络上的任何节点访问此账户。

- Linux：`~/.ethereum/keystore`
- Mac：`/Library/Ethereum/keystore`
- Windows：`%APPDATA%/Ethereum`

像INFURA（https://infura.io/）这样的公司在互联网上提供了公共的以太网节点。使用这样的节点可以节省运行节点所需的麻烦和大量资源。但是，出于安全的原因，公共节点不能存储私钥。具体来说，开发者必须使用已签名的交易来访问账户。

5.7 运行一个私有以太坊网络

通常，对于开发者来说，启动自己的私有以太坊测试网络是一个好主意。下面的命令可以从零开始启动私有网络上的第一个节点（即区块0，或创世区块）：

```
$ geth --dev console
```

注意

`geth`有许多命令行选项，可以自定义私有网络。例如，开发者可以将`genesis.json`文件传递给`geth init`命令，并指定以下内容：网络上的对等节点、选定账户的初始代币余额、挖出新代币的难度等。

运行一个单节点网络通常足以完成开发的任务。但是有时候开发者确实需要一个多节点的真实网络。要启动新的对等节点，请在交互控制台中查找当前（第一个）节点的标识信息。

```
> admin.nodeInfo
{
  enode: "enode://c74de1...ce@[::]:55223?discport=0",
  id: "c74de1...ce",
  ip: "::",
  listenAddr: "[::]:55223",
  name: "Geth/v1.7.0-stable-6c6c7b2a/linux-amd64/go1.7.4",
```

```
    ports: {
      discovery: 0,
      listener: 55223
    },
    protocols: {
      eth: {
        difficulty: 131072,
        genesis: "0xe5be...bc",
        head: "0xe5...bc",
        network: 1
      },
  ...
```

使用 enode ID，可以从另一台计算机启动第二个对等节点（指在同一网络上的节点）。注意，enode ID 中的 [::] 是节点的 IP 地址。因此，需要用第一个节点的 IP 地址替换它。

```
geth --bootnodes "enode://c74de1...ce@192.168.1.3:55223"
```

现在可以启动更多的对等节点。启动 bootnodes（引导节点）参数可以接受多个用逗号分隔的 enode 地址。或者，可以以控制台模式启动每个节点，使用 admin.nodeInfo 计算出每个节点的 enode ID，然后使用 admin.addPeer 来连接每个节点。

```
> admin.addPeer("enode://c74de1...ce@192.168.1.3:55223")
True
> net.peerCount
1
```

每个新的节点将从私有网络开始下载和同步完整的区块链。它们都可以在网络上通过挖矿获得以太币并验证交易的有效性。

5.8 本章小结

在这一章中，我们讨论了以太坊的基本概念，以及如何建立自己的私有以太坊区块链。当然，以太坊不仅仅是创造和交易 ETH 加密货币。以太坊的核心思想是智能合约，这将在下一章讨论。

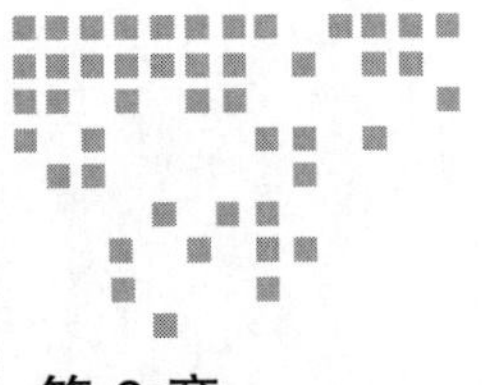

Chapter 6 第6章

智能合约

以太坊区块链最重要的特点是它能够执行软件代码的能力，这些软件代码称为智能合约。目前，我们已经拥有了许多分布式计算网络，为什么需要一个区块链作为一个分布式计算网络呢？答案是去中心化和可信的自主执行。有了以太坊区块链，不需要信任任何人就能正确地执行自己的代码。相反，一个由网络参与者构成的社区（即以太坊矿工组成的社区）将执行智能合约代码，并达成共识，确保结果是正确的。

在本章中，首先重温"Hello，World!"智能合约来说明一个以太坊智能合约的工作机理。然后，从高层次概述智能合约语言（比如 Solidity）的设计特性，以帮助开发者能够更快地开始 Solidity 编程。本章还将介绍如何使用开源框架和开源工具构建并部署智能合约。虽然本章将继续讨论图形用户界面（GUI）工具的使用，但重点讨论更适合专业开发者的强大命令行工具。

6.1 重温"Hello，World!"

智能合约背后的理念是，软件代码一旦开发完毕，就能保证正确执行。在本节中，让我们回顾一个简单的智能合约。它的工作原理如下：

- 任何人都可以将智能合约代码提交给以太坊区块链。以太坊矿工验证代码，如果矿工中的大多数都同意（即达成共识），代码将被保存在区块链上。现在，智能合约在区块链上有一个地址，就好像它是一个账户一样。
- 然后任何人都可以调用区块链地址上这个智能合约的任何公共方法。全部区块链节点都将执行代码。如果矿工中的大多数都同意代码执行的结果，那么代码所做的更改将被保存在区块链上。

> **注意**
>
> 以太坊网络节点负责执行这些智能合约，并就其结果的正确性达成共识。在每个交易中，节点执行这项工作来交换以太坊的数字加密货币（称为以太币 ETH）。交易费用称为 gas，由方法调用者从指定的“from”账户中支付。

在本章中，将再次使用“Hello，World!”这个例子进一步说明智能合约是如何工作的，以及如何使用不同的工具与它们进行交互。合约是用 Solidity 编程语言开发的，文件名是 HelloWorld.sol。智能合约最重要的要求是它在不同节点的计算机上执行时必须产生相同的结果。这意味着它不能包含任何随机函数，甚至不能包含浮点数，因为浮点数在不同的计算机体系结构上有不同的表示方式。Solidity 语言被设计成在它所表达的程序中没有任何歧义。

```
pragma solidity ^0.4.17;

contract HelloWorld  {

    string helloMessage;
    address public owner;

    function HelloWorld () public {
        helloMessage = "Hello, World!";
        owner = msg.sender;
    }

    function updateMessage (string _new_msg) public {
        helloMessage = _new_msg;
    }

    function sayHello () public view returns (string) {
        return helloMessage;
    }

    function kill() public {
        if (msg.sender == owner) selfdestruct(owner);
    }
}
```

“Hello，World!”智能合约有两个关键的函数。

- sayHello() 函数的作用是：向调用者返回问候语。当智能合约部署完毕，问候语最初设置为“Hello，World!”。这是一个视图方法，表明它不会改变智能合约的状态，因此可以在任何一个以太坊节点本地执行，而无须支付 gas 费。
- updateMessage() 函数允许方法调用者将问候语从“Hello，World!”改变为另一条信息。

“Hello，World!”智能合约维护了一个内部状态（helloMessage），这个状态可以通过公共函数 updateMessage() 来修改。区块链技术的关键特征是，每个函数调用都由网络上的所有节点执行，任何对 helloMessage 状态的改变都必须经过网络上大多数验证者或矿工的同意，然后才能记录在区块链上。反过来，helloMessage状态的每次更改都记录在区块链上。任何有兴趣的参与方都可以审查区块，并找出helloMessage所有变化的历史记录。这种程度的透明确保了智能合约不会被非法篡改。

需要注意的是，sayHello()函数可以在调用者访问的任何以太坊节点上执行。它从区块链中查找信息，但并不改变区块链的状态。这个函数不会影响网络中的其他节点。因此，以太坊区块链不需要gas费就可以调用像sayHello()这样的视图函数。

另一方面，updateMessage()函数会导致以太坊网络中所有节点发生状态变化。只有当区块链上的所有节点都已执行，并且对结果达成共识的时候，这个函数才能真正生效。因此，updateMessage()函数的调用需要一笔gas费。updateMessage()函数调用的结果也需要相当长的时间（在以太坊上最多10分钟）才能生效，因为包含结果的区块需要被确认并由矿工节点添加到区块链中。

6.2 学习智能合约编程

本书并不打算成为一个Solidity的教程。Solidity是一种类似于JavaScript的语言，但它在许多重要的方面都与JavaScript不同。Solidity的语法细节是不断演变的，这超出了本书的范围。建议开发者从https://solidity.readthedocs.io/的官方文档中学习Solidity语言。

然而，理解Solidity的高级设计特性非常重要，因为这些特性通常适用于其他智能合约语言。理解Solidity设计会为学习Solidity语言打好基础，奇怪之处也能讲得通了。

6.2.1 共识代码与非共识代码

正如在“Hello，World!”智能合约中看到的sayHello()和updateMessage()那样，这个智能合约中显然有两种类型的代码。

- 其中一种类型的代码，如updateMessage()函数，需要达成共识。这些函数必须是精确的并且产生确定性的行为（例如，没有随机数或浮点数），因为所有的节点必须产生相同的结果。它们执行得很慢，需要很长的确认时间，并且在计算资源（所有节点都必须运行它们）和gas费方面执行起来都很昂贵。
- 另一种类型的代码，如sayHello()函数，不需要达成共识。这些函数可以由本地节点执行，因此不需要gas费。即使不同的节点从相同的函数返回不同的结果（例如，浮点数的精度损失），这也不是问题。

在Solidity中，变量有memory和storage的两种引用类型，以指示该值是否应该保存在区块链上。不修改区块链状态（非共识）的函数被标记为视图函数，甚至那些不读取区块链状态的函数（纯计算性的）被标记为纯函数。

显然，虚拟机可以为非共识代码提供更多的功能和性能优化。然而，当前Solidity语言的设计是为共识代码的需求所服务的。因此，它缺乏许多基本特性，而这些特性可以很容易地由系统的非共识部分提供，例如字符串库、JSON 解析器、复杂的数据结构支持等。

笔者认为这是 Solidity 语言的缺陷。在未来的以太坊 2.0 中，基于 WebAssembly 的新虚拟机（包括 Second State 虚拟机）可以通过支持多种常用编程语言的非共识代码来解决这个问题。这将使区块链真正成为一个计算平台，而不仅仅是一个去中心化的状态机。

6.2.2 数据结构

除了基本类型（如 int、uint 和 address）之外，Solidity 语言还支持数组的数据类型。实际上，string 数据类型在内部被实现为数组。但是，数组类型也很难处理。例如，数组遍历的计算开销取决于数组的大小。这个计算开销可能很昂贵，并且在执行函数之前很难估计。这就是为什么 Solidity 只支持开箱即用的限长字符串运算。

对于结构化数据，建议使用 struct 数据类型对多个相关数据字段进行分组。对于集合，建议使用 mapping 数据类型来构建键 - 值对存储。从集合中添加、删除或查找元素时，mapping 数据结构具有计算开销固定的优点。

6.2.3 函数参数和返回值

尽管在智能合约中广泛使用 struct 和 mapping，但开发者只能将基本类型在合约函数中传入和传出。合约函数的输入值和返回值都是有限长度的元组。以太坊扩展（以及 EVM 2.0）项目正在以不同的方式放宽这些限制，特别是对于非共识的视图函数而言。

现在，为了将复杂的数据对象传递给函数，可以将数据编码为字符串格式（例如 CSV），然后在合约中解析字符串。然而，由于在 Solidity 中缺乏高性能的字符串库，这也是困难的，而且 gas 费昂贵。

6.2.4 可支付函数

智能合约语言的一个独特特征是可以接收付款的函数。在 Solidity 中，可以将任何合约函数标记为 payable。payable 函数自动需要达成共识。它只能通过一个被记录在区块链中的交易来调用，调用方可以将 ETH value 附加到交易。当执行这个函数时，ETH 会由调用者的地址转移至合约的地址。

合约也可以有一个默认的 payable 函数。当一个地址在没有进行显式函数调用的情况下，而且将一个常规 ETH 转移到合约地址的时候，就会调用它。

合约可以通过 this.balance() 函数访问自己的资金余额，并通过 <address>.transfer(amount) 函数将资金转移到其他地址。

6.2.5 调用其他合约

合约函数可以调用部署在不同地址的另一个合约中的函数。调用方的合约需要知道被调用方合约的 ABI 和地址。

这个特性允许我们构建代理合约，其中代理合约的函数实现可以更改或升级，因为我们可以更新代理以指向不同的实现合约。一些著名的智能合约，如 GUSD 合约，就是这样编写的。

在本节中，讨论了 Solidity 语言与传统编程语言相比的一些独特设计特性。这只是学习 Solidity 语言的开始。作为第一代智能合约编程语言，Solidity 有许多缺点，特别是在非共识函数和程序方面。例如 Lify 项目这样的以太坊扩展，正在寻找更好的解决方案（见第 14 章）。

6.3 构建和部署智能合约

在本节中，将使用“Hello，World!”合约为例说明如何构建和部署以太坊智能合约，让我们从标准的 Solidity 工具开始。

6.3.1 Solidity 工具

当开发者安装和使用一个 JavaScript 版本的 Solidity 编译器时，建议安装一个功能完整的 C++ 版本。通过 Linux 发行版的包管理器，可以很容易地做到这一点。以下是如何在 Ubuntu 上使用 apt-get 包管理器：

```
$ sudo add-apt-repository ppa:ethereum/ethereum
$ sudo apt-get update
$ sudo apt-get install solc
```

solc 命令将 Solidity 源文件作为输入，并将编译后的字节码以及 ABI 定义作为 JSON 字符串输出。

```
$ solc HelloWorld.sol
```

该命令的输出是一个大型 JSON 结构，它提供了有关编译器的错误和结果信息。开发者可以在 HelloWorld 合约中找到以下内容：

- evm/bytecode/object 字段是编译后的 EVM 字节码，是一个 16 进制字符串
- abi 字段是关联的 ABI 定义
- gasEstimates 字段是推荐的 gas 费

接下来，可以通过 GETH 部署这个合约，并获得已部署合约实例在区块链上的地址。开发者连接到以太坊区块链网络或 TestRPC 的 GETH 控制台，可以运行以下命令：

```
> var owner = "0xMYADDR"
> var abi = ...
> var bytecode = ...
> var gas = ...
> personal.unlockAccount(owner)
... ...
> var helloContract = eth.contract(abi)
> var hello = helloContract.new(owner, {from:owner, data:bytecode, gas:gas})
```

一旦合约被挖矿确认并记录在区块链上，开发者就应该能够查询它的地址。

```
> hello.address
"0xabcdCONTRACTADDRESS"
```

开发者需要记录并保存 ABI 和合约地址。正如所看到的，当稍后在另一个程序中检索这个合约实例时，需要这两条信息。

6.3.2 BUIDL IDE

虽然命令行编译器工具是 Solidity 智能合约开发的基础，但许多开发者更喜欢使用 GUI 工具来获得更可视化的开发体验。到目前为止，BUIDL IDE 是编译和部署 Solidity 智能合约时最简单的 GUI 工具。

首先，需要通过“Provider”选项卡配置 BUIDL 来使用以太坊区块链（见图 6.1）。然后，发送少许 ETH（例如，0.1 ETH）到“Accounts”选项卡上的默认地址，这样 BUIDL 就可以代表用户向以太坊支付 gas 费。详情见第 4 章。

接下来，在合约部分的编辑器中键入 Solidity 代码，然后点击“Compile”按钮。这时，能够在侧面板中看到已编译的 ABI 和字节码（见图 6.2）。

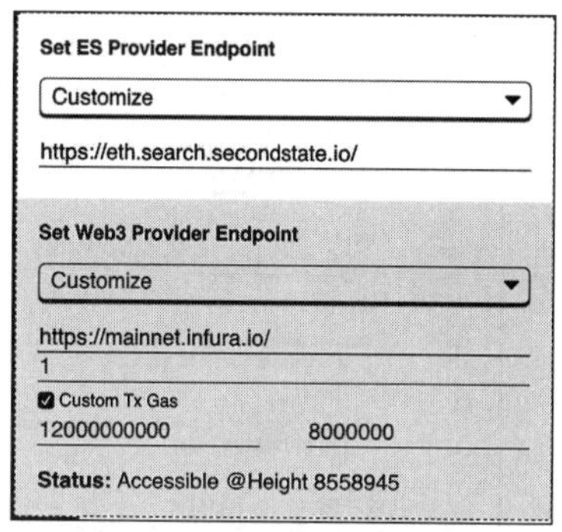

图 6.1 配置 BUIDL 使用以太坊

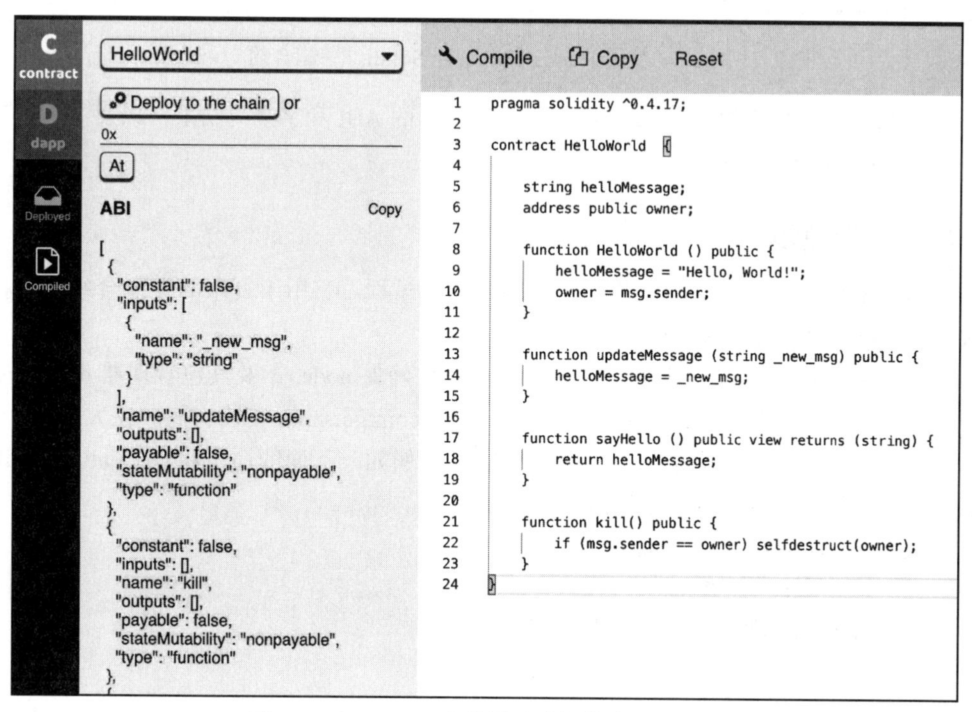

图 6.2 在 BUIDL 中编译生成智能合约的工件

当然，也可以复制 ABI 和字节码，并将它们粘贴到其他工具中使用。

6.3.3 Remix IDE

Remix 是来自以太坊基金会的一款基于 Web 的 Solidity 智能合约 IDE。开发者可以通过 Web 浏览器访问它：http://remix.ethereum.org/。

开发者只需在文本框中输入 Solidity 源代码，IDE 就会编译它。通过单击合约名称旁边的"Details"按钮可以显示编译器的输出（见图 6.3）。

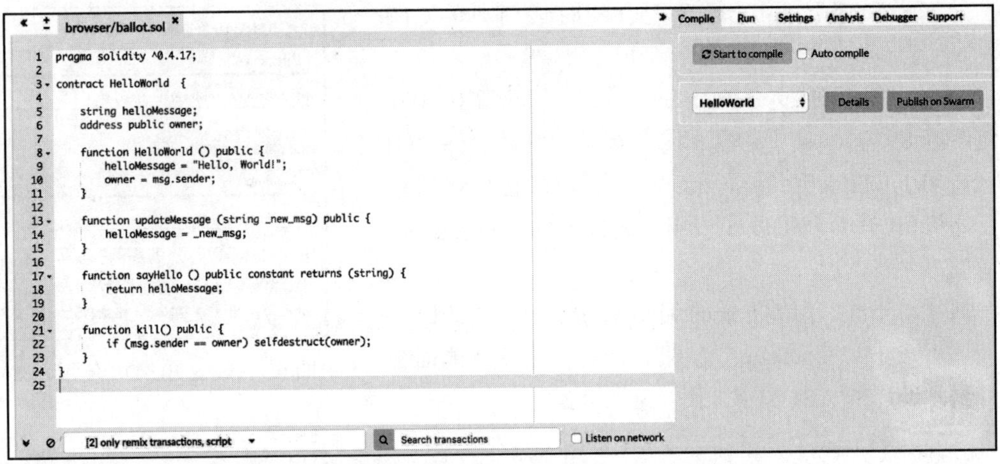

```
pragma solidity ^0.4.17;

contract HelloWorld {

    string helloMessage;
    address public owner;

    function HelloWorld () public {
        helloMessage = "Hello, World!";
        owner = msg.sender;
    }

    function updateMessage (string _new_msg) public {
        helloMessage = _new_msg;
    }

    function sayHello () public constant returns (string) {
        return helloMessage;
    }

    function kill() public {
        if (msg.sender == owner) selfdestruct(owner);
    }
}
```

图 6.3 使用 Remix IDE 编译 Solidity 智能合约

正如在图 6.4 中看到的，IDE 提供了来自编译器的 ABI 和字节码结果，以及一个用于方便部署合约的 GETH 脚本。

6.3.4 Truffle 框架

Truffle 框架大大简化了构建和部署智能合约的过程。它用于复杂的智能合约以及在专业软件开发环境中的自动构建和测试。

Truffle 框架基于 node.js 框架。因此，首先应该确保 node. js 及其包管理器 npm 已安装在自己的机器上。开发者可以从 https://www.npmjs.com/get-npm 安装它们。在大多数 Linux 发行版上，也可以使用系统包管理器来安装它们。例如，下面的命令将在 CentOS/RedHat/Fedora Linux 系统上安装 node.js 和 npm:

```
$ sudo yum install epel-release
$ sudo yum install nodejs npm
```

然后，使用 npm 包管理器安装 Truffle 框架。

```
$ sudo npm install -g truffle
```

接下来，可以使用 truffle 命令创建一个基本的项目结构。

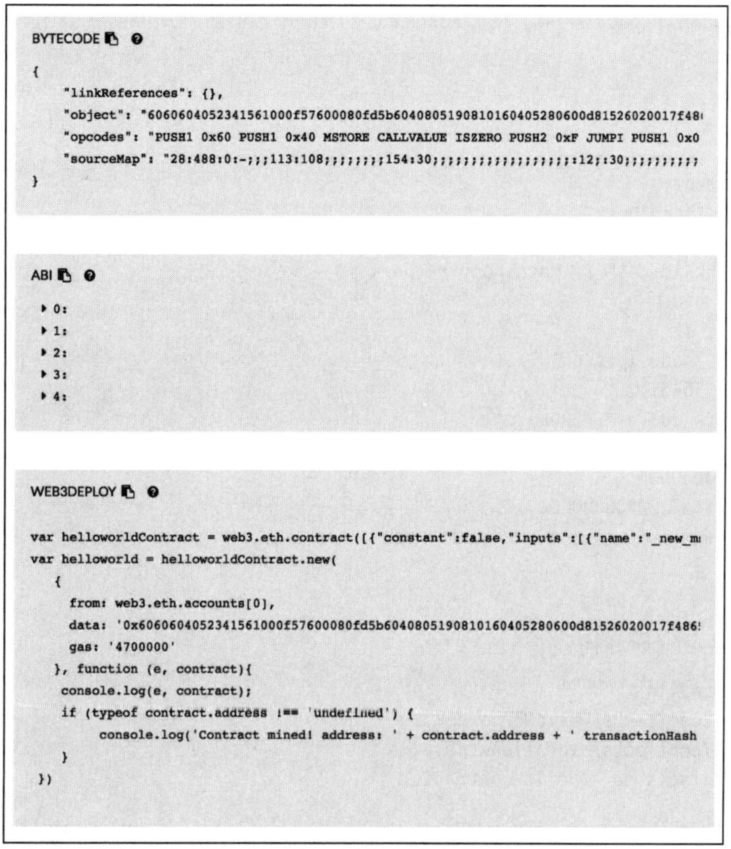

```
BYTECODE

{
    "linkReferences": {},
    "object": "6060604052341561000f57600080fd5b6040805190810160405280600d81526020017f48
    "opcodes": "PUSH1 0x60 PUSH1 0x40 MSTORE CALLVALUE ISZERO PUSH2 0xF JUMPI PUSH1 0x0
    "sourceMap": "28:488:0:-;;;113:108;;;;;;;;154:30;;;;;;;;;;;;;;;;;;;12;:30;;;;;;;;;;
}
```

```
ABI

▸ 0:
▸ 1:
▸ 2:
▸ 3:
▸ 4:
```

```
WEB3DEPLOY

var helloworldContract = web3.eth.contract([{"constant":false,"inputs":[{"name":"_new_m
var helloworld = helloworldContract.new(
   {
     from: web3.eth.accounts[0],
     data: '0x6060604052341561000f57600080fd5b6040805190810160405280600d81526020017f486
     gas: '4700000'
   }, function (e, contract){
    console.log(e, contract);
    if (typeof contract.address !== 'undefined') {
         console.log('Contract mined! address: ' + contract.address + ' transactionHash
    }
 })
```

图 6.4 单击“Details”按钮显示 ABI、字节码和智能合约的部署脚本

```
$ mkdir HelloWorld
$ cd HelloWorld
$ truffle init
$ ls
contracts        test            truffle.js
migrations        truffle-config.js
```

现在，可以在 helloworld/contracts 目录中创建 HelloWorld.sol 文件。本章前面已经列出了文件内容，开发者也可以从 GitHub 上的示例项目中获得它。另外，创建一个 migrations/2_deploy_contracts.js 文件来表明 HelloWorld 合约需要 Truffle 框架来部署。2_deploy_contracts.js 文件的内容如下：

```
var HelloWorld = artifacts.require("./HelloWorld.sol");

module.exports = function(deployer) {
  deployer.deploy(HelloWorld);
};
```

开发者还需要更新 truffle.js 文件，为该文件配置部署的目标。下面的 truffle.js 示例有

两个目标：一个用于 localhost 上的 TestRPC，另一个用于在本地网络上的以太坊测试网节点。

```
module.exports = {

  networks: {
    development: {
      host: "localhost",
      port: 8545,
      network_id: "*" // Match any network id
    },
    testnet: {
      host: "node.ip.addr",
      port: 8545,
      network_id: 3, // Ropsten,
      from: "0x3d113a96a3c88dd48d6c34b3c805309cdd77b543",
      gas: 4000000,
      gasPrice: 20000000000
    }
  }
};
```

可以使用以下命令编译和构建智能合约：

```
$ truffle compile
Compiling ./contracts/HelloWorld.sol...
Compiling ./contracts/Migrations.sol...
Writing artifacts to ./build/contracts
```

当从区块链地址构造一个合约对象时，前面提到的合约 ABI 是 build/contracts/HelloWorld.json 文件中的一个 JSON 对象。

```
{
  "contractName": "HelloWorld",
  "abi": [
    ... ...
  ],
  ... ...
}
```

最后，开发者有两个部署选项。第一个选项是部署到 TestRPC，这必须让 TestRPC 在同一台机器上运行，运行以下命令将 HelloWorld 合约部署到 TestRPC：

```
$ truffle migrate --network development

Using network 'development'.

Running migration: 1_initial_migration.js
  Deploying Migrations...
  ... 0x22cbcdd77c162a7d72624ddc52fd83aea7bc091548f30fcc13d745c65eab0a74
  Migrations: 0x321a5a4ee365a778082815b6048f8a35d4f44d7b
Saving successful migration to network...
  ... 0xcb2b363e308a22732bd35c328c36d2fbf36e025a06ca6e055790c80efae8df13
```

```
Saving artifacts...
Running migration: 2_deploy_contracts.js
  Deploying HelloWorld...
  ... 0xb332aee5093195519fa3871276cb6079b50e51308ce0d63b58e73fb5331016fc
  HelloWorld: 0x4788fdecd41530f5e2932ac622e8cffe3247caa9
Saving successful migration to network...
  ... 0x8297d06a8112a1fd64b2401f7009d923caa553516a376cd4bf818c1414faf9f9
Saving artifacts...
```

第二个选项是部署到一个真实运行的以太坊区块链网络。然而，由于这会需要 gas 费，需要先解锁一个有 ETH 余额的账户。开发者可以使用 GETH 附接到测试网络节点来做这件事。解锁的地址是在 truffle.js 文件中的 testnet/from 字段指定的地址。请参见第 5 章来回顾 GETH 的账户解锁命令。

```
$ ./geth attach http://node.ip.addr:8545 (http://172.33.0.218:8545/)
Welcome to the Geth JavaScript console!
modules: eth:1.0 miner:1.0 net:1.0 personal:1.0 rpc:1.0
> personal.unlockAccount("0x3d113a96a3c88dd48d6c34b3c805309cdd77b543", "pass");
true
```

然后使用 truffle 框架将合约部署到测试网络。

```
$ truffle migrate --network testnet

Using network 'testnet'.

Running migration: 1_initial_migration.js
  Deploying Migrations...
  ... 0x958a7303711fbae57594959458333b4c6fb536c66ff392686ca8b70039df7570
  Migrations: 0x7dab4531f0d12291f8941f84ef9946fbae0a487b
Saving successful migration to network...
  ... 0x0f26814aa69b42e2d72731651cc2cdd72fca32c19f82073a76461b76265e564a
Saving artifacts...
Running migration: 2_deploy_contracts.js
  Deploying HelloWorld...
  ... 0xc97646bcd00f7a3d1745c4256b334cdca8ff965095f11645144fcf1ec002afc6
  HelloWorld: 0x8bc27c8129eea739362d786ca0754b5062857e9c
Saving successful migration to network...
  ... 0xf077c1158a8cc1530af98b960d90ebb3888aa6674e0bcb62d0c7d4487707c841
Saving artifacts...
```

最后，可以在以下地址验证部署在真实网络上的合约：https://ropsten.etherscan.io/address/0x8bc27c8129eea739362d786ca0754b5062857e9c。

6.4 调用智能合约函数

现在，已经在区块链上部署了“Hello，World!”智能合约，开发者应该能够与之互动，并调用它的公共函数了。

6.4.1 BUIDL IDE

一旦配置了 BUIDL IDE 来使用以太坊区块链，并点击“ Compile”按钮来编译自己的 Solidity 智能合约之后，就可以部署了。

点击“ Deploy to the chain”按钮（见图 6.5）将智能合约部署到以太坊区块链。部署的合约可以在“ Deployed”选项卡上找到。开发者可以单击打开其中任何一个，并直接从 BUIDL 内部与公共函数交互。

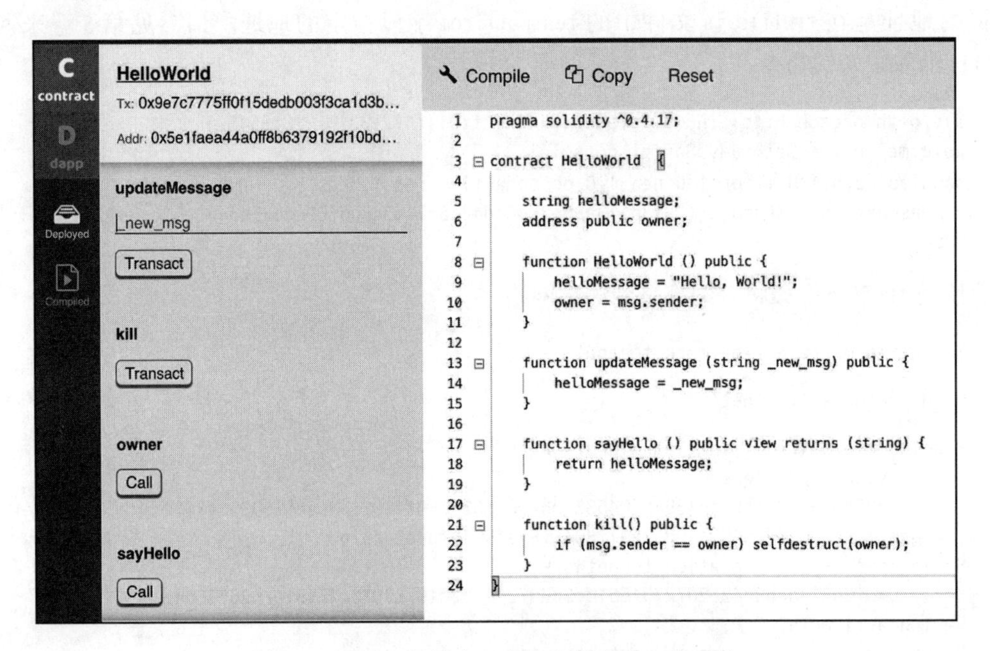

图 6.5 调用已部署在以太坊智能合约上的函数

6.4.2 Remix IDE

正如在第 4 章中所展示的那样，Remix IDE 可以根据 ABI 和合约地址为智能合约构建一个用户界面（UI）。合约的所有公共函数都列在用户界面（UI）中，导致区块链状态变化的函数（例如，需要 gas 来操作）被标记为红色按钮（见图 6.6）。

不会导致区块链状态更改的函数（例如，视图函数）被标记为蓝色按钮。开发者可以在每个蓝色按钮旁边的输入框中输入参数来调用函数。

Remix UI 很方便，但是它不能自动化，并且隐藏了交易的详细信息。为了充分了解区块链上的智能合约是如何执行的，建议开发者直接与区块链节点上的函数进行交互。对于以太坊，区块链节点是（连接到主网或测试网的）一个运行 GETH 的节点。

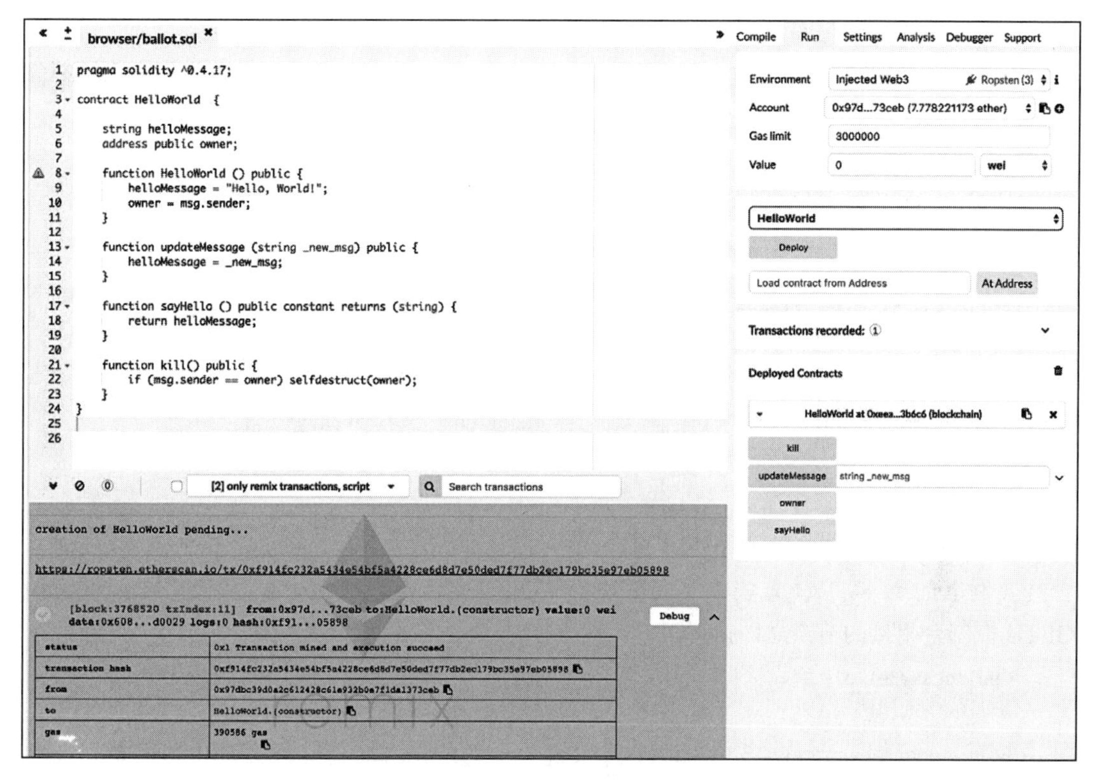

图 6.6 由 Remix 构建的智能合约 UI

> **注意**
>
> 如第 4 章所示，可以使用 Web3.js 的 JavaScript 库来构建应用，并与 Metamask 钱包协同工作，以调用智能合约的函数。但是 Web3.js 并不能帮助开发者进行智能合约本身的交互式开发和调试。

6.4.3 GETH 控制台

GETH 是基于 GO 语言的以太坊客户端。开发者可以用附接到以太坊节点（或用于本地测试的 TestRPC）的模式来运行 GETH。请参见第 5 章了解如何使用 GETH 运行一个以太坊节点。

```
$ geth attach http://node.ip.addr:8545
```

在控制台中，可以通过 `eth.contract().at()` 方法创建合约的实例。这里需要两条信息，它们都来自构建和部署智能合约到区块链的工具，我将在下一节中介绍。

- ❑ `contract()` 方法的 JSON 参数称为 ABI。当构建智能合约时，编译器会输出 ABI。对于 Truffle 框架，ABI 位于 `build/contracts/HelloWorld.json` 文件中的 abi JSON 字段，

并删除了所有换行符。

- at() 方法的参数是智能合约特定实例的地址。也就是说，可以多次部署相同的智能合约类，每次部署以太坊区块链将创建一个唯一的地址。

```
> var abi = [ { "constant": false, "inputs": [ { "name": "_new_msg",
"type": "string" } ], "name": "updateMessage", "outputs": [], "payable":
false, "stateMutability": "nonpayable", "type": "function" },
{ "constant": false, "inputs": [], "name": "kill", "outputs": [],
"payable": false, "stateMutability": "nonpayable", "type": "function" },
{ "constant": true, "inputs": [], "name": "owner", "outputs": [ { "name":
"", "type": "address" } ], "payable": false, "stateMutability": "view",
"type": "function" }, { "constant": true, "inputs": [], "name":
"sayHello", "outputs": [ { "name": "", "type": "string" } ], "payable":
false, "stateMutability": "view", "type": "function" }, { "inputs": [],
"payable": false, "stateMutability": "nonpayable", "type":
"constructor" } ]
> var helloContract = eth.contract(abi)
> var hello = helloContract.at("0x59a173...10c");
```

合约实例上的 sayHello() 方法不改变区块链状态。因此，这个方法是“免费”的，并且由 GETH 控制台附接的节点立即执行。

```
> hello.sayHello()
"Hello, World!"
```

另一方面，updateMessage() 方法更改了区块链上合约的内部状态。它必须由所有的矿工执行，一旦大多数矿工达成共识，状态的更改将记录在区块链上。正因为如此，它的执行需要 gas 费（如 ETH）来支付矿工的工作。gas 费由调用该函数的特定账户提供。

如果 GETH 控制台附接到 TestRPC，那么开发者应该已经有了解锁账户。但是如果开发者连接到一个真实的以太坊节点，可以在 GETH 控制台中使用以下命令创建一个新的以太坊账户，然后从开发的钱包中发送 ETH 到这个账户：

```
> personal.newAccount("passphrase")
```

接下来，必须解锁该账户，这样就可以“消费”这个账户的 ETH 作为 gas 费。

```
> personal.unlockAccount("0xd5cb83f0f83af60268e927e1dbb3aeaddc86f886")

Unlock account 0xd5cb83f0f83af60268e927e1dbb3aeaddc86f886
Passphrase:true
... ...

> hello.updateMessage("Welcome to Blockchain", {from:
"0xd5cb83f0f83af60268e927e1dbb3aeaddc86f886"})
"0x32761c528f426993ba980fdd212f929857a8bd392c98896a4e4a898077223c07"
> hello.sayHello()
"Welcome to Blockchain"
>
```

虽然 gas 费很少，但还是必要的。如果开发者在调用函数时，该函数的特定账户的余额为零，且不能支付 gas 费，则函数调用将失败。当交易被矿工确认后，合约的更改状态将在所有区块链节点上最终确定。在以太坊区块链上确认可能需要几分钟，这会降低用户体验。在可选的以太坊兼容区块链上，如 CyberMiles，确认时间可以快达秒级。这是在兼容以太坊的可选区块链上开发和部署以太坊应用的一个令人信服的理由（详情参考附录 A）。

6.5 一种新语言

虽然 Solidity 语言是目前以太坊智能合约开发中使用最广泛的编程语言，但它很难使用，并且有许多设计缺陷。具体地说，它缺乏现代编程语言中常用的安全保障措施和逻辑分离。在 Solidity 中，人们很容易犯错误。

事实上，大规模的代码审计发现，每 1000 行 Solidity 代码中就有大约 100 个明显的 bug。这个数字高得惊人，因为大多数 Solidity 代码都是针对管理真正金融资产的智能合约。相比之下，非金融业务软件通常每 1000 行代码包含 10 个 bug。

为了解决 Solidity 的问题，以太坊社区正在开发一种智能合约的新型实验性编程语言 Vyper。它是为人类的可读性和可审核性而设计的，去除了 Solidity 中一些令人困惑的特性，并且应该能够生成 bug 更少、更安全的智能合约。

尽管 Vyper 还处于早期的测试阶段，而且设计还在不断变化，但它可能是以太坊发展的未来。在本节中，将展示如何运用 Vyper 来重写 Solidity 的“Hello，World!”的例子，以及如何部署它。下面是智能合约的 Vyper 代码。开发者将注意到 Vyper 智能合约与 Python 语言类似。文件名是 HelloWorld.v.py，文件名后缀是 .py，允许开发工具使用 Python 规则来高亮显示其语法。如果不习惯的话，开发者也可以使用 .vy 的后缀。

```
#State variables
helloMessage: public(bytes32)
owner: public(address)

@public
def __init__(_message: bytes32):
    self.helloMessage = _message
    self.owner = msg.sender

@public
def updateMessage(newMsg: bytes32):
    self.helloMessage = newMsg

@public
@constant
def sayHello() -> bytes32:
    return self.helloMessage

@public
def kill():
```

```
    if msg.sender == self.owner:
        selfdestruct(self.owner)
```

要安装 Vyper 编译器，需要 Python 3.6 或更高版本。由于 Vyper 仍然是一项不断发展的技术，官方文档建议从源代码开始构建。开发者可以在 https://vyper.readthedocs.io/en/latest/installing-vyper.html 上找到最新的说明。

一旦安装了 Vyper 应用，就可以像运行其他编译器那样运行它。下面的命令将输出编译后的合约字节码的十六进制字符串：

```
$ vyper HelloWorld.v.py
```

下面的命令将输出合约 ABI 的 JSON 字符串：

```
$ vyper -f json HelloWorld.v.py
```

对于字节码和 ABI，可以使用 GETH 将智能合约部署到以太坊或 TestRPC。

```
> var owner = "0xMYADDR"
> var abi = ...
> var bytecode = ...
> var gas = ...
> personal.unlockAccount(owner)
... ...
> var helloContract = eth.contract(abi)
> var hello = helloContract.new(owner, {from:owner, data:bytecode, gas:gas})
```

现在，与 Remix 类似，还有一个针对 Vyper 合约的在线编译器：https://vyper.online/（见图 6.7）。开发者可以输入 Vyper 源码，让 Web 应用将其编译成字节码（见图 6.8）和 ABI（见图 6.9）。

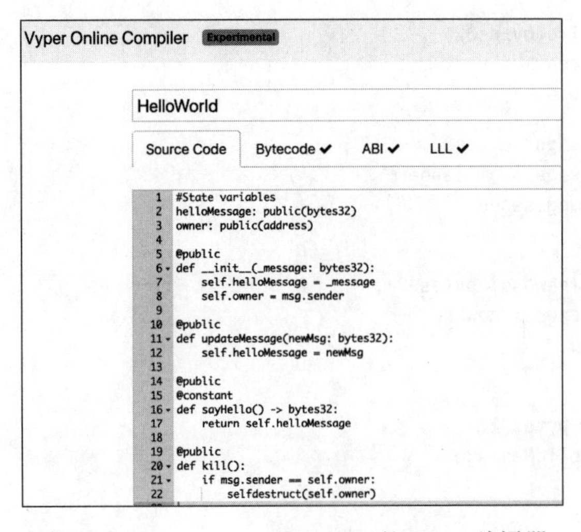

图 6.7 vyper.online，基于 Web 的 Vyper 编译器

0x600035601c52740100000000000000000000000000000000000000006020526f7fffffffffffffffffffffffffffffff6040527fffffffffffffffffffffffffffffffff80
00000000000000000000000000000060605274012a05f1fffffffffffffffffffffffffdabf41c006080527fffffffffffffffffffffffed5fa0e00000000000000000
00000000000000000060a05260206102296101403934156100a757600080fd5b6101405160005533600155610211566000035601c527401000000
00000000000000000000000000000000006020526f7fffffffffffffffffffffffffffffff6040527fffffffffffffffffffffffffffffffff8000000000000000000000000
000000060605274012a05f1fffffffffffffffffffffffffdabf41c006080527fffffffffffffffffffffffed5fa0e000000000000000000000000000000000060a052
63a9a1523f600051141561 00bd57602060046101403734156100b457600080fd5b61014051600055005b63ef5fb05b600051141561 00e357341561
00d657600080fd5b60005460005260206000f3005b6341c0e1b5600051141561010d5734156100fc57600080fd5b6001543314156101 0b5760015
4ff5b005b6322f5cfea600051141561013357341561012657600080fd5b60005460005260206000f3005b638da5cb5b600051141561015957341561
1014c57600080fd5b60015460005260206000f3005b5b6100b76102110361 00b76000396100b7610211036000f3

图 6.8　vyper.online 编译的字节码

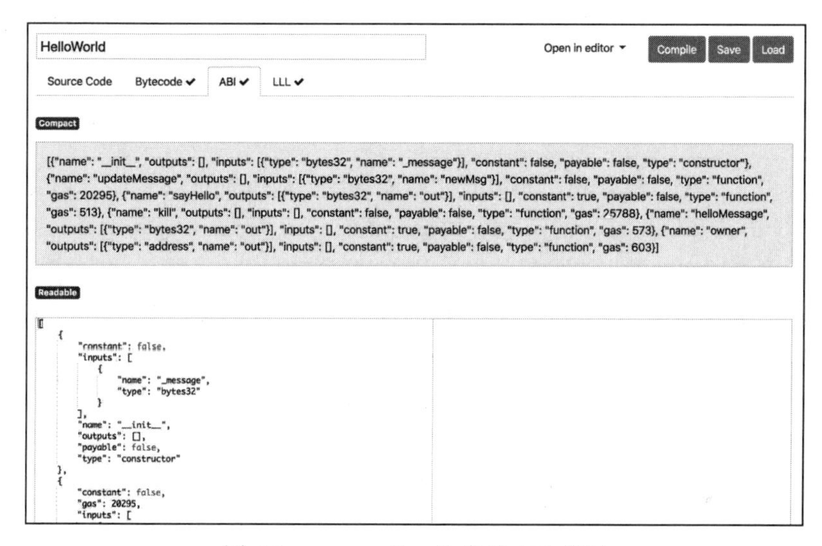

图 6.9　vyper.online 生成的 ABI 接口

6.6　更多智能合约语言

虽然 Vyper 语言与 Python 类似，但它不能被称为 Python，因为它从 Python 语言中删除了一些重要的特性，以使其程序的运行具有确定性。为了达成共识，所有区块链节点的计算机在执行智能合约代码时必须产生相同的结果。因此，没有通用的计算机编程语言可以直接用于智能合约的编程。必须修改编程语言以产生完全确定的行为。

新一代的区块链虚拟机正在利用最先进的虚拟机技术，例如 WebAssembly（Wasm）虚拟机，基于 WebAssembly 的下一代以太坊虚拟机名为 Ethereum Flavored WebAssembly（eWASM）。另一个大型的公共区块链——EOS，已经使用了一个基于 WebAssembly 的虚拟机。

这些新一代虚拟机通常基于 LLVM 技术，该技术支持从编译时、链接时到运行时的整个应用程序生命周期的优化。LLVM 在应用程序源码和机器字节码之间使用一种中间表示

（intermediate representation，IR）的代码格式，以支持“跨语言”的编译器基础设施。IR 允许虚拟机在前端支持多种源代码编程语言。实际上，LLVM 已经支持了 20 多种编程语言。Solidity 和 Vyper 也正在演变成与 LLVM IR 兼容。例如，开源的 SOLL 项目正在为下一代区块链虚拟机开发一个基于 LLVM 的 Solidity 编译器（见 https://github.com/second-state/soll）。

然而，由于智能合约编程的独特限制，不可能期望主流编程语言在区块链虚拟机上得到完全的支持。当 EOS 说它的智能合约编程语言是 C++ 的时候，它的意思是一个 C++ 的修改版本，可以产生确定性执行结果的程序。修改和定制主流编程语言以支持智能合约编程将是一项重大的工作。因此，在不久的未来，笔者认为 Solidity 将继续是占主导地位的智能合约编程语言。

6.7 本章小结

本章解释了什么是智能合约，如何开发智能合约，以及如何与智能合约交互。本章还介绍了 Solidity 语言和即将推出的智能合约编程语言——Vyper。使用开源工具，我们尝试了不同的方法来测试和部署以太坊区块链网络上的智能合约。当然，Solidity 和 Vyper 仍有它们的局限性。在第 14 章中介绍另一种编程语言 Lity，它完全向后兼容 Solidity，并试图解决一些最突出的问题。

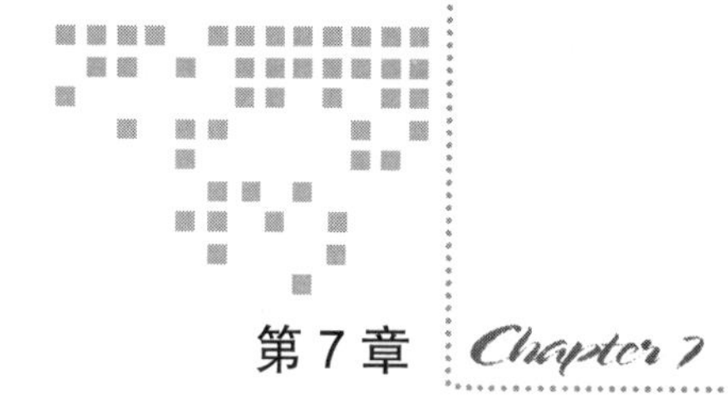

第7章 Chapter 7

Dapp

在前面的章节中，我们讨论了智能合约的概念，以及如何在以太坊区块链上与智能合约互动。然而，像GETH、Truffle，甚至Remix和Metamask这样的工具都是面向开发者或专家用户的。对于访问区块链应用的普通用户来说，在用户界面（UI）、用户体验（UX）和支持性的基础设施方面还有很多工作要做。

当Web应用的用户体验开始与封闭网络上的客户端-服务器应用相匹配时，互联网开始腾飞。只有在那之后，互联网的开放和去中心化优势才开始发挥作用。互联网擅长建立一个开放的生态系统，协调多个数据和服务提供商。但是这种生态系统只有在用户愿意使用Web应用时才有用。类似地，只有当应用的用户体验与常规Web应用相当时，去中心化和自主智能合约才能被大规模采用。现在，是时候进入去中心化应用（Dapp）了。

去中心化应用的一个目的是为智能合约和其他区块链功能提供用户界面。理想情况下，Dapp是一个下载到用户设备上的富客户端应用。它将多个后端服务连接在一起，包括区块链服务。Dapp通常是一个JavaScript应用，可以从任何Web服务器下载（即，没有可以关机的中央服务器），依赖于去中心化区块链的数据和逻辑功能。

在这一章中，通过一些著名的成功案例来讨论区块链Dapp的架构设计和最佳实践。

注意

在以太坊上开发Dapp是件苦差事。在开始写代码之前，开发者需要建立Metamask、Remix、Web3、Web服务器，甚至是以太坊节点，以及一系列的基础设施工具。另外，标准的以太坊Dapp也不能在移动设备上自由运行。

另一方面，BUIDL 是一个完整的 Dapp 开发环境，几乎不需要设置。BUIDL 应用可以发布到 Web 上，并通过移动设备访问。在第 3 章和第 4 章可以了解更多关于 BUIDL 的信息。

7.1 Dapp 软件栈

一旦我们构建并测试了智能合约，就是时候为用户构建 Dapp UI 以便与智能合约进行交互了。这里的想法是，不像 Web 应用那样依赖于一个中央服务器的逻辑和数据，一个 Dapp 可以在本地保存用户的数据并利用多个后端服务，包括区块链服务，以实现去中心化（见图 7.1）。

Dapp 通常作为客户端 JavaScript 应用在用户的设备中运行。它的主要功能是提供一个用户界面。它与区块链智能合约交互核心数据和应用逻辑。它还可以与其他公共服务甚至本地服务进行交互，以存储和管理链下数据。Dapp 的链下数据和普通 Web 应用的中央服务器之间最重要的区别在于，Dapp 的服务器数据可以在需要时复制和替换，Dapp 的基础设施中没有单点故障。

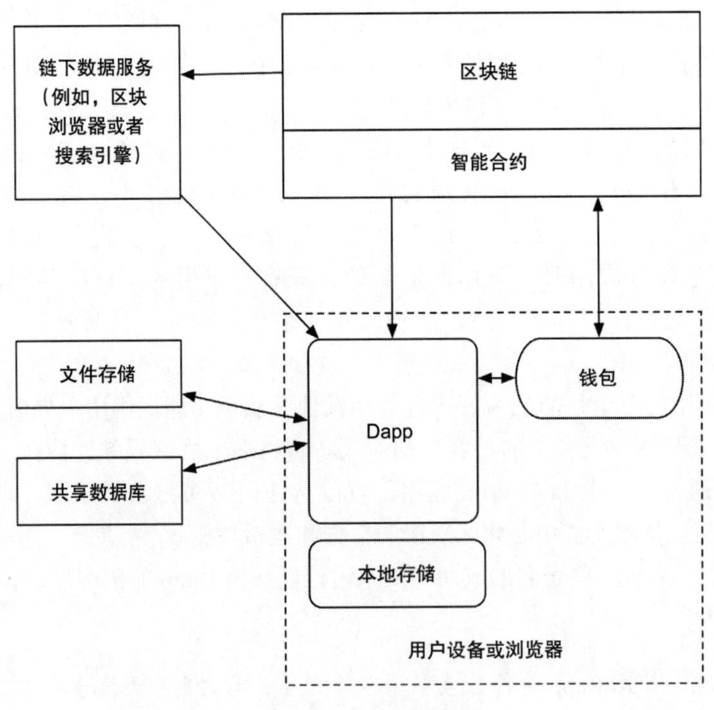

图 7.1 Dapp 的架构

例如，Dapp 可以利用设备的 HTML5 本地存储 API 来存储设备上特定用户的数据。开发者可以在任何客户端JavaScript框架中开发Dapp，流行的框架包括jQuery和ReactJS等。在Truffle项目中，开发者可以找到为流行的JavaScript框架创建的Dapp模板（https://truffleframework.com/boxes）。

7.1.1 Web3库

Javascript应用通过一个名为web3.js（https://github.com/ethereum/web3.js/）的库连接到区块链服务。目前，web3.js只支持以太坊区块链，而且还没有达到1.0版本。然而，它已经是目前为止最流行的连接Dapp到区块链服务的库。Web3库提供以下功能：

- 将资金从一个地址转到另一个地址
- 部署智能合约
- 在已部署的智能合约上调用公共函数
- 估算调用合约函数的gas费
- 查询合约或地址的状态

web3.js库需要一个私钥来签署它发送给区块链的交易。正如前面所看到的，区块链账户的私钥是由钱包应用存储和管理的，web3.js库应该与兼容的钱包应用结合使用。钱包也被称为Web3的提供者（provider），由Dapp的JavaScript代码来检测web3提供者的可用性和有效性。就以太坊而言，Metamask是web3.js的提供者。第4章中的“Hello，World!”Web应用是与Metamask协同工作的Web3 Dapp的一个例子。

> **注意**
>
> 除了更受欢迎的Web3，在没有钱包应用的情况下，ethereumJS库（https://ethereumjs.github.io/）可以签名以太坊交易。但是，要做到这一点，JavaScript代码必须能够访问账户私钥。ethereumJS库提供了一个JavaScript库（https://github.com/ethereumjs-wallet）在Dapp中实现自己的嵌入式钱包。

> **注意**
>
> 像Scatter（https://get-scatter.com/）这样的跨区块链应用（像钱包一样）是设计来运行Dapp的。

7.1.2 外部服务

正如前面所描述的，Dapp只存储区块链智能合约的核心逻辑和数据。在区块链上存储大量的数据太慢也太贵了。大多数应用也需要媒体文件、数据库和其他链下数据才能运行。Dapp可以使用在线服务来存储和管理数据。以下是一些例子：

- IPFS（https://ipfs.io/）是一个基于区块链的媒体文件存储和交换服务协议。Dapp可以在IPFS上存储大型用户文件，并可以在任何地方访问。

- Swarm（https://ethersphere.github.io/swarm-home/）是一个建立在以太坊之上的文件存储和共享解决方案。
- GitHub（https://github.com/）、Dropbox（https://www.dropbox.com/）或 Google Drive（https://www.google.com/drive/）都是传统的互联网文件存储和共享服务的例子，这些服务可以被单独的 Dapp 用户访问。开发者可以使用 GitHub 或者 Dropbox 网站直接从用户的个人账户中提供 Dapp 的 JavaScript 文件服务。
- 数据库即服务（DBaaS）提供者，如 Microsoft Azure SQL（https://azure.microsoft.com/en-us/services/sql-database/）服务、AWS 关系数据库服务（https://aws.amazon.com/rds/）、Google BigQuery（https://cloud.google.com/bigquery/）和 MongoDB Atlas（https://www.mongodb.com/cloud/atlas）都是数据库服务的例子，Dapp 可以利用这些服务来存储应用的数据。
- 链下数据服务是一个查询接口，用于搜索和浏览区块链数据，例如交易、账户和智能合约函数调用。与调用视图函数来获取智能合约的数据相比，它可能更加强大、通用且具有扩展性。这种方法将在第 10 章中详细讨论。

为了确保链下数据的安全性和有效性，一种常见的设计实践是将数据的散列存储在链上的智能合约中。

Dapp 比大多数网络应用都要复杂。从一开始，需要设计应用的哪一部分是基于区块链智能合约的，哪一部分使用了链下服务器的数据，哪一部分是客户端 UI。每一个元素都需要自己的软件堆栈来运行，并与应用的其余部分进行通信。

7.2 Dapp 示例

由于以太坊的确认时间很长（长达 10 秒），而且执行智能合约函数的 gas 费很高，所以迄今为止成功的以太坊 Dapp 都是不需要频繁用户交互的金融类应用。

7.2.1 Uniswap

其中最完善的一款以太坊 Dapp 是 Uniswap 交易所。它是一种去中心化的加密通证交易所。这个想法是，一些人（作为市商）对流通池做出初始贡献，并从交易费用中分得一杯羹。所有其他交易者都将根据一个简单的供求定价公式，在流通池的基础上进行交易。如果某种 token 在流通池中变得稀缺，它对应的 ETH 价格就会上升，从而激励持有者将其出售给流通池。这种机制允许交易以完全自动化的方式进行，而无须对交易对手进行匹配。整个 Uniswap 系统是以太坊区块链上的一套智能合约。应用的状态完全存储在合约中并由合约管理。

Uniswap 项目已经开发了一个完善的用户界面（见图 7.2），用于与其底层的智能合约进行交互。这个用户界面完全是用 Web3 JavaScript 开发的，并且完全实现了国际化。通过

Dapp 的用户界面，新手用户可以为流通池做出贡献，并为他们的加密资金存款赚取费用，或者可以马上交易 ERC20 通证。

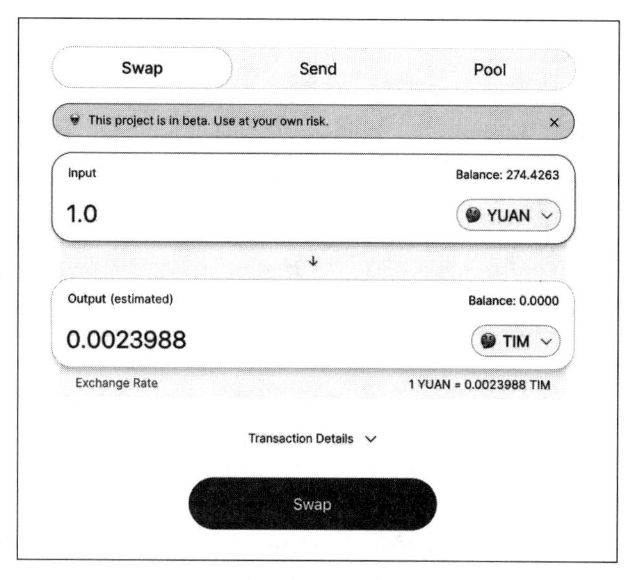

图 7.2 Uniswap 的用户界面

Uniswap Dapp 的有趣之处在于它是真正的去中心化。所有的应用逻辑及其数据都存储在以太坊区块链上。任何人都可以创建一个网站来托管 JavaScript 的 Dapp，所有这些 Dapp 副本的行为方式与它们从区块链获取逻辑和数据的方式相同。在 Uniswap 中，以太坊真正成为“计算机”的后端服务。

7.2.2 CryptoKitties

2017 年底，CryptoKitties（加密猫）游戏风靡了整个以太坊网络。它产生了加密收藏品和不可替换通证的想法，后来成为 ERC721 规范。

CryptoKitties 是存在于以太坊区块链上的独特数字实体，是智能合约中的数据，它们的唯一性是受到合约代码保证的。每个 CryptoKittie 都有一个关联的所有者地址。然后，CryptoKitties 可以通过区块链进行买卖和交易。

Cryptokitties 的有趣之处在于它们在视觉上很吸引人（见图 7.3）。Dapp 用户界面的设计可视化了每个数字实体的独特特征，这对 CryptoKitties 的成功做出了重要贡献。

7.2.3 博彩游戏

博彩游戏很受欢迎。它们是智能合约的极好用例，有透明的规则和博彩池。它们还从基本上不受监管的加密货币中获益匪浅。

图 7.3 CryptoKitties

然而，博彩游戏往往是交互式的，要求用户经常对其他人的实时下注做出反应。以太坊缓慢的确认时间是这类游戏的一大障碍。更快的区块链，如 EOS 和 Tron，它们本身是以太坊的一个分支，现在都是专注于博彩数据应用的区块链。

7.2.4 交互式的 Dapp

大多数互联网应用是交互式的。以太坊区块链如果要支持交互式应用的话，性能是一个重要因素。Lity 项目创建了对以太坊协议和工具的高性能扩展。它使我们能够创建有趣的交互式应用。有关几个完整的示例见第 16 章。

7.3 本章小结

Dapp 通常是一个与钱包应用一起运行的 Web3 应用。它与区块链上的智能合约交互以获得基本数据和核心应用的逻辑。通过使用本地存储或第三方服务，Dapp 还可以存储和管理用户私有的数据或可以公开重新生成的非必要数据。在下一章，除了区块链交易之外，还将讨论应用如何使用区块链数据服务来提供丰富的用户体验。

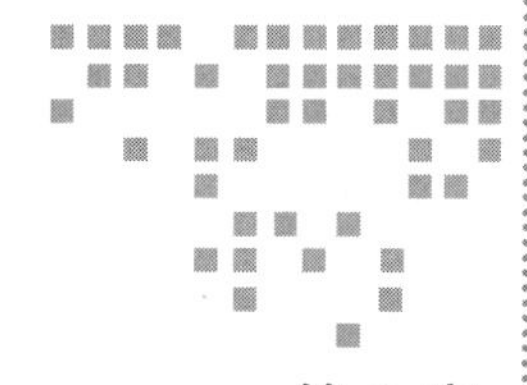

第 8 章 Chapter 8

Dapp 的替代方案

Dapps 的概念是引人注目的，并且是原生区块链技术中最明显的用例，例如点对点融资。然而，这个世界从来不是二元的。还有许多区块链应用的用例，可以适应传统的 Web 应用的模型。在这些典型的用例中，公共区块链或联盟区块链的透明性和不变性可以为现有的业务增加价值。应用只需要区块链作为一个特性，并不需要整个应用本身都是去中心化的。电子商务网站的支付服务接受加密数字货币就是一个很好的例子，另一个例子是加密资产交易所（加密货币到加密货币，或者加密货币到法定货币）。

对于这些应用，我们需要从一个服务器进行区块链交易或智能合约函数的调用。为此，必须在服务器端管理账户的私钥（keystore）和密码。

- 对于新的交易，这是显而易见的，因为发送者需要使用其账户私钥来验证从其中转出的资金。
- 对于修改合约状态，以太坊兼容的区块链要求，请求更改的参与者一方向网络维护者一方（矿工）支付“ gas 费”来验证请求并在新区块中记录变更。这也需要从请求者的账户中转移资金（一笔 gas 费），因此需要其私钥。

在这一章，我们探索如何从一个 Web 应用来访问以太坊兼容的区块链功能。基本的方法是使用与 Web3 兼容的库，但不使用像 Metamask 这样的客户端钱包。

8.1 JavaScript

node.js 框架允许在服务器端部署 JavaScript 应用。因此，可以在 node.js 服务器应用中使用 web3.js 库（或兼容的 web3-cmt.js 库）。

8.1.1 全节点钱包

第一种方法是使用一个完全同步的以太坊节点作为应用的“钱包”。运行该节点的GETH（以太坊）或Travis（CyberMiles）软件能够管理KeyStore（即web3.personal包）。对交易进行签名，并将交易广播到其他区块链节点。通过区块链节点的远程过程调用接口，外部应用可以与区块链交互。

开发者需要在防火墙后面同步一个完整的以太坊（或者与以太坊兼容的区块链，如CyberMiles）节点。该节点应该打开RPC服务（即以太坊默认端口8545），以便服务器端的Web应用可以在防火墙后访问它。重要的是，节点的端口8545被防火墙完全阻塞，只能在防火墙内部使用，如图8.1所示。

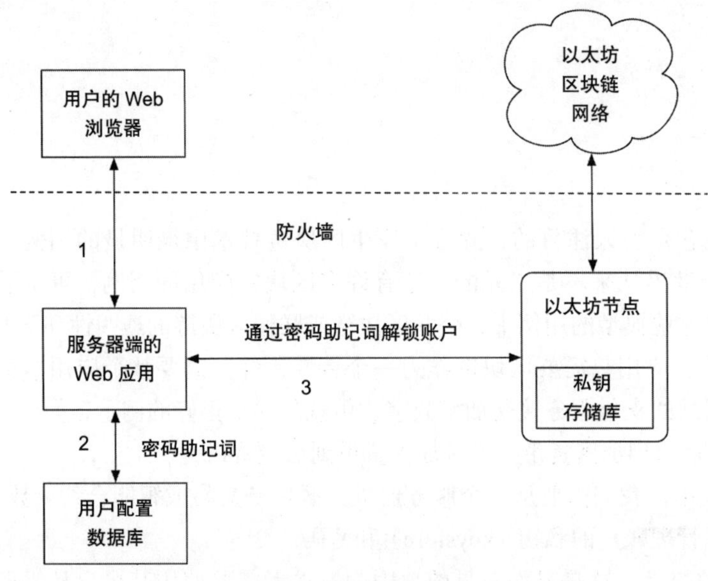

图8.1 防火墙的设置

下面的代码示例演示了如何调用HelloWorld合约的updateMessage()函数（见第4章），以便将helloMessage中的新状态记录到区块链并支付gas费。我们假设node.js服务器上的web3.js实例连接到了一个以太坊节点，该节点已经拥有包含账户私钥的keystore。这个账户有足够的余额来支付这笔交易的gas费，开发者只需要用它的密码助记词来解锁账户。

```
web3 = new Web3(new Web3.providers.HttpProvider(
            "http://node.ip.addr:8545"));
web3.personal.unlockAccount("...", pass);
hello.updateMessage(new_mesg);
```

当然，在节点上存储keystore仍然是不安全的。一个错误配置的防火墙设置可能会将节点的8545端口暴露给攻击者。当Web应用解锁服务器上的所有私钥时，攻击者就可以轻松地访问它们。

8.1.2　原始交易

第二种方法是创建已签名的原始交易，然后简单地使用web3.js将交易广播到区块链的节点上。在这种设置中，区块链节点可以是防火墙外部的第三方托管节点，比如说一个Infura节点。区块链节点不存储任何私钥或keystore。然而，Web应用本身在数据库表中管理它所需要的私钥。图8.2说明了这个设计的体系结构。

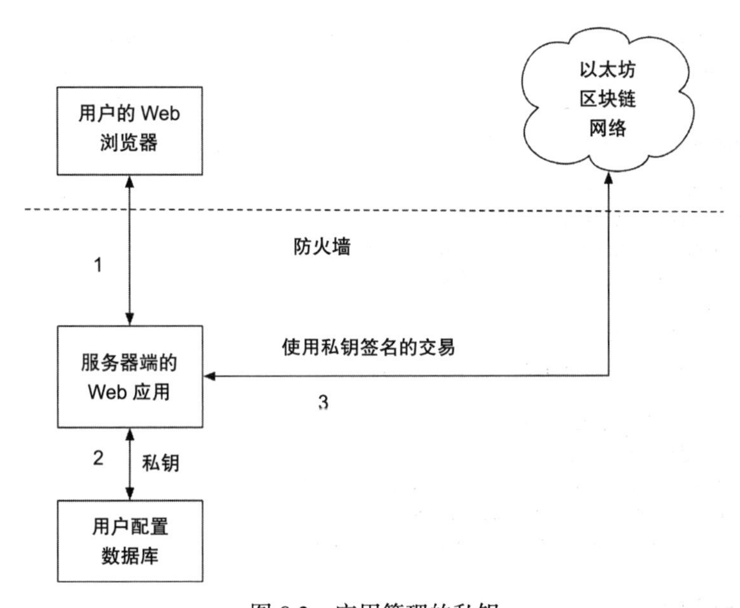

图8.2　应用管理的私钥

由于web3.js无法对原始交易进行签名，所以在这里我们同时使用EthereumJS库和web3.js，具体而言，借助`ethereumjs-tx`项目提供的使用私钥对交易进行签名的方法。在这种情况下，私钥通常存储在数据库的表中。

下面的代码演示了如何使用已签名的原始交易在以太坊上部署HelloWorld智能合约。gas费从账户中支付，并且应用可以访问私钥。

```
const Web3 = require("web3");
const Tx = require('ethereumjs-tx')
web3 = new Web3(new Web3.providers.HttpProvider(
          "http://node.ip.addr:8545"));

var account = "0x1234"; // Ethereum account address
var key = new Buffer('private key', 'hex');

var abi = // ABI of Hello World
var bytecode = // Bytecode of Hello World
```

```
var create_contract_tx = {
    gasPrice: web3.toHex(web3.eth.gasPrice),
    gasLimit: web3.toHex(3000000),
    data: bytecode,
    from: account
};

var tx = new Tx(create_contract_tx);
tx.sign(key);

var stx = tx.serialize();
web3.eth.sendRawTransaction('0x' + stx.toString('hex'), (err, hash) => {
    // ... Test if success
});
```

下面的示例演示了如何调用智能合约上的 updateMessage() 函数：

```
const Web3 = require("web3");
const Tx = require('ethereumjs-tx')
web3 = new Web3(new Web3.providers.HttpProvider(
            "http://node.ip.addr:8545"));

var account = "0x1234"; // Ethereum account address
var key = new Buffer('private key', 'hex');

var abi = // ABI of Hello World
var contract_address = "0xabcd";
var contract = web3.eth.contract(abi).at(contract_address);
var data = contract.updateMessage.getData(msg);
var nonce = web3.eth.getTransactionCount(account);

var call_contract_tx = {
    nonce: web3.toHex(nonce),
    gasPrice: web3.toHex(web3.eth.gasPrice),
    gasLimit: web3.toHex(3000000),
    from: account,
    to: contract_address,
    value: '0x00',
    data: data
};

var tx = new Tx(call_contract_tx);
tx.sign(key);

var stx = tx.serialize();
web3.eth.sendRawTransaction('0x' + stx.toString('hex'), (err, hash) => {
    // ... Test if success
});
```

Ethereumjs 库不仅仅是 ethereumjs-tx，它还提供了管理私钥、keystore 和钱包的 JavaScript。如果开发者自己正在进行大量密钥管理和底层编程工作的话，那么它将非常有用。

8.2 Python 及其他

虽然 JavaScript 是 web3.js 的原生语言，但许多开发者不喜欢在服务器的应用中使用 JavaScript。因此，Web3 库还有其他编程语言的实现。例如，web3.py 是 Web3 的 Python 实现。下面的代码演示了如何从 GETH 的 keystore 文件中解密和构造私钥。开发者可以将此 keystore 文件的内容存储在数据库的表中，并将其密码存储在另一个数据库表中。

```
with open('filename') as keyfile:
    encrypted_key = keyfile.read()
    private_key = w3.eth.account.decrypt(encrypted_key, password)
```

有了私钥之后，接下来的代码段演示了如何在 web3.py 中构造一个原始交易，以便将 ETH 从一个账户转移到另一个账户。

```
from web3 import Web3

tx = {\
    'to': '0xABCD',\
    'value': w3.toWei('10', 'ether'),\
    'gas': 2000000,\
    'gasPrice': w3.toWei('2', 'gwei'),\
    'nonce': 0\
}

private_key = b"\xyz123"
signed = w3.eth.account.signTransaction(transaction, private_key)
tx_hash = w3.eth.sendRawTransaction(signed.rawTransaction)
```

下面的例子展示了如何使用 web3.py 来调用一个智能合约的函数：

```
from web3 import Web3

contract_address = ="0xWXYZ"
contract = w3.eth.contract(address=contract_address, abi=HELLO_ABI)
nonce = w3.eth.getTransactionCount('0xABCD')
tx = contract.functions.updateMessage(\
    'A new hello message'\
).buildTransaction({\
    'gas': 70000,\
    'gasPrice': w3.toWei('2', 'gwei'),\
    'nonce': nonce\
})

private_key = b"\xyz123"
signed = w3.eth.account.signTransaction(tx, private_key)
tx_hash = w3.eth.sendRawTransaction(signed.rawTransaction)
```

很明显，对于 web3.py 库，还有更多的内容，在确切的 API 用法方面，它与 web3.js 有很大的不同。建议感兴趣的开发者在 https://web3py.readthedocs.io 上阅读它的文档。此外，

Web3 还有其他编程语言可供选择：

- PHP Web3：https://github.com/formaldehid/php-web3
- Java Web3：https://github.com/web3j/web3j

由于 Web 应用的多样性取决于开发者选择的开发框架，所以需要开发者在实践中开发自己的 Web 应用。

8.3 本章小结

本章讨论了如何构建与区块链和智能合约交互的服务器端应用。这些应用需要中央服务器才能正常运行，因此不像第 7 章中讨论的应用是去中心化的。然而，就短期而言，将去中心化的特性合并到中心化的应用中可能是区块链应用被大规模采用的最合理途径。

第三部分 Part 3

深入以太坊

前面的章节介绍了以太坊智能合约和Dapp开发的概念和工具。接下来的几章将更深入地探讨以太坊。研究如何在以太坊区块链中存储智能合约的数据和状态，以及智能合约开发者如何使用这些数据。我们还将研究确保智能合约安全的最佳实践，这是目前社区面对的一个主要问题。最后，我们将回顾一下以太坊的路线图，以及路线图将为开发者带来哪些变化。

Chapter 9 第9章

以太坊揭秘

Tim McCallum 著

在前面的章节中，我们学习了客户端从外部如何与以太坊区块链交互。这些章节的主题涵盖了诸如交易执行、智能合约的开发和部署，以及使用 Web3 库等工具开发 Dapp 等。然而，要真正理解以太坊是如何工作的，并根据自己的目的而修改它的行为，我们需要更深入地研究区块链平台的内部世界。

在这一章中，我们将解构以太坊，以便读者能够了解以太坊的数据存储层，并介绍区块链状态的概念。此外，还将介绍使用前缀树数据结构的背后理论，并基于谷歌 LevelDB 数据库，演示以太坊前缀树（tries）的具体实现。从这一章开始，读者将能够执行交易，并探索以太坊的状态是如何响应交易等请求活动的。

9.1　什么是区块链状态

比特币的状态是由其未消费交易输出（unspent transaction output，UTXO）的全局集合来表示的。比特币的价值转移是通过交易实现的，更具体地说，比特币用户可以通过创建交易来花费一个或多个 UTXO（即可以添加一个或多个 UTXO 作为交易的输入）。

对 UTXO 的完整解释超出了本章的范围。然而，在接下来的段落中提到 UTXO 是为了指出比特币和以太坊之间的根本区别。具体来说，以下两个比特币示例将提供比特币的 UTXO 模型，并与以太坊的世界状态（world state）进行对比。

首先，比特币 UTXO 不能部分消费。如果一个比特币用户花费 0.5 比特币（仅使用其价值为 1 比特币的 UTXO），则用户必须有意识地把 0.5 比特币（BTC）作为找零发送给自己（见图 9.1）。如果用户不是有意识地发送的话，将失去 0.5 比特币的余额，并由打包这笔交易的矿工收取。

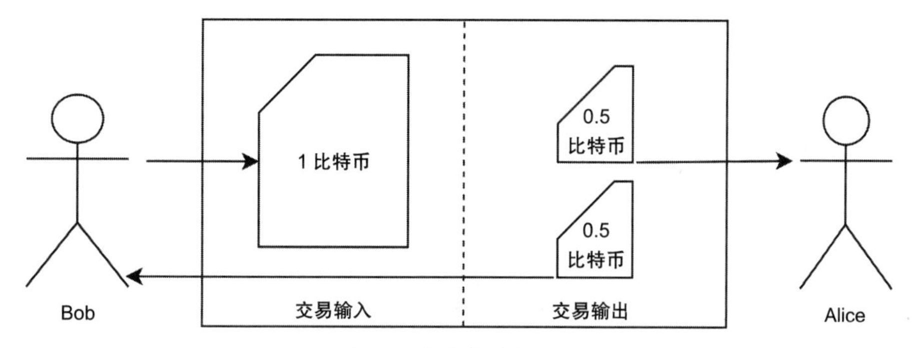

图 9.1　发送部分比特币

其次，在最基本的层面上，比特币并不维持用户的账户余额。对于比特币，用户只需在任意给定时间点持有一个或多个 UTXO 的私钥（见图 9.2）。数字钱包使得看起来像是比特币区块链自动存储和组织用户的账户余额，但事实并非如此。

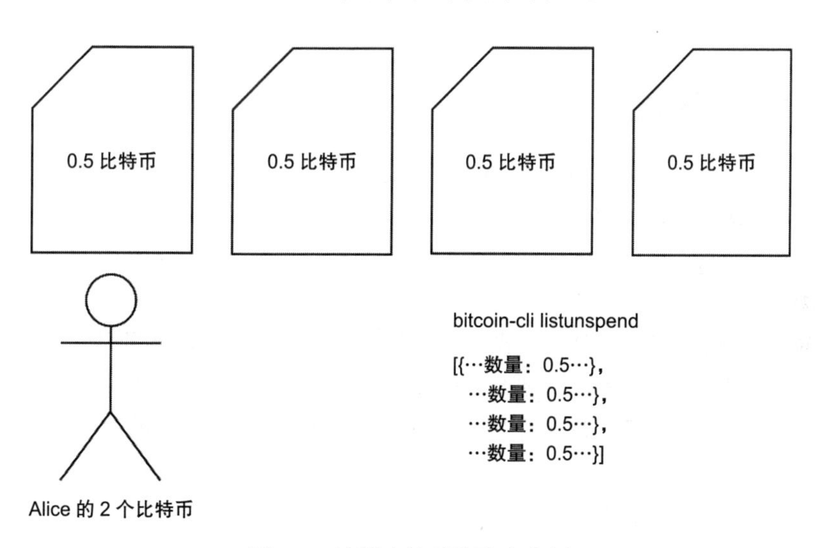

图 9.2　计算比特币的账户余额

比特币用户的账户余额是一个抽象的概念。实际上，用户的账户余额是每个 UTXO（用户持有相应的私钥）的总和，如图 9.3 所示。用户持有的密钥可用于单独签名 / 花费每个 UTXO。

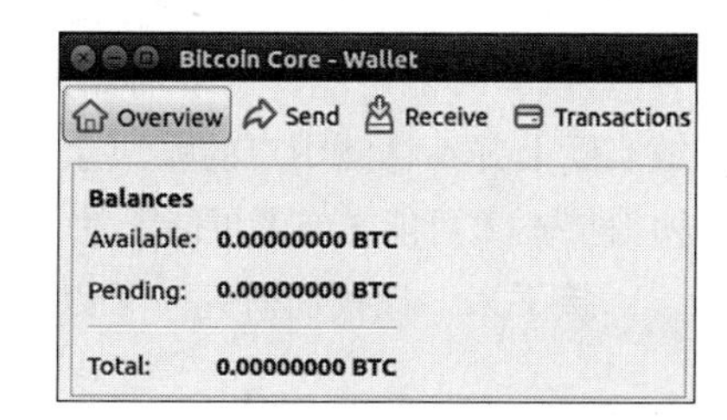

图 9.3　比特币钱包通过聚合 UTXO 来显示账户余额

比特币的 UTXO 系统运行良好，部分原因是数字钱包能够为大多数与交易相关的工作提供便利。这包括但不限于以下方面：

- 处理 UTXO。
- 存放密钥。
- 设定交易的费用。
- 提供返回零钱的地址。
- 聚合 UTXO（显示可用余额、待定余额和总余额）。

有趣的是，非确定性钱包的备份（如图 9.3 所示的比特币核心钱包）只提供了 UTXO 的快照（在此时）。如果用户执行任何的交易（发送或接收），则用户所做的原始备份将过期。

总而言之，读者现在已经知道以下内容：

- 比特币区块链并不持有账户余额。
- 比特币钱包持有 UTXO 的密钥。
- 在一次交易中，整个 UTXO 都被消费（在某些情况下，找零部分作为新 UTXO 形式的余额回收）。

接下来，看看以太坊区块链。

9.2 以太坊的状态

与以前的信息不同，以太坊的世界状态能够管理账户余额和更多信息。以太坊的状态不是一个抽象的概念，它是以太坊基础协议层的一部分。以太坊是一个基于交易的状态机；换句话说，它是一种技术，基于这种技术可以构建所有基于交易状态机的概念。

在每个以太坊节点存储状态数据允许轻节点客户端不需要下载整个区块链数据。轻节点只需要访问区块链节点上的状态数据库，就可以获得整个系统的当前状态，并发送交易来更改状态。这使得在区块链上广泛地开发应用更加高效。如果没有在区块链节点上存储数据和轻节点客户端，那么大多数智能合约或 Dapp 等用例都将是不可能的。

例如，以太坊白皮书中提到了一个有趣的想法——储蓄账户的概念。在这种情况下，两个用户（可能是夫妻或者商业伙伴）每人每天都可以提取账户总余额的 1%。这个想法在白皮书中的“进一步应用”部分提到过，但是它很有趣，因为从理论上讲，它可以作为以太坊基础协议层的一部分来实现（相对于必须作为二层解决方案或第三方钱包的一部分来开发而言）。读者可能还记得本节前面关于比特币 UTXO 的讨论，正如我们讨论过的，比特币区块链实际上并不存储用户的账户余额，对区块链数据视而不见。基于这个原因，比特币的基础协议层不太可能（或者可能无法）实现任何形式的日常支出限额。

接下来，让我们研究一下以太坊状态数据存储的实际结构。

数据结构

让我们从头开始。与所有其他区块链一样，以太坊区块链诞生并开始于其自身的创世区块。从这一点（区块 0 的创世状态）以后，如交易、合约和挖矿等活动将不断地改变以太坊区块链的状态。在以太坊中，这方面的一个例子是账户余额（存储在状态前缀树中，如图 9.4 所示），每当与该账户相关的交易发生时，该余额都会发生变化。

重要的是，诸如账户余额这样的数据不是直接存储在以太坊区块链的区块中。只有交易前缀树、状态前缀树和收据前缀树的根节点散列值才直接存储在区块链中。

还注意到，从图 9.4 中可以看出，存储前缀树的根节点散列（存储所有智能合约数据的地方）实际上指向状态前缀树，而状态前缀树又指向区块链。下面我们将放大并涵盖所有这一切的细节。

在以太坊中有两种截然不同的数据类型：永久数据和临时数据。永久数据的一个例子是交易。一旦一笔交易完全确认，它就会记录在交易前缀树中，而且永不更改。临时数据的一个例子是特定以太坊账户地址的余额。账户地址的余额存储在状态前缀树中，每当针对该特定账户的交易发生时，该余额就会更改。永久性数据（如挖矿的交易）和账户余额等临时性数据（如账户余额）分开单独存储，这是有意义的。以太坊使用前缀树的数据结构（如前所述）来管理数据。下一节将绕道而行，先对前缀树进行简要描述。

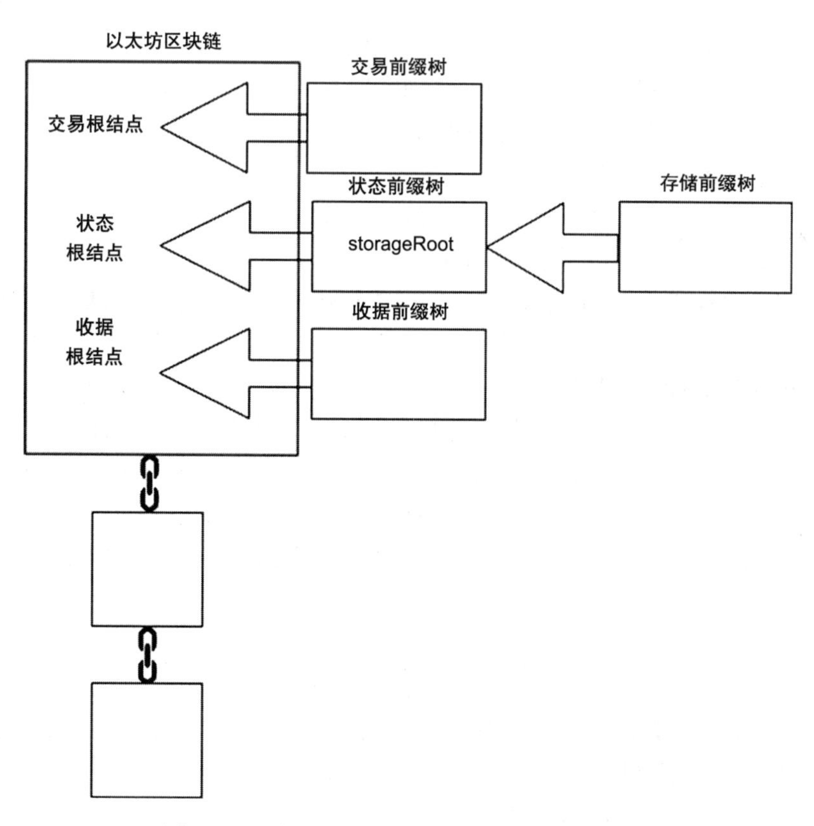

图 9.4 一个以太坊节点中数据存储的内部结构

9.3 前缀树（或树）

前缀树（或树）是一种众所周知的数据结构，用于存储字符串序列。以太坊专门使用所谓“一种字母数字编码的信息检索实用算法”的（实用）前缀树。实用前缀树的主要优点是它的存储空间紧凑。现在我们将分析标准（更传统）前缀树与实用前缀树的内部机制。

9.3.1 标准前缀树

图 9.5 显示了存储单词的标准前缀树结构。单词中的每个字符都是树中的一个节点，每个单词都由一个特殊的空指针终止。

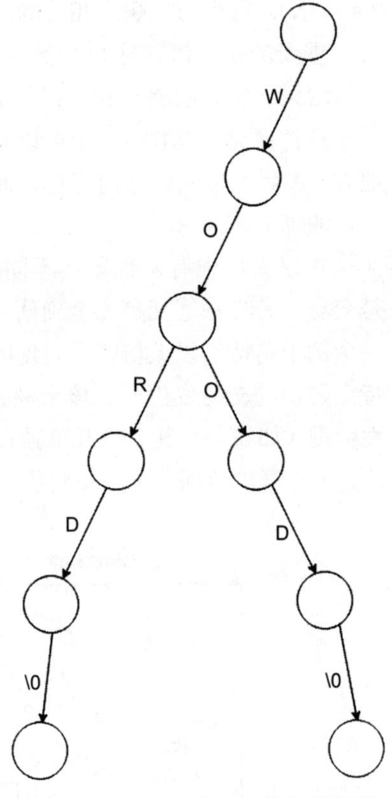

图 9.5 存储两个单词的标准前缀树，特殊字符 \0 表示空指针

向前缀树中添加单词的规则

沿着搜索路径查找要添加的单词。如果遇到空指针，则创建一个新节点。当遍历并添加完单词后，创建一个空指针（终止符）。当添加的（较短）单词包含在另一个（较长）单词中时，只需遍历并添加完所有要添加的字符，然后添加一个空指针（终止符）。

从前缀树中删除单词的规则

在前缀树上查找要删除单词（字符串）的叶子节点（分支的末尾）。然后，从叶子节点开始删除所有节点，直到前缀树的根节点——除非遇到一个有多个子节点的节点，在这种情况下，停止删除。

在前缀树中查找单词的规则

遍历要查找字符串中的每个字符，并根据前缀树提供的路径（按照正确的顺序）进行查找。如果在遍历完要查找的字符串中的所有字符之前遇到空指针（正在搜索这个字符串），那么可以断定这个字符串并没有存放在前缀树中。相反，如果到达一个叶子节点（分支的末尾），并且这条路径（从叶子节点回溯到树根）表示要查找的字符串，那么得出的结论是字符串存储在前缀树中。

9.3.2 实用前缀树

图 9.6 显示了存储单词的实用前缀树结构。这种存储比标准的前缀树更加紧凑。每个单词都由一个特殊的空指针结束。

向实用前缀树中添加单词的规则

实用前缀树将所有常见的字符组成一个分支。任何不常见的字符将构成路径中的一个新分支。当向实用前缀树中添加一个单词时，遍历并添加完所有要添加的字符，然后添加空指针（终止符），如图9.7所示。

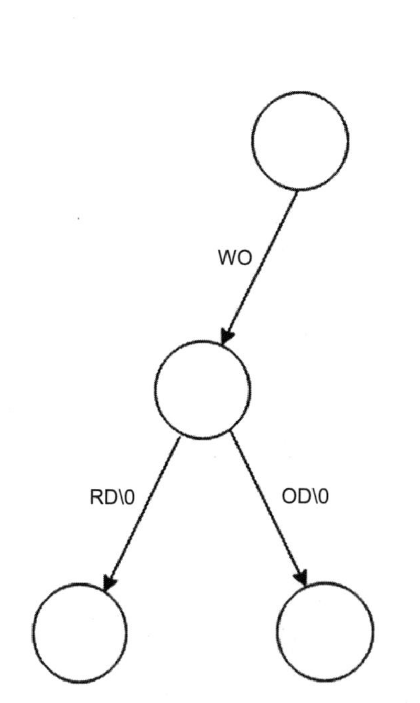

图9.6　一个存储两个单词的实用前缀树

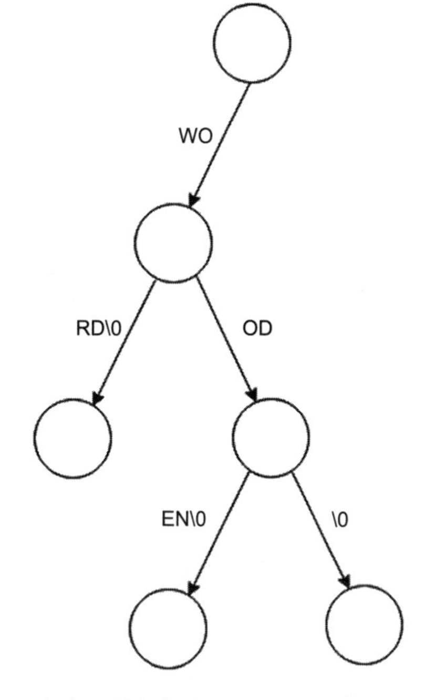

图9.7　在实用前缀树中增加一个单词（wooden）

从实用前缀树中删除单词的规则

这与传统的前缀树相同，除了在删除节点（从叶子节点删到根节点）时，我们必须确保所有父节点都必须拥有至少两个子节点。单个子节点只有字符和空指针也是可以的（这出现在图9.7中，在每个单词的末尾）。单个节点只有一个空指针也是可以的（如果一个较短的单词包含在一个较长的单词中，这种情况会发生）。见图9.7，其中说明了wood和wooden共存于同一个前缀树里。

重要的是，从前缀树中删除时，路径中不能出现只连接到单个子节点的父节点。如果发生这种情况（在删除时，需要连接适当的字符来解决这个问题），图9.8进行了说明（在这里从前缀树中删除了单词）。

在实用前缀树中查找一个单词的规则

从实用前缀树中查找的规则与查找标准前缀树的规则相同。

9.3.3　前缀树和实用前缀树的相似性

添加的运行复杂度是$O(mN)$，其中“m”是我们要添加的字符串的长度，“N”是可用字母表的大小。

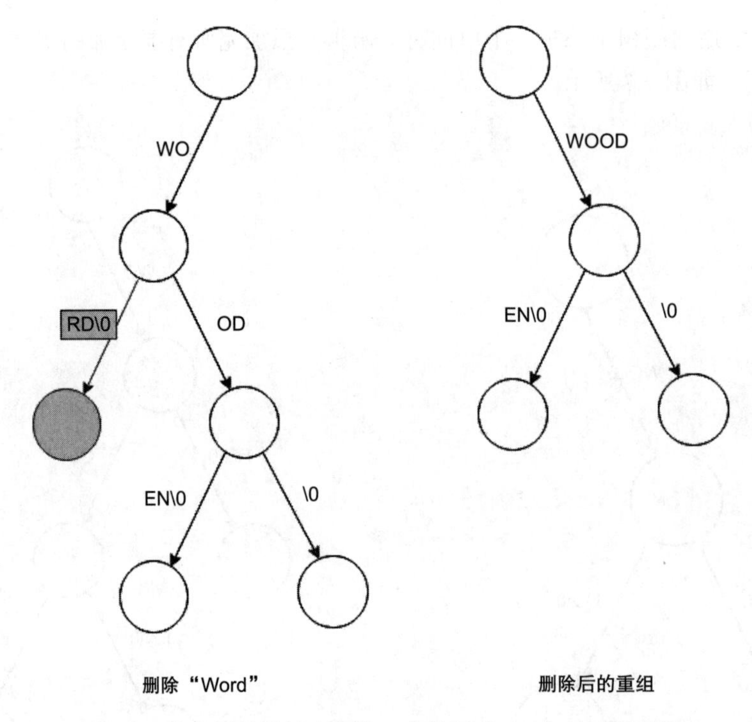

图 9.8 从实用前缀树中删除一个单词（word）并重新组织

删除的运行复杂度是 $O\,(mN)$，其中“m”是我们要删除的字符串的长度，“N”也是可用字母表的大小。

查找的运行复杂度是 $O\,(m)$，其中“m”是我们要查找的字符串的长度。

9.3.4 前缀树和实用前缀树的主要区别

实用前缀树的主要优点与存储有关。

标准前缀树的存储要求是 $O\,(MN)$，其中“M”是前缀树中所有字符串的总长度，“N”是可用字母表的大小。

实用前缀树的存储要求是 $O\,(nN + M)$，其中“n”是实用前缀树中存储的字符串数，“N”是可用字母表的大小，“M”是前缀树中所有字符串的总长度。

简而言之，读者会注意到在前缀树的深度上有着显著的不同。实用前缀树不那么深，这是因为实用前缀树能够对常见字符进行分组（并将空指针指向叶子）。

9.3.5 改良的 Merkle 实用前缀树

在以太坊的状态数据库中，数据存储在改良后的 Merkle 实用前缀树中，这意味着前缀树的根节点是叶子节点数据的散列。这种设计使得每个节点上的状态数据库不会被篡改，就像区块链本身一样。

在以太坊前缀树上执行的每个函数（添加、更新和删除）都使用确定性加密散列。此外，前缀树根节点的唯一加密散列可以用作前缀树未被篡改的证据。

例如，对前缀树数据的任何更改（比如增加账户余额）都将完全改变根散列。这种加密特性为轻客户端节点（不存储整个区块链数据的设备）提供了一个快速、可靠地查询区块链的机会。换句话说，账户 0x…4857 是否有足够的资金在区块高度 5 044 866 上完成这次购买呢？

9.4 以太坊的前缀树结构

让我们更深入地了解一下状态、存储和交易的前缀树。

9.4.1 状态前缀树：独一无二

以太坊有且只有一个全局唯一的状态前缀树。这个全局的状态前缀树是不断更新的。状态前缀树包含了以太坊网络上存在的每个账户的键 - 值对。

- 键是一个 160 位的标识符（以太坊账户的地址）。
- 全局状态前缀树中的值是通过编码以太坊账户的以下账户字段（使用递归长度前缀（Recursive-Length Prefix，RLP）编码方法）创建的：nonce、balance、storageRoot、codeHash。

状态前缀树的根节点（在给定时间点上的整个状态前缀树的散列）用作状态前缀树的唯一安全标识符；状态前缀树的根节点依赖于所有内部的状态前缀树数据的加密散列。状态前缀树的根节点存储在与状态前缀树更新时间相对应的以太坊区块头中（见图 9.9），可以直接从区块中查询（见图 9.10）。

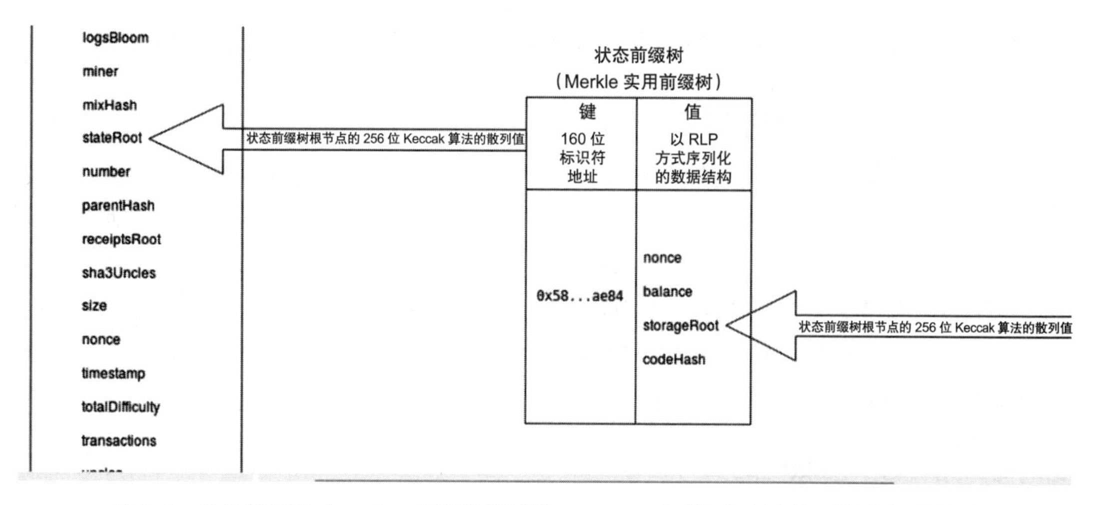

图 9.9 状态前缀树（Merkle 实用前缀树的 LevelDB 实现）和以太坊区块之间的关系

```
size: 533,
stateRoot: "0x8c77785e3e9171715dd34117b047dffe44575c32ede59bde39fbf5dc074f2976",
timestamp: 1517107395,
totalDifficulty: 3021121,
transactions: [],
transactionsRoot: "0x56e81f171bcc55a6ff8345e692c0f86e5b48e01b996cadc001622fb5e363b421",
uncles: []
```

图 9.10 显示前缀树的根节点

9.4.2 存储前缀树：合约数据所在位置

存储前缀树是所有合约数据所在的位置。每个以太坊账户都有自己的存储前缀树。存储前缀树根节点的 Keccak 256 位散列作为 storageRoot 值被存储在全局状态前缀树中（见图 9.11）。

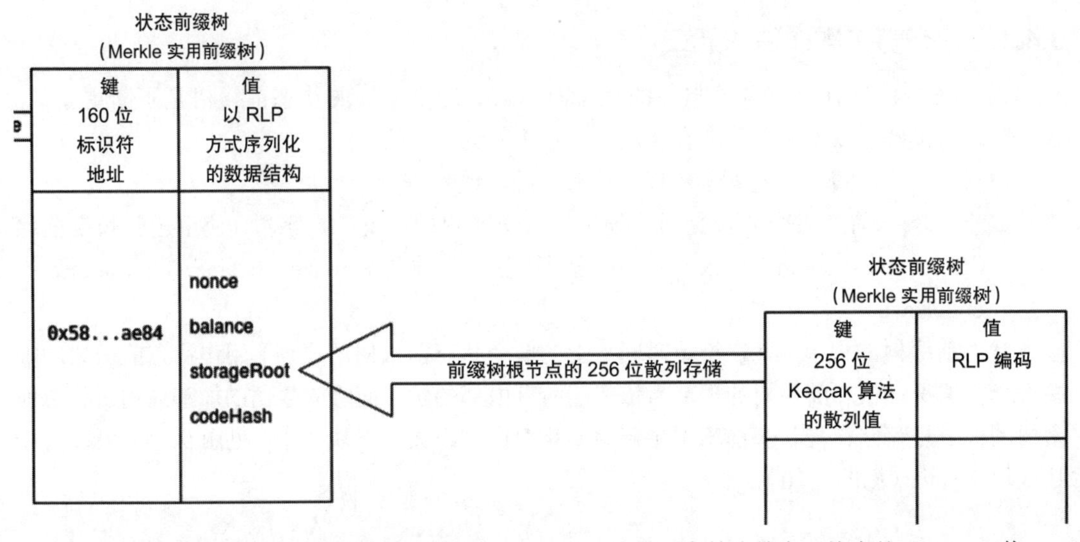

图 9.11 状态前缀树——前缀树根节点的 Keccak 256 位散列存储为给定区块中的 stateRoot 值

9.4.3 交易前缀树：每个区块一个

每个以太坊区块都有自己独立的交易前缀树。一个区块包含许多交易。一个区块的交易顺序当然是由打包区块的矿工决定的。在交易前缀树中，指向特定交易的路径是通过交易在区块中所处位置的索引的 RLP 编码实现的。已经打包的区块永远不会更新该路径，交易在区块中的位置也永远不会更改。这意味着，一旦在区块的交易前缀树中定位到一个交易，可以一次又一次地用相同的路径以检索相同的结果。图 9.12 展示了交易前缀树的根散列是如何存储在以太坊区块头中的。

9.4.4 以太坊中前缀树的具体示例

主流的以太坊客户端使用两种不同的数据库软件解决方案来存储前缀树。以太坊的

Rust 客户端——Parity，使用了 RocksDB。以太坊的 GO、C++ 和 Python 客户端都使用了 LevelDB。

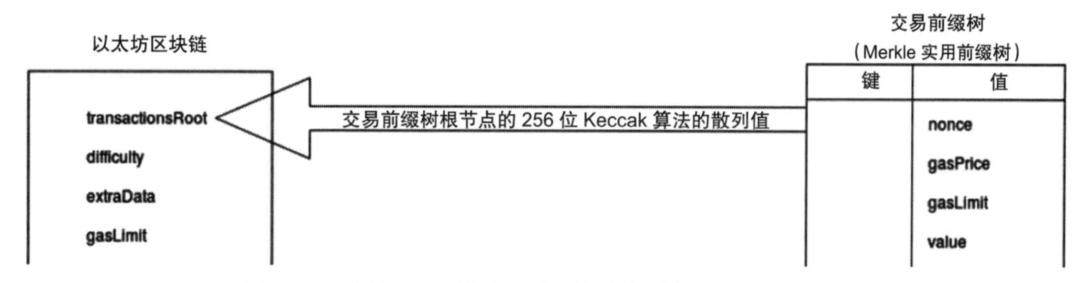

图 9.12　交易前缀树将每个交易的数据存储在一个区块中

RocksDB 的内容超出了这本书的范围。让我们来看看四个主流以太坊客户端中的三个是如何使用 LevelDB 的。

LevelDB 是谷歌开源的一个键 – 值对数据库，它提供了数据的前向和后向迭代查找、字符串键 - 值的有序映射、自定义比较函数和自动压缩等功能。数据通过 Snappy 自动压缩，Snappy 是谷歌开源的一个压缩 / 解压库。但是，Snappy 的目标并不是最大压缩比，而是高速压缩。LevelDB 是管理以太坊网络状态的重要存储和检索机制。因此，LevelDB 是最流行的以太坊客户端（节点）的依赖项，比如 go-ethereum、cpp-ethereum 和 pyethereum。

注意

虽然前缀树数据结构的实现可以在磁盘上完成（使用诸如 LevelDB 等数据库软件），但必须注意的是，遍历一个前缀树和仅仅查看普通键 - 值数据库是有区别的。

要了解更多信息，我们必须使用适当的实用前缀树库来访问 LevelDB 中的数据。要做到这一点，将需要安装一个以太坊节点（见第 5 章）。一旦建立了自己的以太坊私有网络，就能够执行交易并探索以太坊的状态如何响应诸如交易、合约和挖矿等网络活动。下一节将提供来自以太坊私有网络的代码示例和屏幕截图。

9.5　分析以太坊数据库

正如前面提到的，在以太坊区块链上有许多 Merkle 实用前缀树（被每个区块引用）：状态前缀树、存储前缀树、交易前缀树和收据前缀树。

为了在特定区块中引用特定的 Merkle 实用前缀树，需要获得它的根散列作为引用。下面的命令可以在创世区块中获得状态、交易和收据前缀树的根散列：

```
web3.eth.getBlock(0).stateRoot
web3.eth.getBlock(0).transactionsRoot
web3.eth.getBlock(0).receiptsRoot
```

如果想要最新区块的根散列（而不是创世区块），请使用以下命令：

```
web3.eth.getBlock(web3.eth.blockNumber).stateRoot
```

我们将使用 nodejs、level 和 ethereumjs 的命令（在 JavaScript 中实现以太坊的 VM）组合来检查 LevelDB 数据库。下面的命令将进一步准备我们的环境（在 Ubuntu Linux 中）：

```
cd ~
sudo apt-get update
sudo apt-get upgrade
curl -sL https://deb.nodesource.com/setup_9.x |
sudo -E bash - sudo apt-get install -y nodejs
sudo apt-get install nodejs
npm -v
nodejs -v
npm install levelup leveldown rlp merkle-patricia-tree --save
git clone https://github.com/ethereumjs/ethereumjs-vm.git
cd ethereumjs-vm
npm install ethereumjs-account ethereumjs-util --save
```

9.5.1 获取数据

此时，运行下面的代码将打印一个以太坊账户的密钥列表（它存储在开发者以太坊私有网络的状态树根中）。代码连接到以太坊的 LevelDB 数据库，进入以太坊的全局状态（使用区块链中一个区块的 stateRoot 值），然后访问以太坊私有网络上所有账户的密钥（见图 9.13）。

```
<Buffer 15 f5 e0 eb 04 db 31 de 72 ff b4 b9 64 0f c9 12 49 af 60 74 d9 8d a1 e1 1f 50 d2 a3 37 55 39 05>
<Buffer be 13 87 9f 13 52 0d 22 33 92 ef 63 74 24 42 b4 56 0c be b7 3f 1d 7e 20 80 96 5f 91 de a5 25 fd>
<Buffer 31 98 3a 89 3e 98 1c b4 1a 9f 3e 49 7e a1 fa 5e 1e 4d 60 fe 18 41 f4 7b 35 af e2 f2 da 85 d1 38>
```

图 9.13　从 LevelDB 的前缀树中读取原始数据

```
//Just importing the requirements
var Trie = require('merkle-patricia-tree/secure');
var levelup = require('levelup');
var leveldown = require('leveldown');
var RLP = require('rlp');
var assert = require('assert');

//Connecting to the leveldb database
var db = levelup(leveldown(
    '/home/user/geth/chaindata'));

//Adding the "stateRoot" value from the block so that
//we can inspect the state root at that block height.
var root = '0x8c777…2976';

//Creating a trie object of the merkle-patricia-tree library
var trie = new Trie(db, root);

//Creating a nodejs stream object so that we can access the data
var stream = trie.createReadStream()
```

```
//Turning on the stream
stream.on('data', function (data){
  //printing out the keys of the "state trie"
  console.log(data.key);
});
```

> **注意**
>
> 有趣的是，只有在交易发生后（与该特定账户有关），以太坊中的账户才会被添加到状态前缀树中。例如，仅仅使用 geth account new 创建一个新账户将不会在状态前缀树中包含该账户，即便是已经挖出了许多区块。然而，如果一个成功交易（包括了一个 gas 费和一个挖出的区块）记录在该账户中，然后也只有这样，该账户才出现在状态前缀树中。这是一个聪明的逻辑，可以防止恶意攻击者不断地创建新账户来使状态前缀树膨胀。

9.5.2 解码数据

读者会注意到查询 LevelDB 会返回编码的结果。这是因为当与 LevelDB 交互时，以太坊使用了它自己特别改良后的 Merkle 实用前缀树实现。以太坊的 wiki 提供了关于以太坊改良的 Merkle 实用前缀树和 RLP 编码信息的设计和实现。简而言之，以太坊扩展了前面描述的前缀树数据结构。例如，改良后的 Merkle 实用前缀树包含一个方法，该方法可以通过使用一个扩展节点来缩短下降路径（沿着前缀树向下）。

在以太坊中，单个改良的 Merkle 实用前缀树节点是以下节点之一：

- 一个空字符串（称为 NULL）
- 包含 17 个项的数组（称为分支）
- 包含两个项（称为叶子）的数组
- 包含两个项（称为扩展）的数组

由于以太坊的前缀树是按照严格的规则设计和构造的，解码它们的最好方法是通过计算机代码来使用。下面的示例使用了 ethereum.js。下面的代码（当提供了一个特定区块的 stateRoot 以及一个以太坊账户地址时）将以人类可读的形式返回该账户的正确余额（见图 9.14）：

```
Account Address: 0xccc6b46fa5606826ce8c18fece6f519064e6130b
Balance: 300000
```

图 9.14 ethereum.js 对账户余额解码后的结果

```
//Mozilla Public License 2.0
//Getting the requirements
var Trie = require('merkle-patricia-tree/secure');
var levelup = require('levelup');
var leveldown = require('leveldown');
var utils = require('ethereumjs-util');
var BN = utils.BN;
var Account = require('ethereumjs-account');
```

```
//Connecting to the leveldb database
var db = levelup(leveldown('/home/user/geth/chaindata'));

//Adding the "stateRoot" value from the block
//so that we can inspect the state root at that block height.
var root = '0x9369577...73028';

//Creating a trie object of the merkle-patricia-tree library
var trie = new Trie(db, root);

var address = '0xccc6b46fa5606826ce8c18fece6f519064e6130b';
trie.get(address, function (err, raw) {
    if (err) return cb(err)
    //Create an instance of an account
    var account = new Account(raw)
    console.log('Account Address: ' + address);
    //Decode and present the account balance
    console.log('Balance: ' + (new BN(account.balance)).toString());
})
```

9.5.3 读写状态数据库 LevelDB

到目前为止，已经展示了如何在本地节点上使用 JavaScript 访问以太坊的状态数据库 LevelDB。如果读者熟悉 GO 并且能够掌握以太坊的源代码，还有一种更简单的方法。读者只需在 GO 中导入 go-ethereum 源代码，并调用其函数就能读取甚至修改 LevelDB 数据库。write 函数不仅会更改节点中的值，还会更新根散列以反映变更。具体来说，这些函数在以下源代码文件中：

```
https://github.com/ethereum/go-ethereum/blob/master/core/state/statedb.go
```

它包含 GetBalance、AddBalance、SubBalance 和 SetBalance 等方法，用于对账户余额进行操作。但是，以这种方式更改 LevelDB 状态，将只更改一个节点上的数据，并可能导致该节点与网络上的其余节点不同步。改变状态的正确方法是遵循 go-ethereum 处理交易并将其记录在区块链上的方式。这超出了本书的内容范围。

9.6 本章小结

本章演示了以太坊具有管理其状态的能力。这种聪明的预先设计有许多优势，允许轻节点客户端和许多不同类型的 Dapp 不需要整个区块链数据就可以运行。理解以太坊的内部机理对于在以太坊平台上开发智能合约和应用都非常重要。

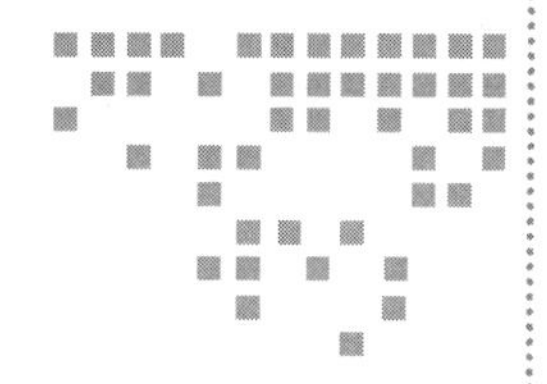

第 10 章 Chapter 10

区块链数据服务

前一章解释了区块链如何在基于区块的数据库中存储状态数据。数据被组织成一个树状结构，每个区块都有一个时间戳。这种结构使得添加新数据（新区块）变得容易，而且几乎不可能删除或更改原有区块中的任何内容，因此保护了区块链数据的安全。然而，尽管可以很容易地列出每个区块的内容（例如，交易），但是很难获得区块链状态的纵向或聚合视图。因此，很难根据地址或地址上执行的特定操作来搜索区块链数据。然而，许多区块链应用需要有搜索和分析区块链数据的能力。

Dapp 的一个常见设计模式是调用智能合约中的 `view` 函数来查询合约中存储的数据。但是，这种方法很难扩展，因为需要一个完整的区块链节点来执行每个 `view` 请求，而且数据查询受到智能合约支持的数据结构的限制（例如，没有 SQL 或 JSON 查询）。通过把智能合约数据收集到数据仓库中，并在数据仓库上支持丰富的查询，就可以构建更复杂和可伸缩的 Dapp。

这一章将讨论如何为区块链数据构建规范化数据库，以便于搜索、分析和浏览。

10.1 区块链浏览器

几乎每个区块链都需要一个数据浏览器，以便用户可以搜索和浏览区块链上的交易和账户地址。现在，区块链浏览器及其提供的数据服务是每个区块链项目中标准基础设施的一部分。

- 对于比特币和兼容的比特币现金（Bitcoin Cash，BCH）区块链，有很多区块链浏览器，包括 https://explorer.bitcoin.com/btc 和 https://btc.com/。

❑ 对于以太坊区块链来说，最著名的是 https://etherscan.io/。

❑ 对于 EOS 区块链，有 https://bloks.io/ 和 https://eospark.com/ 等。

❑ 对于 CyberMiles 区块链，有 https://www.cmttracking.io/。

每个区块链浏览器提供的信息都特定于它自己的区块链信息。例如，像比特币和以太坊这样采用工作量证明（PoW）的区块链浏览器提供了例如散列速率和挖矿奖励等信息。像 EOS 和 CyberMiles 这样委托权益证明（PoS）的区块链浏览器提供了诸如挖矿节点 / 验证节点、投票权和通胀奖励等信息。智能合约平台的区块链浏览器，如以太坊、EOS 和 CyberMiles，提供了关于智能合约以及由这些智能合约持有或发放的资产信息。

图 10.1、图 10.2 和图 10.3 显示了 Etherscan 的屏幕截图。这些截图提供了对于以太坊区块链上的全局状态、交易和智能合约的洞察。图 10.4 和图 10.5 说明了 CMTTracking 网站是如何实时为 CyberMiles 区块链提供 DPoS 信息的。这样的信息不适用于以太坊区块链，因为以太坊区块链使用 PoW 挖矿来达成共识。

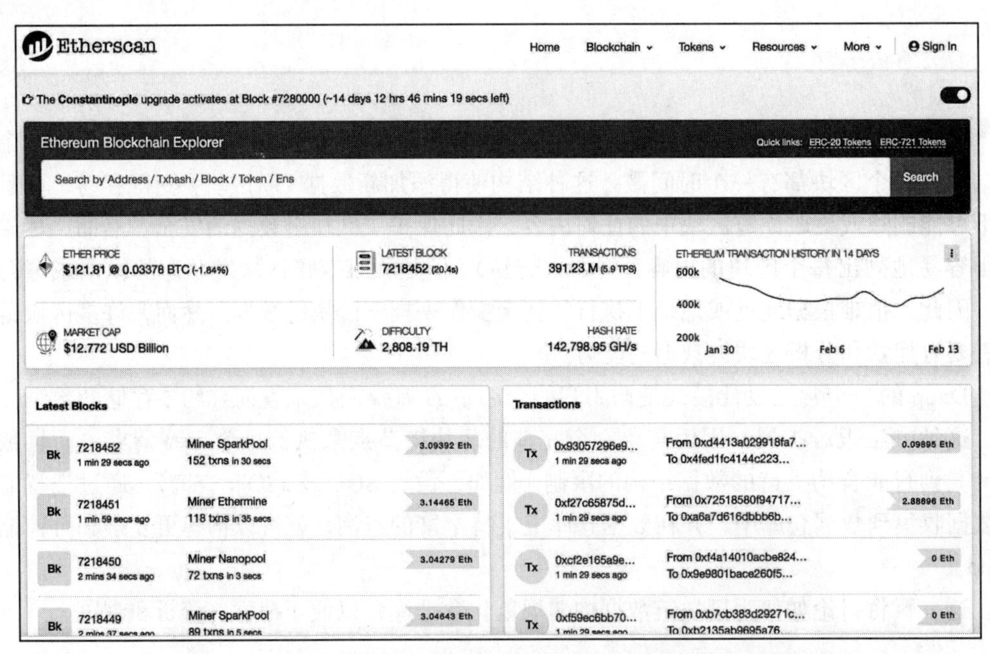

图 10.1 Etherscan 首页，包括价格信息、挖矿信息和最新区块

区块链浏览器还可以提供与区块链上的加密资产相关的链下信息。例如，它可以为加密资产提供当前的定价、交易量和市值。它可以将区块链账户和智能合约与现实世界中的身份关联起来，可以监控生态系统中关键参与者的账户，比如交易所和超级节点，以检测和报告交易信号。这些数据服务受到用户、交易员、投资者和政府监管机构的广泛关注。

这些区块链浏览器，尤其是开源的区块链浏览器，也是去中心化的应用。每个拥有源代码的人都可以部署自己的区块链浏览器服务。所有的数据都来自区块链和其他的分布式来源，比如定价聚合器。关闭区块链浏览器不会引起单点故障。

Overview

Balance: 1.067527330000000128 Ether

Ether Value: $129.98 (@ $121.76/ETH)

More Info

Transactions: 21 txns

Transactions　Comments

Latest 21 txns

TxHash	Block	Age	From		To	Value	[TxFee]
0x10c9a3b26f8e24a...	7218454	1 min ago	0xf3a71cc1be5ce83...	IN	0x87cd2828979817...	1.02691994 Ether	0.000105
0xb19cd4cca5a8dd...	7206095	2 days 22 hrs ago	0x87cd2828979817...	OUT	0x0b7ab10ede2cf8...	1.26495978 Ether	0.000168
0x00743a363ca33c...	7205812	2 days 23 hrs ago	0xf3a71cc1be5ce83...	IN	0x87cd2828979817...	1.14451999 Ether	0.000063
0x8ccb88e92f66074...	7192037	5 days 23 hrs ago	0x87cd2828979817...	OUT	0x0393df498d8b98...	1.20399171 Ether	0.000168
0x6694109322a01f2...	7191890	6 days ago	0xf3a71cc1be5ce83...	IN	0x87cd2828979817...	1.2154421 Ether	0.000063
0xd81e1f1814da10...	7177233	8 days 23 hrs ago	0x87cd2828979817...	OUT	0x82efa97316e71ea...	1.18223599 Ether	0.000147
0x2684cc959ebf0ca...	7177211	9 days 2 mins ago	0xf3a71cc1be5ce83...	IN	0x87cd2828979817...	1.17617575 Ether	0.000063
0x36dc512cdb8ff84...	7162550	11 days 23 hrs ago	0x87cd2828979817...	OUT	0x4d981d42f5717b...	1.0743941 Ether	0.000126
0x248c729819cb09...	7162448	12 days 2 mins ago	0xf3a71cc1be5ce83...	IN	0x87cd2828979817...	1.21485812 Ether	0.000084

图 10.2　Etherscan 页面中的账户及其交易

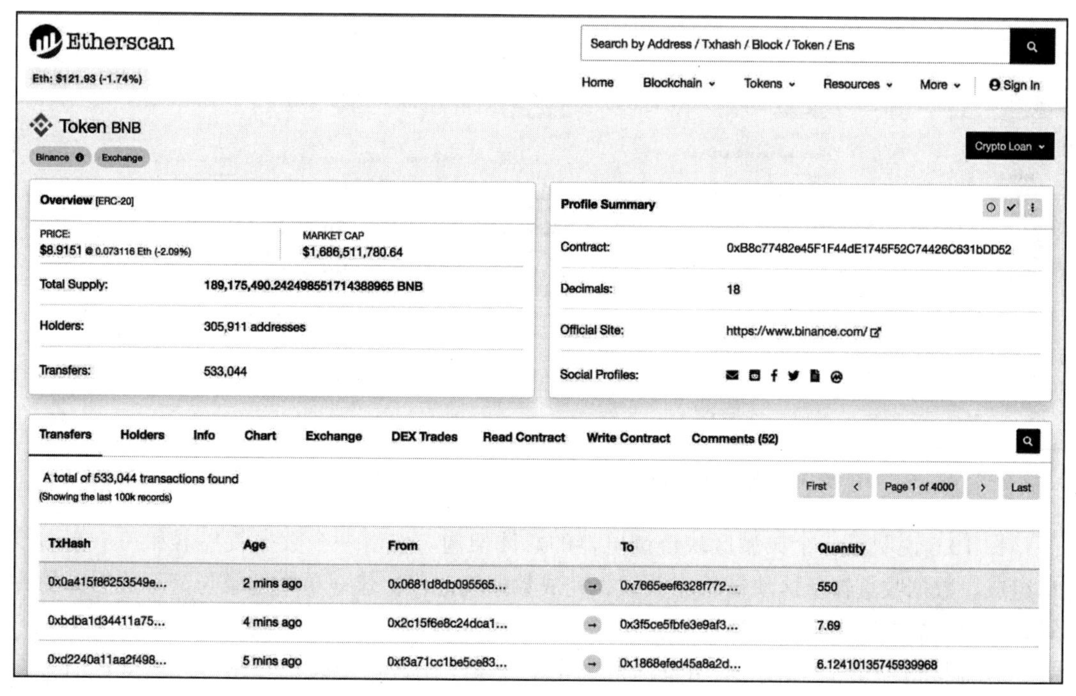

图 10.3　Etherscan 页面，用于发出 ERC20 资产的智能合约

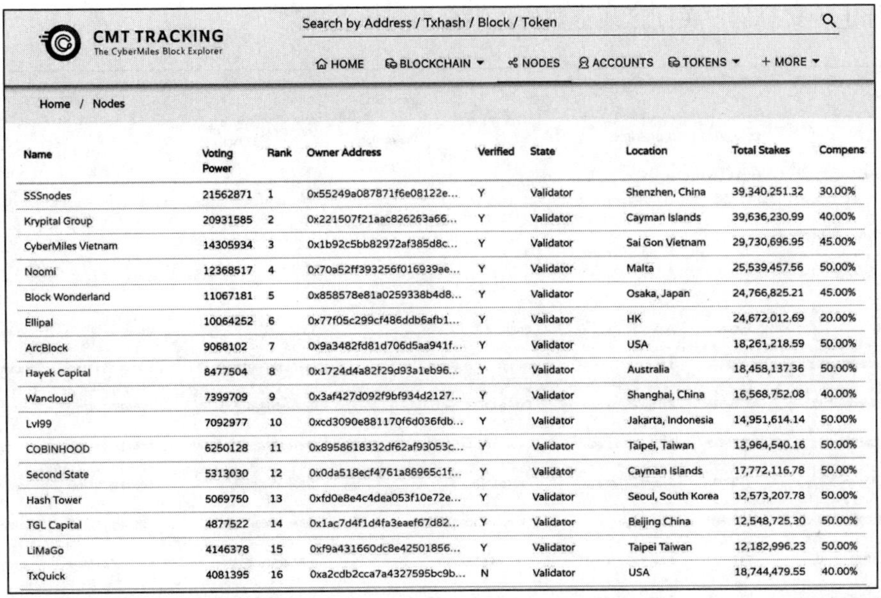

CMT TRACKING
The CyberMiles Block Explorer

Search by Address / Txhash / Block / Token

HOME BLOCKCHAIN NODES ACCOUNTS TOKENS + MORE

Home / Nodes

Name	Voting Power	Rank	Owner Address	Verified	State	Location	Total Stakes	Compens
SSSnodes	21562871	1	0x55249a087871f6e08122e...	Y	Validator	Shenzhen, China	39,340,251.32	30.00%
Krypital Group	20931585	2	0x221507f21aac826263a66...	Y	Validator	Cayman Islands	39,636,230.99	40.00%
CyberMiles Vietnam	14305934	3	0x1b92c5bb82972af385d8c...	Y	Validator	Sai Gon Vietnam	29,730,696.95	45.00%
Noomi	12368517	4	0x70a52ff393256f016939ae...	Y	Validator	Malta	25,539,457.56	50.00%
Block Wonderland	11067181	5	0x858578e81a0259338b4d8...	Y	Validator	Osaka, Japan	24,766,825.21	45.00%
Ellipal	10064252	6	0x77f05c299cf486ddb6afb1...	Y	Validator	HK	24,672,012.69	20.00%
ArcBlock	9068102	7	0x9a3482fd81d706d5aa941f...	Y	Validator	USA	18,261,218.59	50.00%
Hayek Capital	8477504	8	0x1724d4a82f29d93a1eb96...	Y	Validator	Australia	18,458,137.36	50.00%
Wancloud	7399709	9	0x3af427d092f9bf934d2127...	Y	Validator	Shanghai, China	16,568,752.08	40.00%
Lvl99	7092977	10	0xcd3090e881170f6d036fdb...	Y	Validator	Jakarta, Indonesia	14,951,614.14	50.00%
COBINHOOD	6250128	11	0x8958618332df62af93053c...	Y	Validator	Taipei, Taiwan	13,964,540.16	50.00%
Second State	5313030	12	0x0da518ecf4761a86965c1f...	Y	Validator	Cayman Islands	17,772,116.78	50.00%
Hash Tower	5069750	13	0xfd0e8e4c4dea053f10e72e...	Y	Validator	Seoul, South Korea	12,573,207.78	50.00%
TGL Capital	4877522	14	0x1ac7d4f1d4fa3eaef67d82...	Y	Validator	Beijing China	12,548,725.30	50.00%
LiMaGo	4146378	15	0xf9a431660dc8e42501856...	Y	Validator	Taipei Taiwan	12,182,996.23	50.00%
TxQuick	4081395	16	0xa2cdb2cca7a4327595bc9b...	N	Validator	USA	18,744,479.55	40.00%

图 10.4　CyberMiles 验证节点的 CMTTracking 页面，显示了验证节点的状态、投票权和权益补偿率

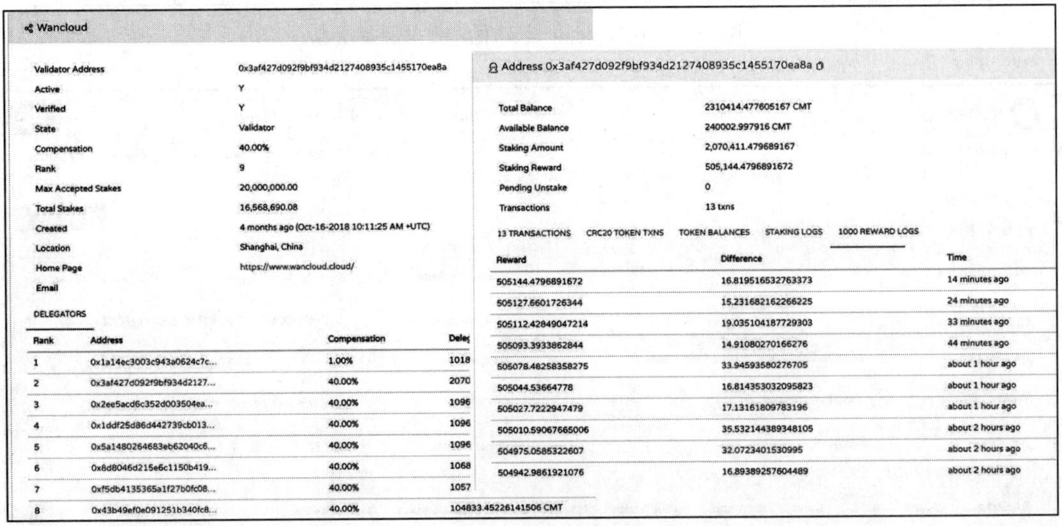

Wancloud

Validator Address	0x3af427d092f9bf934d2127408935c1455170ea8a
Active	Y
Verified	Y
State	Validator
Compensation	40.00%
Rank	9
Max Accepted Stakes	20,000,000.00
Total Stakes	16,568,690.08
Created	4 months ago (Oct-16-2018 10:11:25 AM +UTC)
Location	Shanghai, China
Home Page	https://www.wancloud.cloud/
Email	

DELEGATORS

Rank	Address	Compensation	Deleg
1	0x1a14ec3003c943a0624c7c...	1.00%	1018
2	0x3af427d092f9bf934d2127...	40.00%	2070
3	0x2ee5acd6c352d003504ea...	40.00%	1096
4	0x1ddf25d86d442739cb013...	40.00%	1096
5	0x5a1480264683eb62040c6...	40.00%	1096
6	0x8d8046d215e6c1150b419...	40.00%	1068
7	0xf5db4135365a1f27b0fc08...	40.00%	1057
8	0x43b49ef0e091251b340fc8...	40.00%	104833.45226141506 CMT

Address 0x3af427d092f9bf934d2127408935c1455170ea8a

Total Balance	2310414.477605167 CMT
Available Balance	240002.997916 CMT
Staking Amount	2,070,411.479689167
Staking Reward	505,144.4796891672
Pending Unstake	0
Transactions	13 txns

13 TRANSACTIONS　CRC20 TOKEN TXNS　TOKEN BALANCES　STAKING LOGS　1000 REWARD LOGS

Reward	Difference	Time
505144.4796891672	16.819516532763373	14 minutes ago
505127.6601726344	15.231682162266225	24 minutes ago
505112.42849047214	19.035104187729303	33 minutes ago
505093.3933862844	14.91080270166276	44 minutes ago
505078.48258358275	33.94593580276705	about 1 hour ago
505044.53664778	16.814353032095823	about 1 hour ago
505027.7222947479	17.13161809783196	about 1 hour ago
505010.59067665006	35.532144389348105	about 2 hours ago
504975.0585322607	32.0723401530995	about 2 hours ago
504942.9861921076	16.89389257604489	about 2 hours ago

图 10.5　CMTTracking 页面，显示验证节点的信息、权益和奖励

图 10.6 说明了一个典型区块链浏览器的总体架构。它由一个数据收集器和一个查询接口组成。数据收集器从区块链检索数据，完成数据规范化，建立单个记录与链下数据源的关联，然后在数据库中保存数据。

查询接口提供了一个搜索引擎和可视化工具来绘制数据图表。它还可以支持自动查询的 API 服务。

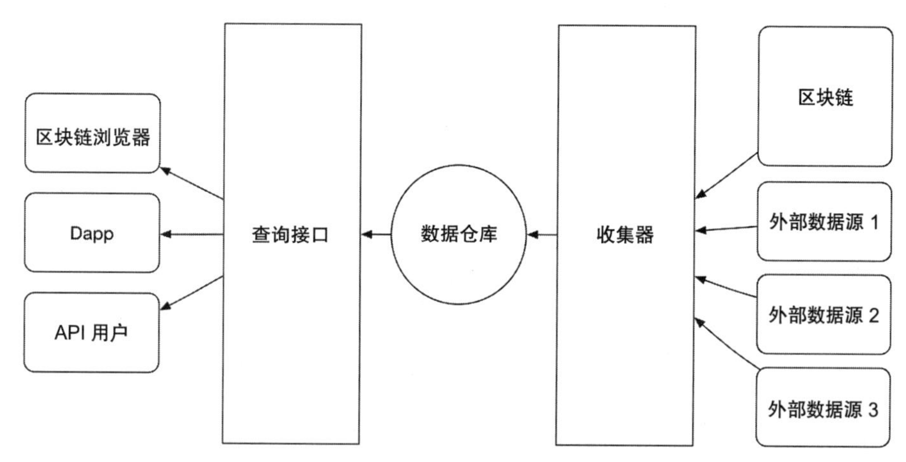

图 10.6　区块链数据浏览器的架构视图

在接下来的小节中，将深入到区块链浏览器软件的技术栈中，讨论如何改进现有的区块链浏览器，并为自己的应用开发专门的数据服务。

10.2　收集数据

数据收集器应用必须有能力访问一个完整的区块链节点。这个节点包含了从创世区块到当前区块的整个区块链历史数据，而不仅仅是当前账户的状态。该节点连续运行，并保持与区块链当前的最新区块同步。建议自己运行并同步一个完整的节点，只供收集器使用，因为收集器的数据质量取决于节点的可用性。通过自己的节点，收集器也可以访问区块链软件内部的数据库，直接提取数据，而不是通过区块链的远程过程调用（RPC）服务接口。图 10.7 说明了收集器的体系结构。

数据收集器中的关键组件是调度器。它每隔几秒钟运行一次，从区块链节点中检索信息。调度器的运行时间间隔应该小于区块的生成时间，以确保它始终获得最新的区块信息。调度器有多种技术选择：

- 对于基于 Linux 的系统，可以使用 cron 作业以固定的间隔运行收集器的应用。
- 如果收集器是一个 Java 应用，可以使用 Quartz Scheduler 以固定的时间间隔来运行工作任务（www.quartz-scheduler.org/）。
- 如果收集器是一个 node.js 的 JavaScript 应用，那么可以使用 egg.js 框架来处理定时任务（https://eggjs.org/）。

调度器通过以下方式调度一个工作负载来检索数据。开发者可以把它们每一个都组装成一个连接器，嵌入在收集器上。

- 节点的 RPC 连接器：对于与以太坊兼容的区块链（例如，CyberMiles），这是通过端口 8545 提供的 RPC 服务。此连接器通常使用与 Web3 兼容的库来完成。

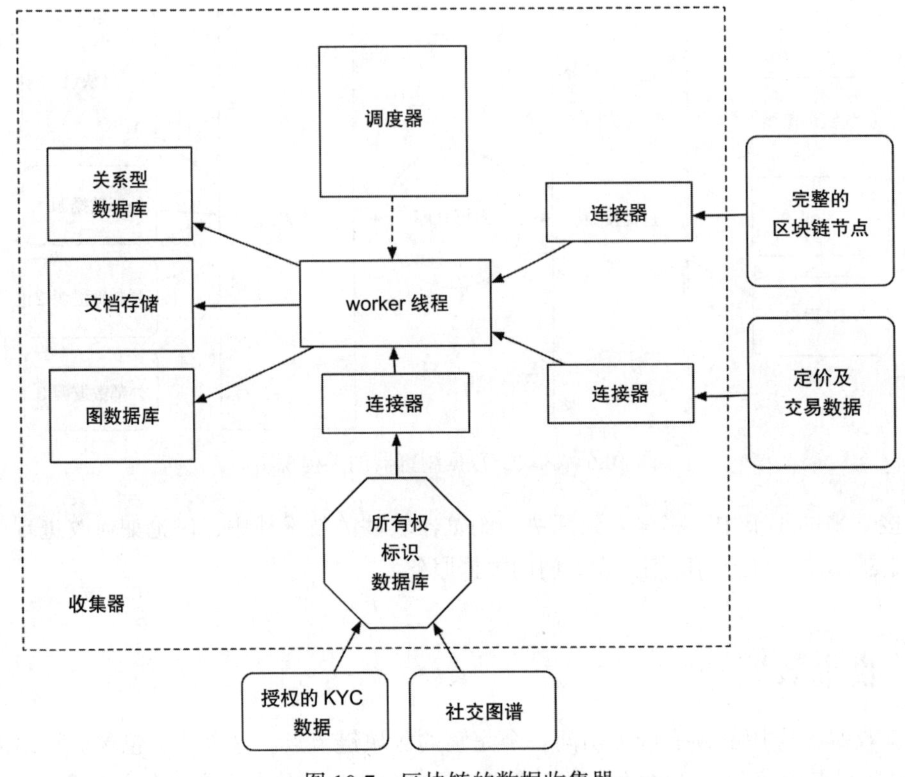

图 10.7 区块链的数据收集器

- LevelDB 的数据库连接器：这用于直接访问节点上的数据库，以便读取可能无法（或太麻烦）从 RPC 连接器获得的数据。
- Web 服务连接器：这用于访问外部服务，例如，来自 CoinMarketCap API（https://coinmarketcap.com/api/）的定价和市场情报数据。
- 本地数据库连接器：用于访问存储在收集器本地服务器上的潜在专有数据。例如，将区块链账户与名称、实体和交易所（包括已知的罪犯）联系起来的专有数据库。

一旦从连接器中检索到每个区块的数据，收集器程序就会运行一个数据仓库操作来合并、清理和规范化数据。数据被组织成一组逻辑模式并保存。

- 可以将诸如区块、账户和交易等结构化结果保存到具有良好定义模式的关系型数据库中，以确保数据的完整性和查询效率。
- 从智能合约、字节码和散列生成的事件等非结构化数据可以保存在 NoSQL 文档存储中，如 MongoDB 和 Cassandra。

注意

谷歌的区块链 ETL 是一个完全集成好的区块链数据仓库解决方案。它使用 Google Cloud Composer 来编排数据收集过程。它首先让 RPC 请求将区块链数据导出到逗号分

> 隔值（CSV）的文件中，然后将 CSV 文件加载到 Google BigQuery 表中，最后可以从 BigQuery 查询数据。然而，缺点是这不是一个实时的解决方案。这些数据每 24 小时收集和消化一次。它依赖于谷歌的云基础设施。

在本节的其余部分中，我们将研究收集器可以收集的各种数据类型，并对以后的查询进行标准化。

10.2.1　交易及账户

大多数区块链平台都提供标准的 RPC 接口来按区块高度获取交易列表。从那里，收集器可以获得每个交易的详细信息，包括收支账目、转移金额、gas 费、成功状态以及与交易相关的数据，如智能合约的函数调用。

所有这些数据元素都是高度结构化的，它们可以被规范化为一个以账户地址作为主键的关系型数据库。例如，我们可以查询特定账户之间的所有交易。收集器应用可以执行内部数据的完整性检查，方法是将每个账户的所有交易加起来，并将它们与区块链 RPC 报告的账户余额进行比较。

10.2.2　奖励

随着时间的推移，大多数区块链也“创建”加密通证，以奖励运行计算的服务器来保护区块链安全的实体。这就是所谓的区块奖励。对于（PoW）区块链，矿工竞争创造下一个区块的权利。获胜者将获得一定数量的通证。对于各种 PoS 区块链，包括委托权益证明的区块链，验证节点或矿工被分配职责来生产下一个区块，而所有其他节点验证并同意区块的内容。区块奖励根据权益或投票权分配给矿工。

收集器需要了解分配区块奖励的算法，并为按账户地址索引的此类事件来创建数据库条目。这些数据也是高度结构化和关系型的，可以根据区块链自身的账户余额来验证其计算出的区块奖励分配。

10.2.3　链下标识

区块链数据服务的一个关键用例是理解数字资产的流动和交换。将区块链地址与拥有其私钥的实际实体相关联，往往是重要的。由于区块链交易是透明的，一旦读者知道一个地址的真实身份，它往往可能找出曾经向已知地址转入和转出的任何地址的身份。

> **注意**
>
> 区块链上唯一的“匿名”地址是 PoW 区块链的矿工账户。然而，一旦矿工开始使用或交换已知地址的通证，矿工的身份可能会暴露。

链下实体和区块链地址之间的关联可以有多个来源。

- 与加密资产交易所的数据共享协议：大多数加密资产交易所都要求身份认证（Know Your Customer，KYC[1]）并对其所有用户进行审查。这些交易所对区块链账户地址所有权有着广泛的了解范围，因为用户存款和提取通证都需要通证进出自己的地址。
- 与首次代币发行（ICO）项目的数据共享协议：许多ICO项目对所有的初始参与者进行KYC检查。这些项目知道每个贡献者的来源和存款地址。
- 与加密支付处理设备和电子商务商家的数据共享协议：当用户使用加密通证在现实世界中支付商品和服务时，他们会留下可以跟踪的轨迹（例如，送货地址），以确定与现实世界交易有关的账户身份。
- 从社交媒体中挖掘数据：当加密货币项目进行营销活动时，它通常会向社交媒体上的追随者提供空投。这种空投需要用户的地址。

虽然区块链地址与其链下所有者身份之间的关联是结构化和关系型的，但是将一个区块链地址连接到下一个区块链地址的交易并不是关系型的。收集器可以将已知的地址关联放入关系数据库，并将连接的交易放入图数据库，如Neo4j，以便进一步分析和查询。

> **注意**
>
> 监控已知的交易所地址和大型通证持有者的地址可以帮助我们预测市场动向。例如，如果一个大额账户的持有者在一个DPoS矿工/验证节点撤回他的权益，并将通证移动到一个交易所账户，可以预期在不久的将来通证抛售的压力会增加。

10.2.4 智能合约的内部机理

以太坊兼容的区块链是最重要的智能合约平台。智能合约字节码及其数据结构可以是任意的。因此，智能合约的数据是非结构化的，很难跟踪区块链中的函数执行和状态变化。

> **注意**
>
> 长期以来，Etherscan和其他与以太坊兼容的区块链浏览器早就提供了根据区块链上的字节码验证用户/社区提交的智能合约源代码的能力。这有助于社区验证这些合约的源代码和行为是否确实如所宣传的那样。但是，这种方法并不能洞察智能合约中函数和数据的执行。

智能合约可以通过声明和发出事件将永久数据写入到区块链。即使使用前面提到的操作码 `0xff`（称为自销毁）完全删除了特定的智能合约及其全局状态，发出的事件日志数据也将无限期地保持完整。

---

[1] 也称尽职调查，充分了解你的客户。——译者注

注意

与写入区块链的全局状态相比，写入事件日志的成本相对较低。例如，将一个地址和一个uint写入区块链状态需要大约40 000个gas费。另外，将相同的单一地址和uint写入区块链的事件日志只需要大约1000个gas费。

下面的示例显示了如何在智能合约中定义事件：

```
event pointBalanceUpdated(address indexed endUser, uint256 amount);
```

如读者所见，要声明事件，只需在单词event的后面跟随事件名称即可。然后，我们传入一些数据类型和数据名称（在本例中，address和uint256的数据类型分别与数据名称endUser和amount相关）。

读者将注意到，我们在这个声明中特意指定了endUser为indexed。从本质上讲，为参数建立索引允许以后进行有效的搜索。每个事件最多可以声明三个索引参数。

索引数据（例如账户地址）是明智的，因为用户很可能将根据特定的账户地址来搜索信息。索引其他类型的数据并不是一个好主意，例如任意数量（例如1或10这样的整数）的数据。完全没有必要（在事件日志中）包含任何使用预定义全局变量或函数就可以轻松检索的信息（例如block.number）。在默认情况下，像block.number这样的变量包含在标准的交易收据中。现在，让我们发出前面声明的事件，如下所示：

```
emit pointBalanceUpdated(msg.sender, pointValue);
```

从前面的代码中可以看到，要发出事件，只需在单词emit的后面跟随事件名称即可（在前面的代码片段中声明了这个名称），要包含在事件日志中的数据是在函数执行期间传入的。将数据传递到emit命令的顺序必须与数据的顺序匹配，如事件声明中所示的那样。

下面的代码展示了整个智能合约，从而为前面的片段提供了上下文：

```
pragma solidity ^0.4.0;

contract EventLogCreator{

    // Contract variables
    mapping(address => uint256) private pointBalances;

    // Event
    event pointBalanceUpdated(address indexed endUser, uint256 amount);

    // Function which adds points and emits
    function addPoints(uint256 pointValue) public {
        pointBalances[msg.sender] += pointValue;
        emit pointBalanceUpdated(msg.sender, pointValue);
    }

    // Function that returns points which are mapped to a certain address
    function getPoints(address userAddress) public constant returns(uint256){
```

```
        return pointBalances[userAddress];
    }
}
```

现在，每当用户在此合约上调用 addPoints() 函数时，就会发出 pointBalanceUpdated 事件。当通过 RPC 查询交易时，事件将记录在交易收据中。事实上，Web3 库提供了一种更简单的方式来查询过去事件，如下所示：

```
var events = await web3ContractInstance.getPastEvents(eventName, {
    filter: {},
    fromBlock: lastIndexedBlock,
    toBlock: target
});
```

数据收集器接收前面代码中事件数组中的 JSON 对象。每个事件的 JSON 对象如下所示。请注意，这里展示的是部署在 CyberMiles 区块链中来自 Uniswap 交易所的一个更为复杂的事件，而不是前面描述的简单事件。


```
{
    "address" : "0x09cabEC1eAd1c0Ba254B09efb3EE13841712bE14",
    "blockHash" : "0x249ac ... b2",
    "blockNumber" : 6848001,
    "logIndex" : 10,
    "removed" : false,
    "transactionHash" : "0x453a2 ... 60",
    "transactionIndex" : 14,
    "id" : "log_327a5bb5",
    "returnValues" : {
      "0" : "0x00dEe1F836998bcc736022f314dF906588d44808",
      "1" : "1094945255474452555474",
      "2" : "1216943725441155089",
      "buyer" : "0x00dEe1F836998bcc736022f314dF906588d44808",
      "tokens_sold" : "1094945255474452555474",
      "eth_bought" : "1216943725441155089"
    },
    "event" : "EthPurchase",
    "signature" : "0x7f409 ... 05",
    "raw" : {
      "data" : "0x",
      "topics" : [
        "0x7f409 ... 05",
        "0x00000 ... 08",
        "0x00000 ... 32",
        "0x00000 ... 11"
      ]
    }
  }
}
```


JSON 对象可以被解析并保存为关系数据库的对象。或者，可以将它直接保存到支持 JSON

的文档存储中，以便将来进行查询。通过这种方式，我们现在可以直接从智能合约函数调用中收集数据。

在下一章，将讨论如何使用搜索引擎方法直接从智能合约中获取和跟踪公共数据。

10.3　查询接口

有了收集器，现在就可以查询数据库并向最终用户提供数据服务。作为后端数据查询服务的前端，可以使用任何现代的 JavaScript UI 框架构建基于 Web 的用户界面。用户界面只是对查询接口发出异步数据请求。

但更有趣的是，查询接口可以用作所有应用的 Web 服务，而不只是应用于区块链浏览器。例如，Dapp 可以查询区块链并生成图表或地图。

10.3.1　SQL 查询

读者可以使用 SQL 从收集器构建的关系数据库中查询数据。例如，现在可以很容易找到来自特定地址的交易、调用特定智能合约函数的交易，或者在一段时间内区块奖励的交易。

10.3.2　JSON 查询

也许更有趣的是，可以直接从 Elasticsearch 这样的工具中查询 JSON 对象。下面是在智能合约的事件日志中查询 Uniswap 交易所事件的示例：

```
{
"query": {
  "bool": {
      "must": [{
        "match": {
          "name": "TokenPurchase"
        }
      },
      {
        "match": {
          "jsonEventObject.address": "0x09ca ... 14"
        }
      }]
    }
  },
  "_source": ["name", "jsonEventObject.returnValues.buyer",
    "jsonEventObject.blockNumber"],
  "highlight": {
    "fields": {
      "title": {}
    }
  }
}
```

结果应该是这样的：

```
{
  "total": 1885,
  "max_score": 1.648463,
  "hits": [{
    "_index": "uniswap_exchange_events",
    "_type": "event",
    "_id": "0xe26e ... fe",
    "_score": 1.648463,
    "_source": {
      "name": "TokenPurchase",
      "jsonEventObject": {
        "returnValues": {
          "buyer": "0xbc8dAfeacA658Ae0857C80D8Aa6dE4D487577c63"
        },
        "blockNumber": 6630726
      }
    }
  }, {...},{...}]
}
```

Elasticsearch 是一个强大的搜索引擎框架，我们发现它对区块链数据很有效。

10.3.3 GraphQL

另一个很有前途的区块链数据查询界面是 GraphQL，一个开源的查询语言和执行引擎，它最初是由 Facebook 开发的。

针对区块链数据的 GraphQL 的主要实现包括 TheGraph（https://thegraph.com/）和 Arcblock 的 OCAP。在本节中，我们将研究 TheGraph 如何处理 GraphQL 查询。读者可以简单地使用它的托管服务来查询来自公共以太坊区块链的数据，或者使用它的开源软件（https://github.com/graphprotocol）构建自己的服务。

除了许多其他功能外，TheGraph 还提供了一种机制，允许 Dapp 在任何给定时间直接获取和消费 Dapp 实际需要的数据量。下面是 TheGraph 的一个 GraphQL 查询示例：

```
{
    transactions(first: 1) {
        event
    }
}
```

我们马上就可以看到，TheGraph 不同于传统的 RESTful Web 服务，因为这个 GraphQL 查询不是用有效的 JSON 编写的。实际上，这种 GraphQL 语法比 JSON 更轻量级，因为它不必指定完整的 `key:value` 对，例如 `{"event": true}` 等。

作为例子，让我们使用 TheGraph 来查询部署在以太坊区块链的 Uniswap 交易所智能合约。为了回应本章早些时候的讨论，TheGraph 已经从以太坊智能合约中获取了事件日志，并且正在将这些数据提供给 GraphQL 查询。前面的 GraphQL 查询翻译为“考虑到迄今为止的所有 Uniswap 交易，请给我第一个发出的事件日志的名称。”响应如下：

```
{
    "data": {
        "transactions": [{
            "event": "AddLiquidity"
        }]
    }
}
```

实际上，响应是有效 JSON。读者也会注意到这些数据非常简单。我们可以通过扩展查询来构建第一个查询，不仅要求查询事件，还要求查询区块号。

```
{
    transactions(first: 1) {
        block
        event
    }
}
```

以下结果表明，该事件被打包到第 6 629 139 个区块中：

```
{
    "data": {
        "transactions": [{
            "block": "6629139",
            "event": "AddLiquidity"
        }]
    }
}
```

我们可以获取 / 确认这一点的另一种方法是返回所有事件日志，按照区块编号以升序排列：

```
{
    transactions(orderBy: block, orderDirection: asc) {
        block
        event
    }
}
```

查询返回以下结果：

```
{
    "data": {
        "transactions": [{
                "block": "6629139",
                "event": "AddLiquidity"
            },
            // ... data extracted for display purposes
        }
    ]
}
```

正如 TheGraph 展示的那样，GraphQL 是向最终用户应用提供了区块链数据的重要工具。

10.3.4 谷歌的 BigQuery

正如本章前面所讨论的，谷歌区块链 ETL 项目是一个完整集成的数据仓库解决方案，可以从多个区块链中摄取数据到谷歌的 BigQuery 表中。数据模式被设计成跨越多个区块链的统一形式。在其所有的区块链数据集上，谷歌区块链 ETL 项目支持“复式记账”视图，该视图以传统的会计格式列出加密数字货币的交易。

然后，读者可以使用 BigQuery 支持的任何查询语言对数据集进行查询，包括类似 SQL 的查询。例如，下面的查询验证了一个账户余额确实是其交易的总和：

```
WITH double_entry_book AS (
   -- debits
   SELECT
    array_to_string(inputs.addresses, ",") as address
   , inputs.type
   , -inputs.value as value
   FROM `bigquery-public-data.crypto_bitcoin.inputs` as inputs
   UNION ALL
   -- credits
   SELECT
    array_to_string(outputs.addresses, ",") as address
   , outputs.type
   , outputs.value as value
   FROM `bigquery-public-data.crypto_bitcoin.outputs` as outputs
)
SELECT
   address
,   type
,   sum(value) as balance
FROM double_entry_book
GROUP BY 1,2
ORDER BY balance DESC
LIMIT 1000
```

下面的查询显示了比特币区块链上不同交易费用的频率：

```
SELECT
  ROUND((input_value - output_value)/ size, 0) AS fees_per_byte,
  COUNT(*) AS txn_cnt
FROM
  `bigquery-public-data.crypto_bitcoin.transactions`
WHERE TRUE
  AND block_timestamp >= '2018-01-01'
  AND is_coinbase IS FALSE
GROUP BY 1
```

谷歌区块链 ETL 项目为区块链数据提供了一个类 SQL 且基于云的数据仓库解决方案。读者可以根据自己的需要对其进行定制。

10.4　下一步是什么

从设计的角度来看，让我们简单地回顾一下简单对象访问协议（Simple Object Access Protocol，SOAP）的时代。虽然 SOAP 促进了不同计算机之间的通信，但它也依赖于一组预定义的应用的数据类型，这些数据类型本质上是一个永久性结构。任何更改（例如，对软件应用的更新或对静态配置的更改）都会中断或使以前工作的互操作性失效。简单地说，SOAP 是一个严格的协议。

另一方面，REST 引入了一种基本的架构风格。符合所有六个架构约束的系统都被认为是 RESTful 的。此外，遵循体系结构约束的 Web 服务被认为是 RESTful API。

不过，在设计模式中，虽然很容易探索提高如（在数据提供者和 Dapp 之间）JSON 压缩等的方法，但这样的想法会让我们沿着协议的道路前进——这个协议强制双方在预定义的规则集上达成一致，并强制客户端（在这里是 Dapp）执行额外的工作（解压缩、解码等）。

从架构设计的角度来看，就灵活性和互操作性而言，侧重于约定而不是静态配置是否更有效？我们必须记住，智能合约的开发者可以创建自己的自定义事件日志，这些日志可以发出一个到多个变量（各种数据类型）。我们想要为部署在区块链网络上的每个合约设置静态配置吗？人为驱动的静态配置是可持续的吗？通过使用强有力的约定和机器自动化，能够完全避免这种情况吗？

区块链架构的下一波浪潮正在兴起，现在存在着巨大的机遇。

我们相信即将到来的区块链数据提供商和区块链浏览器项目应该做以下事情：

- 提供一种机制，可以完全基于应用二进制接口文件和智能合约地址自动获取智能合约的事件日志数据。
- 自动分配正确的数据字段类型（仅基于智能合约的 ABI）。
- 根据前一点，只需要最少量的配置和自动模式生成。
- 提供足够的内部查询、筛选和逻辑，以产生最简洁的响应。
- 自动 / 动态地提供自动完成的语法来调用软件。
- 提供多种默认的可视化前端显示门户。
- 提供一个内置的分析库（不仅可以探索趋势、相关性等，还可以为机器学习生成数据集）。
- 提供一种机制来与无处不在的业务软件、文件格式、内容管理和软件开发应用进行互操作。

这是一个激动人心的时刻。我们拥有前所未有的大量可用信息、文档和软件，以及用于测试和部署项目的适于去中心化的基础设施。

10.5 本章小结

本章讨论了如何构建区块链数据服务。区块链浏览器是这个领域的先驱，但是在数据收集和查询方面还有很多事情可以做。我们相信先进的链下存储和区块链数据查询，特别是智能合约的数据执行，将是Dapp生态系统中的一个关键组成部分。在下一章中，将介绍一个新的数据服务，它提供对智能合约公共状态的实时更新。数据服务是通过一个JavaScript库提供的，该库是对Web3的补充。

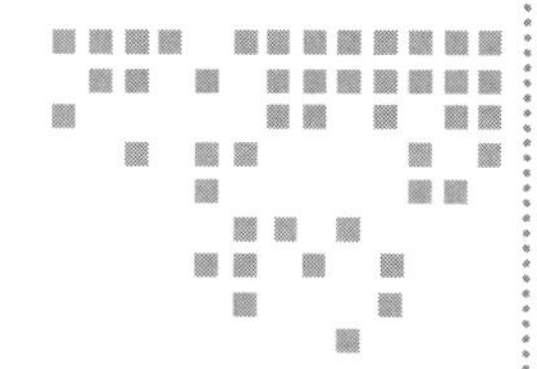

第 11 章 Chapter 11

智能合约搜索引擎

第一代区块链数据浏览器主要关注于提供交易细节的快照。例如，在比特币的场景下，它们显示结构化数据的逐条记录，以及在严格的基础协议层执行的有效交易结果。

随着智能合约的空前兴起，使用定制的数据字段和独特的内部可编程逻辑，带来了对新机制的需求，这种机制可以提供一种简单的方法来搜索和可视化这种新的、丰富的、非结构化的区块链数据。

这种机制类似于 20 世纪 90 年代互联网发展时搜索引擎的兴起。然而，区块链网络的独特之处在于，它们在一个交易的时间序列中记录所有数据。智能合约数据需要被索引，并实时提供给终端用户和计算机。传统的网络搜索引擎技术在区块链世界中很少使用，因为互联网和区块链网络从根本上是不同的。在本章中，将介绍一个开源的智能合约搜索引擎。然后，将讨论如何利用它来驱动新型的 Dapp。

11.1 智能合约搜索引擎简介

构建区块链数据搜索引擎的方法有很多。在本章中，我们重点介绍由 Second State 公司开发的开源搜索引擎。它可以与所有以太坊兼容的区块链一起工作，并且已经可以投入到生产环境了。最重要的是，它可以作为与智能合约搜索引擎相关的编码和实现模式的一个示例。

Second State 的智能合约搜索引擎组件如图 11.1 所示。读者可以从 https://github.com/second-state/smart-contract-search-engine 获得智能合约搜索引擎的完整源代码和说明。

- 一个 Elasticsearch 实例，根据合约地址为来自合约的应用程序二进制接口（ABI）和公共数据字段编制索引。

- 一个完整的区块链节点，以标准的 JavaScript 对象标记远程过程调用（JSON-RPC）服务的形式提供与合约相关的数据。
- 一个基于 Python 的收集器脚本，从一个区块链节点提取数据，然后建立索引并将数据存储在 Elasticsearch 中。
- 一个基于 Python 的 Web 服务，支持将合约提交给索引和类似于 Elasticsearch 的查询，以获取实时的智能合约数据。
- 一个 JavaScript 库——es-ss.js，使客户端应用能够与 Web 服务交互。

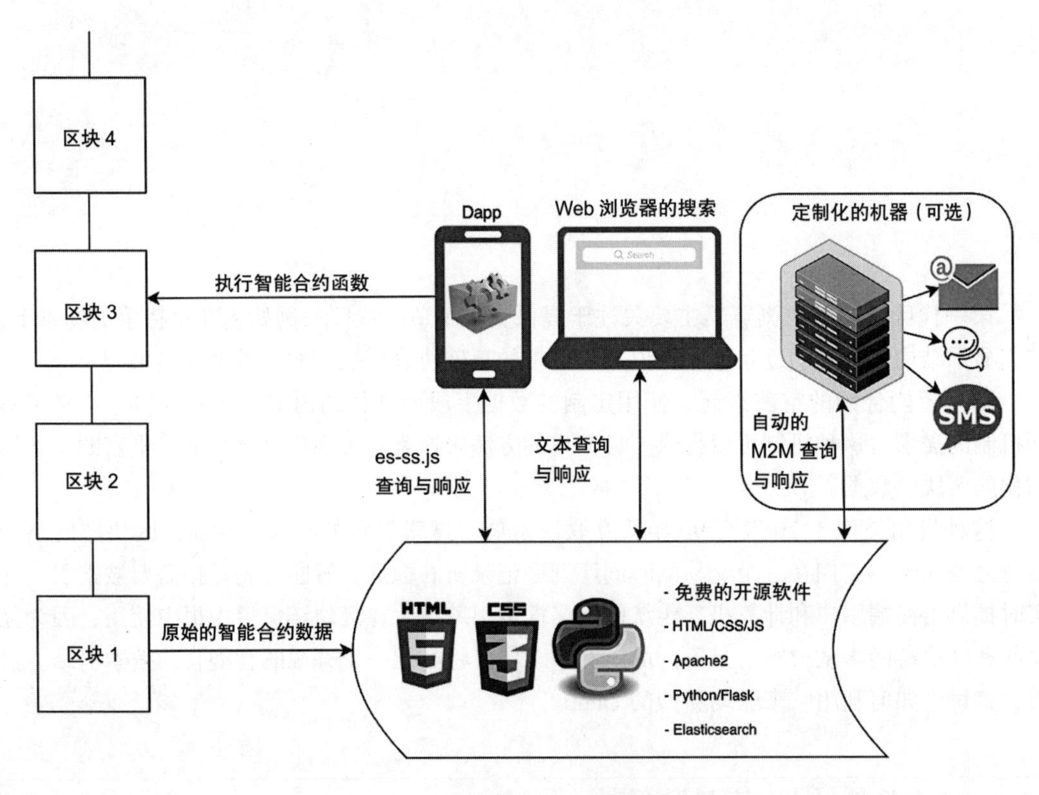

图 11.1 智能合约搜索引擎的软件组件

使用 Docker 很容易启动一个新的智能合约搜索引擎，但是它需要几个小时来完全索引一个产品的区块链，然后用每个新区块更新所有索引的合约。为了让开发者更容易上手，Second State 和社区运行了一些搜索引擎实例供公众使用。

- 以太坊主网：https://eth.search.secondstate.io/
- 以太坊经典（ETC）主网：https://etc.search.secondstate.io/
- CyberMiles 主网：https://cmt.search.secondstate.io/
- Second State 开发网：https://devchain.ss.search.secondstate.io/

读者可以在浏览器中打开这些 URL，以查看每个公共搜索引擎的当前状态。从这些 URL 中，可以搜索符合特定合约接口的合约地址（即 ABI 代码），然后获取合约地址的公共字段中的最新值。例如，可以搜索所有符合 ERC20 的通证合约，并查看每个合约的编号、供应和价值。读者还可以上传新的 ABI 以供索引。

然而，智能合约搜索引擎最有趣的用途是作为新型 Dapp 的数据聚合器。从 JavaScript 应用或 Web 页面，读者可以以编程方式从 es-ss.js 库中使用搜索引擎功能。在下一节中，我们将研究一个使用搜索引擎同时与多个智能合约交互的 Dapp。

11.2　开始使用智能合约搜索引擎

上手智能合约搜索引擎和 es-ss.js 库的最佳实践是使用 BUIDL 集成开发环境（IDE），有关 BUIDL IDE 工具的更多信息见第 3 章。在这里展示的简单 Dapp 显示了部署在区块链上的多个 AccountBalanceDemo 合约。这些合约中的每一合约都存储了一个可以由用户更改的数字。搜索引擎实时跟踪并显示合约中这些数字的总和。图 11.2 显示了 Dapp 在 Web 浏览器中的运行情况。

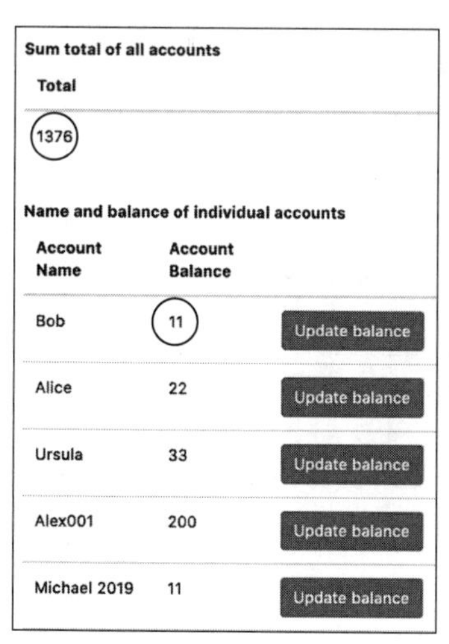

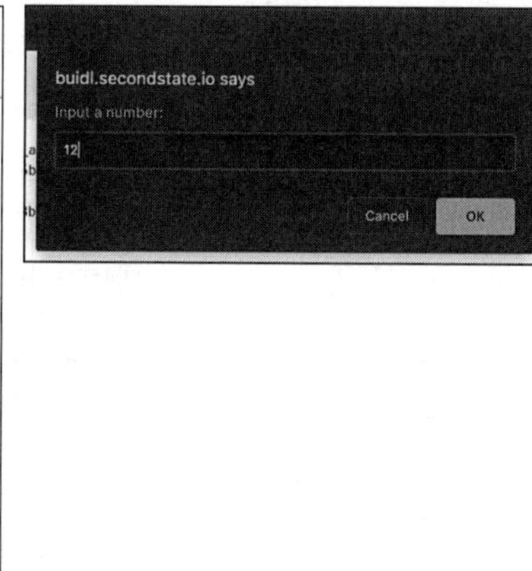

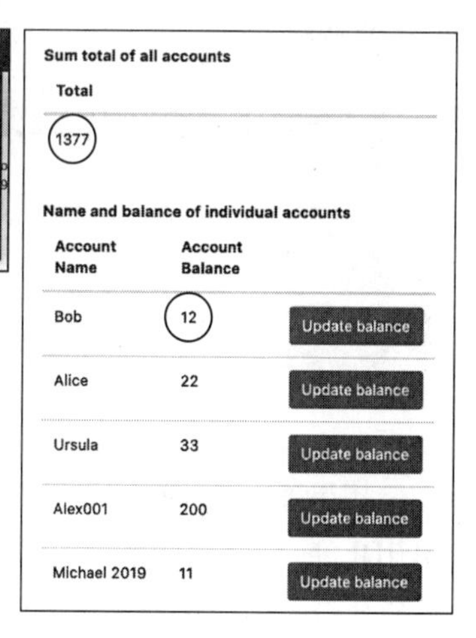

图 11.2　AccountBalanceDemo 的 Dapp

下面的代码清单显示了智能合约。合约只是存储一个可以通过 `setAccountBalance()` 函数调用更新的数字。读者可以把代码复制并粘贴到 BUIDL 的合约编辑器中。

```
pragma solidity >=0.4.0 <0.6.0;

contract AccountBalanceDemo {

  string accountName;
  uint accountBalance;
```

```
  constructor(string _accountName) public {
    accountName = _accountName;
  }

  function setAccountBalance(uint _accountBalance) public {
    accountBalance = _accountBalance;
  }

  function getAccountName() public view returns(string) {
    return accountName;
  }

  function getAccountBalance() public view returns(uint) {
    return accountBalance;
  }
}
```

通过单击“Compile”和“Deploy to the chain”按钮来编译和部署智能合约。在单击“Deploy to the chain”按钮之前，确保在 _accountName 字段中为账户提供一个名称（见图 11.3）。

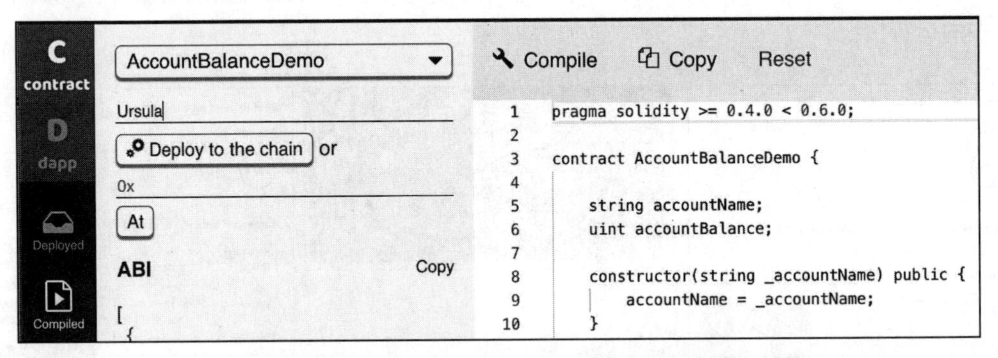

图 11.3 部署一个由搜索 Dapp 管理的新合约

接下来，下面的代码清单显示 Dapp 的 HTML 代码。读者可以把代码复制并粘贴到 BUIDL 的“dapp/html”编辑器中。它在一个表中显示了多个 AccountBalanceDemo 合约，然后在另一个表中显示它们的账户余额。

```
<!doctype html>
<html lang="en">
  <head>
    ... ...
    <title>Data Stores</title>
  </head>
  <body>
    <div class="container">
      <p>This page shows a list of individual accounts …</p>
      <p>Each account entity ...</p>
      <p>This page demonstrates ...</p>
      <b>Sum total of all accounts</b>
```

```
        <table class="table">
          <thead>
            <tr><th scope="col">Total</th></tr>
          </thead>
          <tbody id="totalBody"></tbody>
        </table>
        <p><b>Name and balance of individual accounts</b></p>
        <table class="table">
          <thead>
            <tr>
              <th scope="col">Account Name</th>
              <th scope="col">Account Balance</th>
              <th scope="col"></th>
            </tr>
          </thead>
          <tbody id="individualBody"></tbody>
        </table>
      </div>
    </body>
</html>
```

HTML 表格是由 JavaScript 渲染的。如前所述，JavaScript 应用可以使用 web3.js 库与区块链节点通信，也可以使用 es-ss.js 库与搜索引擎进行通信。web3.js 和 es-ss.js 在 BUIDL 的 JavaScript 中初始化并保持可用。下面的代码清单显示了 JavaScript 的应用。读者可以把代码复制并粘贴到 BUIDL 的 “dapp/Javascript” 编辑器中，并将代码放在 / * don't modify * / 的注释之外。

```
var abi_str = JSON.stringify(abi);
var sha = esss.shaAbi(abi_str).abiSha3;
reload();

function reload() {
  document.querySelector("#totalBody").innerHTML = "";
  document.querySelector("#individualBody").innerHTML = "";
  var tInner = "";
  var total = 0;
  esss.searchUsingAbi(sha).then((searchResult) => {
    var items = JSON.parse(searchResult);
    items.sort(compareItem);
    items.forEach(function(item) {
      tInner = tInner +
        "<tr id='" + item.contractAddress + "'><td>" +
        item.functionData.getAccountName +
        "</td><td>" + item.functionData.getAccountBalance +
        "</td><td><button class='btn btn-info' " +
        "onclick='setNumber(this)'>Update balance</button></td></tr>";
      total = total + parseInt(item.functionData.getAccountBalance);
}); // end of JSON iterator
    document.querySelector("#totalBody").innerHTML =
```

```
        "<tr id='total'><td>" + total + "</tr>";
      document.querySelector("#individualBody").innerHTML = tInner;
    }); // end of esss
  }

  function setNumber(element) {
      var tr = element.closest("tr");
      instance = contract.at(tr.id);
      var n = window.prompt("Input a number:");
      n && instance.setAccountBalance(n);
      setTimeout(function() {
        element.innerHTML = "Sending …";
        esss.updateStateOfContractAddress(
          abi_str, instance.address).then((c2i) => {
            reload();
        });
      }, 2 * 1000);
  }

  function compareItem(a, b) {
      let comparison = 0;
      if (a.blockNumber < b.blockNumber) {
          comparison = 1;
      } else if (a.blockNumber > b.blockNumber) {
          comparison = -1;
      }
      return comparison;
  }
```

当页面加载时，JavaScript的reload()函数调用Elasticsearch的es-ss.js API，从区块链上获取AccountBalanceDemo类型的所有合约，然后计算总变量中的计数。请注意，搜索结果中包含了每个合约的当前状态（换句话说是账户名和余额）。我们可以简单地显示这些信息，而不必与较慢的区块链节点进行交互。reload()函数的作用是：构造HTML文档对象模型（Document Object Model，DOM）中的元素来显示那些合约中的公共数据字段。

```
esss.searchUsingAbi(sha).then((searchResult) => {
  var items = JSON.parse(searchResult);
  items.forEach(function(item) {
    // Puts the items into the table
    total = total + parseInt(item.functionData.getAccountBalance);
  });
  // Displays the total
});
```

表中的“Update balance”按钮触发了JavaScript的setNumber()函数，该函数通过Web3库调用合约的setAccountBalance()函数。然后，JavaScript调用esss.updateStateOfContractAddress()

函数来显式地通知搜索引擎该合约已经更改，并调用 reload() 函数来刷新搜索引擎中的数据。

```
function setNumber(element) {
  ... ...
  instance.setAccountBalance(n);
  ... ...
  esss.updateStateOfContractAddress(
    abi_str, instance.address).then((c2i) => {
      reload();
  });
}
```

> **注意**
>
> 严格来说，updateStateOfContractAddress() 函数的调用是不必要的，因为搜索引擎几乎是实时工作的，它会自动通过 Web3 接收刚才在 setAccountBalance() 函数调用中所做的更改。但是，作为提高稳定性的最佳实践，建议尽可能明确地告知搜索引擎所做的更改。

最后，可以点击“Run”按钮在 BUIDL 中运行 Dapp，并使用“Publish”按钮在公共网站上发布它（见图 11.2）。

11.3 FairPlay Dapp 示例

FairPlay 使用智能合约进行公平透明的自动抽奖。它允许任何人都可以创建和参与产品抽奖及电子商务的营销活动，是一个运行在 CyberMiles 公共区块链上的 Dapp。CyberMiles 是一个以太坊兼容的区块链，它的特点是低成本和快速共识（更多细节参考第 14 章）。

FairPlay 的 Dapp 可以从任何 Web 浏览器访问。Dapp 运行 web3.js 和 es-ss.js，从公共区块链节点和搜索引擎的 Elasticsearch 节点获取数据。用户不需要任何特殊的软件（例如，一个加密钱包）就可以查看当前的和过去的抽奖。FairPlay 的 Web 应用只是 HTML 和 JavaScript 文件的简单集合（见图 11.4）。任何用户都可以在计算机上启动一个 Web 服务器，为本地或公共服务提供这些文件。因此，FairPlay 是去中心化的，并且能够抵抗审查。

当用户需要进行智能合约交易的时候，例如创建新的抽奖或争取现有的抽奖的时候，Web 页面指示用户打开 CyberMiles 应用，进行数字签名并完成操作（见图 11.5）。

FairPlay 是区块链智能合约前端的一个 Dapp。在本质上，FairPlay 具有易于开发和维护的模块化架构。这个架构的关键是智能合约搜索引擎。

11.3.1 一种模块化架构

现在大多数 Dapp 都依赖于一个单体的智能合约来充当“后端”服务。智能合约管理所有应用的用户和状态。即使是由多份合约组成的系统，通常也有一份注册中心或管理合约，以提供关于该系统的综合信息。

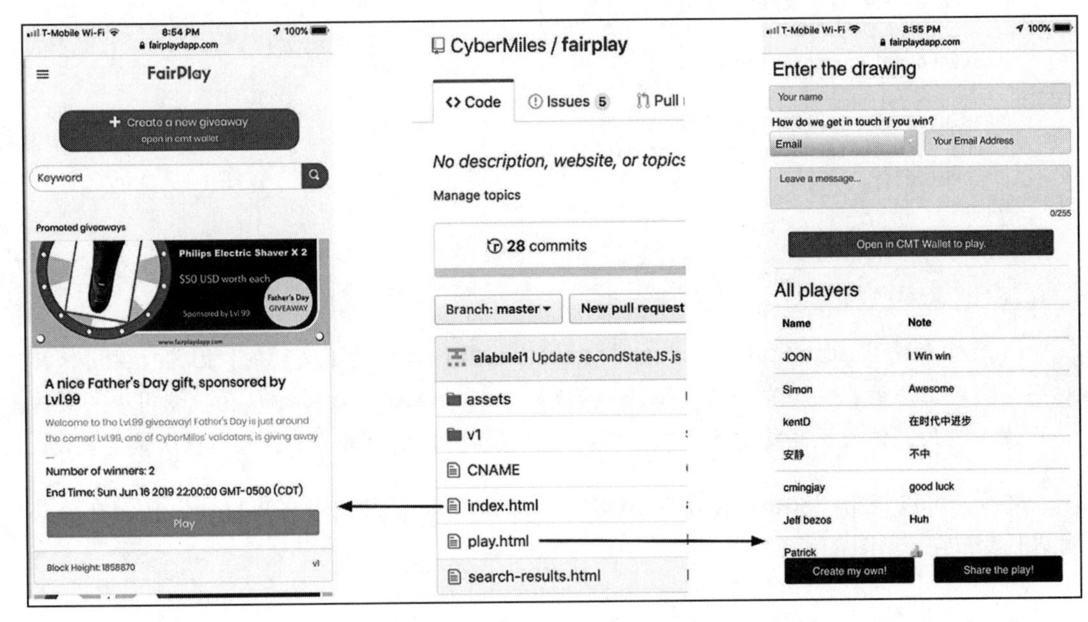

图 11.4 FairPlay 是一个 Web 应用，任何人都可以在任何 Web 浏览器上访问它

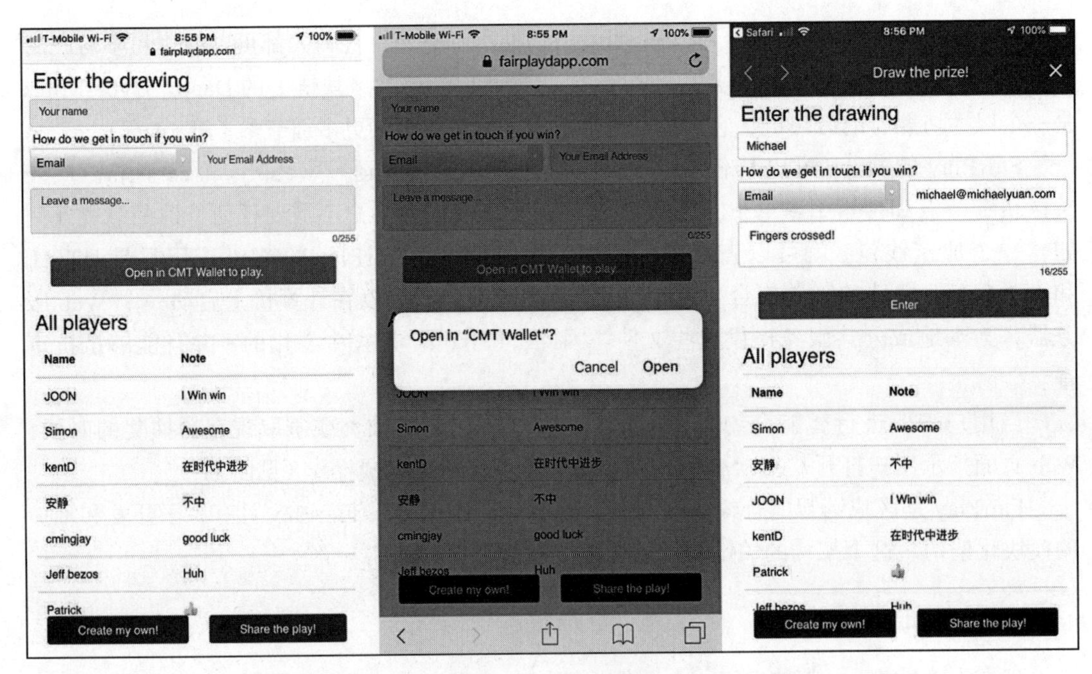

图 11.5 FairPlay Web 应用打开 CyberMiles 应用发送智能合约交易

然而，一个大型的智能合约很难开发和维护。当发现错误或问题时，它往往容易出错，而且几乎不可能修复，这加剧了目前困扰 Dapp 的安全问题。注册中心的合约还受到当今智能合约编程语言和虚拟机的限制，不能支持复杂的数据查询操作。

FairPlay Dapp 采取了不同的方法。Dapp 包含许多抽奖活动，但每个活动都有自己的智能合约。当我们创建一个新抽奖时，就部署了 FairPlay 智能合约的一个新实例。当活动结束后，该智能合约的实例将弃用。

这使得我们可以不断改进 FairPlay 合约，增加功能和修复缺陷，因为每个未来的抽奖活动都使用一个新的智能合约。然而，这种方法的一个关键挑战是 Dapp 如何组织由不同地址在不同时间创建的所有这些智能合约，并在统一的用户界面中提供所有合约中的信息——进入搜索引擎。

11.3.2　使用智能合约搜索引擎

FairPlay Dapp 主页显示来自搜索引擎的结果（见图 11.6）。它允许用户找到包含特定关键字或标签的抽奖，以及用户以前参与过的抽奖活动。搜索引擎对部署在区块链上的所有 FairPlay 合约的信息进行索引。

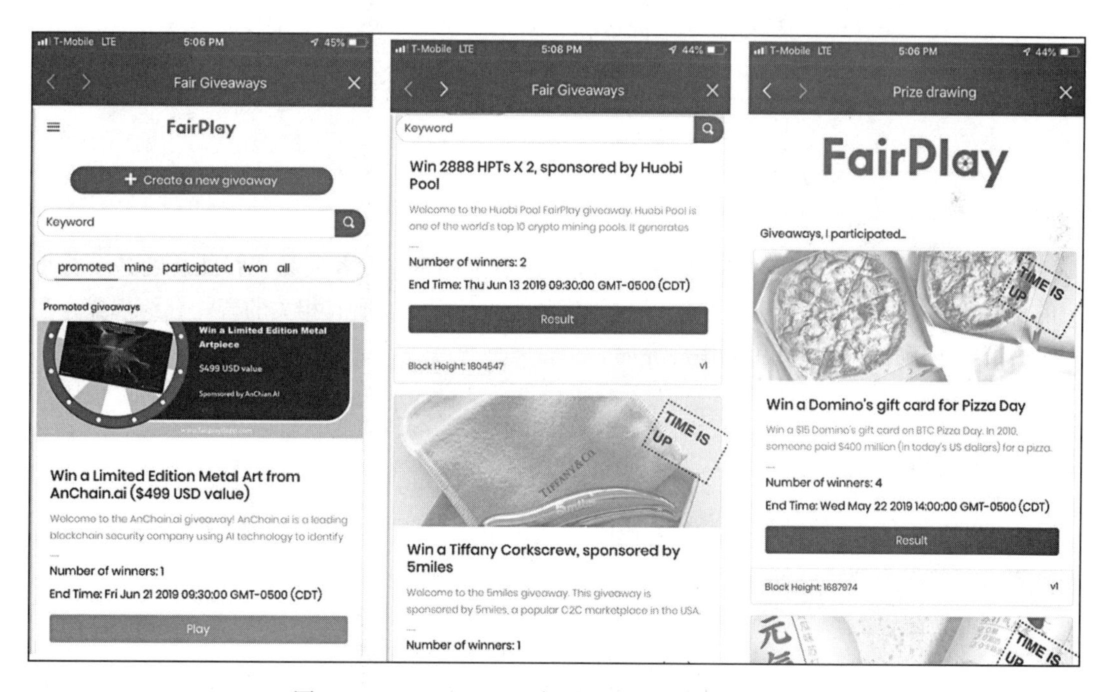

图 11.6　FairPlay Dapp 主页是基于搜索引擎的结果

智能合约搜索引擎也是去中心化的——任何人都可以在所有 FairPlay 智能合约面前创建一个基于搜索引擎的 Dapp。每个基于搜索引擎的 Dapp 都可以使用不同的算法和查询，来呈现和推广为其用户和受众量身定制的 FairPlay 抽奖。这种体系结构如图 11.7 所示。

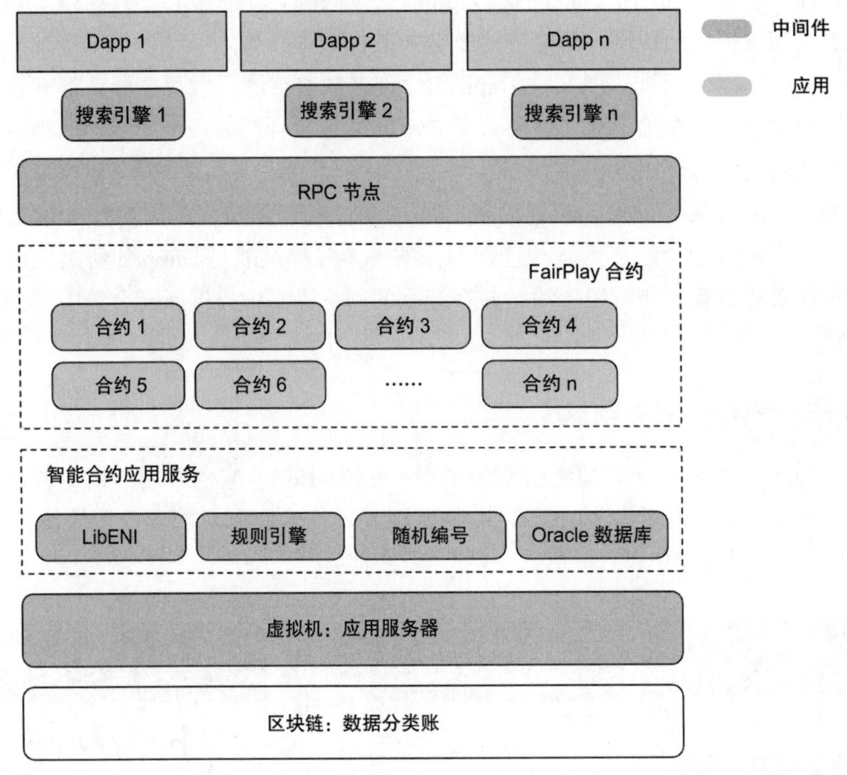

图 11.7 去中心化的 FairPlay Dapp

FairPlay Dapp 中的每个智能合约都完成一组有限的特定业务交易。智能合约是一些小块的自治代码，被设计用于在区块链上执行简单的业务规则。所有相关的智能合约都聚合在搜索引擎中，为用户提供可用的用户界面。

11.4 用例

FairPlay 的 Dapp 是智能合约引擎如何支持数据密集型电子商务 Dapp 的一个例子。下面提供了一些更多的用例。

11.4.1 加密资产

加密资产由大量的标准合约表示，如 ERC20、ERC721，甚至 ERC1400。搜索引擎可以提供这些合约之间所有账户余额和交易的聚合视图。

从本质上讲，每一个 ERC 智能合约标准都可以从搜索引擎中获益，搜索引擎可以在同一类型的所有合约中聚合并显示信息。

11.4.2 DeFi

去中心化的加密资产交易所通常有多个资产池，每个资产池由一个智能合约表示。搜索引擎可以提供关于这些资产池的历史和当前状态的深入洞察。

一般来说，去中心化金融（DeFi）解决方案，如算法稳定货币、加密贷款和权益池，都有由智能合约持有的资产池。一个搜索引擎可以提供对这些资产池的深入洞察。

11.4.3 游戏

区块链允许来自世界任何地方的玩家共同参与游戏，而不需要一个中心化游戏运营或一个可信的设置。一个去中心化的游戏完全按照一个智能合约的逻辑来运行，智能合约将不允许玩家执行无效移动或不按顺序参与。从最初的约定到最终的支付或奖励，智能合约确保了正确性和公平性。

Dapp 构成了前端（游戏的视觉刺激组件），通过智能合约搜索引擎的 API，以编程的方式获得了游戏的实时状态。

整个生态系统是安全可靠的。重复以下步骤，直到可以取得令人满意的结果：

1. Dapp 的可视化向最终用户显示了游戏的当前状态。
2. 如果轮到他们，每个终端用户通过触摸或滑动屏幕做出选择。
3. Dapp 将选择提交给智能合约。
4. 智能合约验证 Dapp 发送的指令集。
5. 如果指令集有效，则智能合约执行指令集。
6. 智能合约的状态相应地做出 / 不做出更新。
7. Dapp 向最终用户重新显示游戏的当前状态（通过 API）。

11.5 本章小结

本章讨论了智能合约搜索引擎如何提供丰富和及时更新的区块链数据，以支持复杂的 Dapp。对于应用的开发者来说，搜寻引擎服务（例如 es-ss.js 库）可以补充 Web3 生态，并支持 Dapp 的模块化架构。

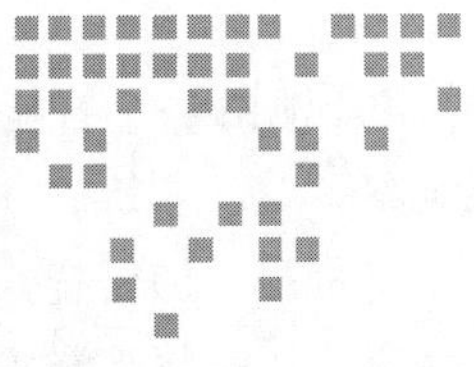

Chapter 12 第12章

智能合约的安全性和最佳实践

Victor Fang 博士[1] 著

与区块链1.0时代的点对点去中心化交易相比（例如比特币、Ripple等），美国计算机科学家尼克·萨博创造的智能合约是区块链2.0的革命性特征。

截至2019年，以太坊是最广泛采用的且支持智能合约的区块链。一个以太坊的智能合约是去中心化的软件，可以在以太坊的公共区块链上执行和验证。

以太坊的智能合约使用一种类似于JavaScript的编程语言Solidity（ECMAScript语法）编程，并在以太坊虚拟机（EVM）中运行。读者可以在第6章了解关于以太坊智能合约的更多信息。自从2015年以太坊发布以来，开发者见证了大量成功的应用，具体如下：

- 通证，如首次代币发行（ICO）、证券代币发行（STO）和稳定币
- Dapp，如FOMO3D和CryptoKitties
- 去中心化的交易所，如去中心化的以太坊资产交易所（IDEX）

然而，开发者也经历了重大的安全漏洞，造成了数十亿美元的损失和区块链社区的担忧。

本章聚焦于以太坊智能合约并讨论以下内容：

- 历史上重大以太坊智能合约的非法入侵和漏洞
- 智能合约安全的最佳实践

12.1 以太坊智能合约的重大非法入侵和漏洞

自从以太坊成立以来，社区见证了一些占据头条的重大黑客事件。在本章中，将回顾

[1] 方博士是AnChain.ai创始人兼首席执行官。

一些主要的黑客攻击，并说明这些攻击背后的漏洞。

12.1.1　去中心化自治组织入侵

去中心化的自治组织（DAO）入侵可能是以太坊历史上最臭名昭著的入侵。DAO 是一个去中心化的自治组织，其目标是构建组织的规则和决策机构，消除管理和建立去中心控制的结构时对文件和人员的需要。

2016 年 6 月，在 ICO 通证销售结束后，一名攻击者从 DAO 智能合约中提走了 350 万的 ETH（约 5000 万美元），这导致了以太坊的一个硬分叉。攻击者使用的技术是可重入性。

可重入性也称为递归调用漏洞。当允许外部合约调用在初始执行完成之前对所调用合约进行新的调用时，就会发生这种情况。对于函数来说，这意味着合约状态可能在执行过程中因为调用不可信的合约或使用具有外部地址的低级函数而发生变化。可重入性的最小示例如下：

```
function withdraw(uint _amount) {
    require(balances[msg.sender] >= _amount);
    msg.sender.call.value(_amount)();  // Reentrancy bug here.
    balances[msg.sender] -= _amount;
}
```

在这个代码示例中，`msg.sender.call.value` 可能被黑客利用。一个攻击合约可以递归地调用它，直到所有的 gas 都被消耗掉。

事实上，可重入性非常普遍。2018 年 10 月，一个加密货币项目 SpankChain 遭受了一次黑客入侵，导致近 4 万美元的 ETH 被盗。

AnChain.ai 威胁研究团队说明了 SpankChain 受到攻击时可重入性的递归本质，如图 12.1 所示。请注意，黑客发起的攻击合约将导致 SpankChain 递归地将 ETH 发送到黑客的地址，直到所有 gas 被消耗殆尽。每个 `call_0`、`call_1_0`、`call_1_1_0_0` 都是一个 EVM 的内部交易，表示一个外部智能合约的调用。在这种情况下，每个内部调用都从 SpankChain 智能合约中偷走了 0.5 ETH！

12.1.2　BEC 通证入侵

Beauty Chain（BEC）通证特别有趣，因为它展示了基于智能合约的加密资产如何以微妙的方式对集中式加密货币交易所（OK Exchange）产生了巨大影响，造成了数十亿美元的损失。

BEC 是一种引人注目的加密货币，它的目标是“建立一个真正去中心化的、以美丽为主题的生态系统”。

它于 2018 年 2 月 23 日在 OKEX 开始交易。最高的市值为 700 亿美元，逐渐下降到 20 亿美元，到 4 月 22 日突然下降到零。OKEX 随后暂停交易 BEC。

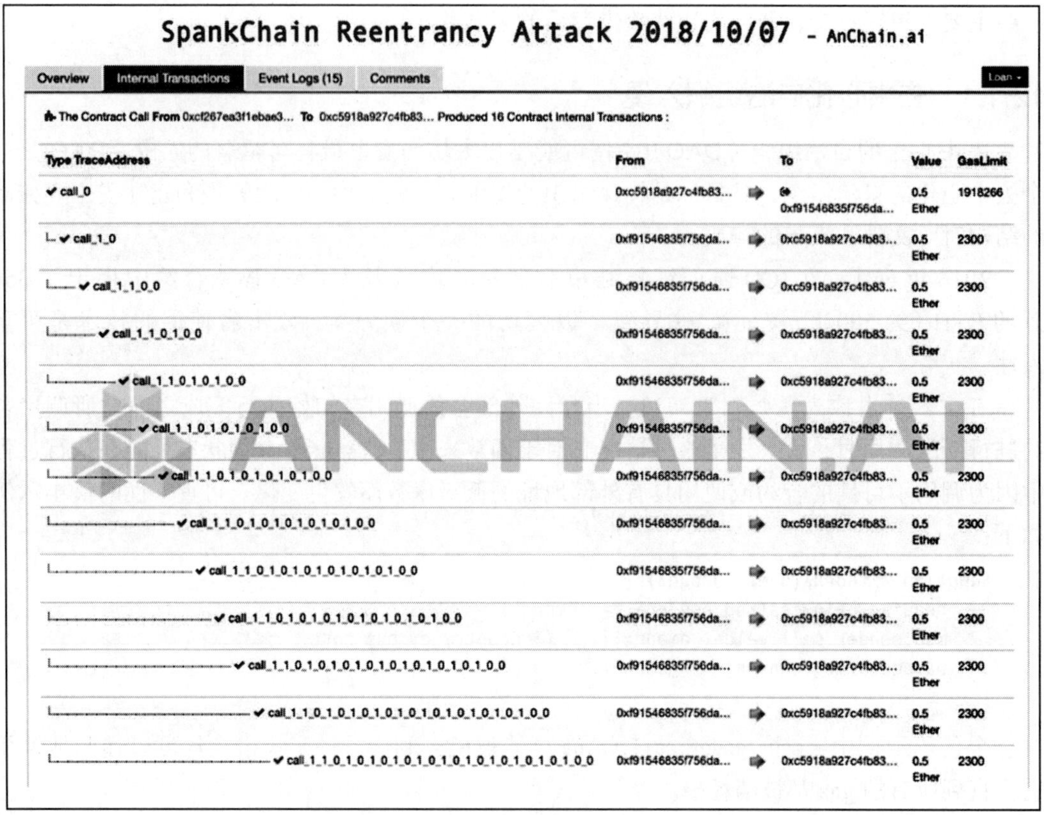

SpankChain Reentrancy Attack 2018/10/07 - AnChain.ai

Overview | Internal Transactions | Event Logs (15) | Comments | Loan

The Contract Call From 0xcf267ea3f1ebae3... To 0xc5918a927c4fb83... Produced 16 Contract Internal Transactions :

Type TraceAddress	From	To	Value	GasLimit
✔ call_0	0xc5918a927c4fb83...	0xf91546835f756da...	0.5 Ether	1918266
└ ✔ call_1_0	0xf91546835f756da...	0xc5918a927c4fb83...	0.5 Ether	2300
└ ✔ call_1_1_0_0	0xf91546835f756da...	0xc5918a927c4fb83...	0.5 Ether	2300
└ ✔ call_1_1_0_1_0_0	0xf91546835f756da...	0xc5918a927c4fb83...	0.5 Ether	2300
└ ✔ call_1_1_0_1_0_1_0_0	0xf91546835f756da...	0xc5918a927c4fb83...	0.5 Ether	2300
└ ✔ call_1_1_0_1_0_1_0_1_0_0	0xf91546835f756da...	0xc5918a927c4fb83...	0.5 Ether	2300
└ ✔ call_1_1_0_1_0_1_0_1_0_1_0_0	0xf91546835f756da...	0xc5918a927c4fb83...	0.5 Ether	2300
└ ✔ call_1_1_0_1_0_1_0_1_0_1_0_1_0_0	0xf91546835f756da...	0xc5918a927c4fb83...	0.5 Ether	2300
└ ✔ call_1_1_0_1_0_1_0_1_0_1_0_1_0_1_0_0	0xf91546835f756da...	0xc5918a927c4fb83...	0.5 Ether	2300
└ ✔ call_1_1_0_1_0_1_0_1_0_1_0_1_0_1_0_1_0_0	0xf91546835f756da...	0xc5918a927c4fb83...	0.5 Ether	2300
└ ✔ call_1_1_0_1_0_1_0_1_0_1_0_1_0_1_0_1_0_1_0_0	0xf91546835f756da...	0xc5918a927c4fb83...	0.5 Ether	2300
└ ✔ call_1_1_0_1_0_1_0_1_0_1_0_1_0_1_0_1_0_1_0_1_0_0	0xf91546835f756da...	0xc5918a927c4fb83...	0.5 Ether	2300
└ ✔ call_1_1_0_1_0_1_0_1_0_1_0_1_0_1_0_1_0_1_0_1_0_1_0_0	0xf91546835f756da...	0xc5918a927c4fb83...	0.5 Ether	2300

图 12.1 SpankChain 智能合约受到攻击时的可重入性递归特性

BEC 通证攻击是因为它的 ERC20 智能合约中存在整数溢出漏洞。下面清单中带注释的代码行将两个 uint256 数字相乘，并将结果赋给另一个 uint256 变量 amount。不幸的是，这一行没有溢出检查。当黑客传递一个合法但较大的 uint256 变量时，可能会导致乘积溢出。图 12.2 显示了利用整数溢出漏洞的交易。

```
function batchTransfer(address[] _receivers, uint256 _value)
                         public whenNotPaused returns (bool) {
  uint cnt = _receivers.length;
  uint256 amount = uint256(cnt) * _value; // Overflow
  require(cnt > 0 && cnt <= 20);
  require(_value > 0 && balances[msg.sender] >= amount);
  balances[msg.sender] = balances[msg.sender].sub(amount);
  for (uint i = 0; i < cnt; i++) {
    balances[_receivers[i]] = balances[_receivers[i]].add(_value);
    Transfer(msg.sender, _receivers[i], _value);
  }
  return true;
}
```

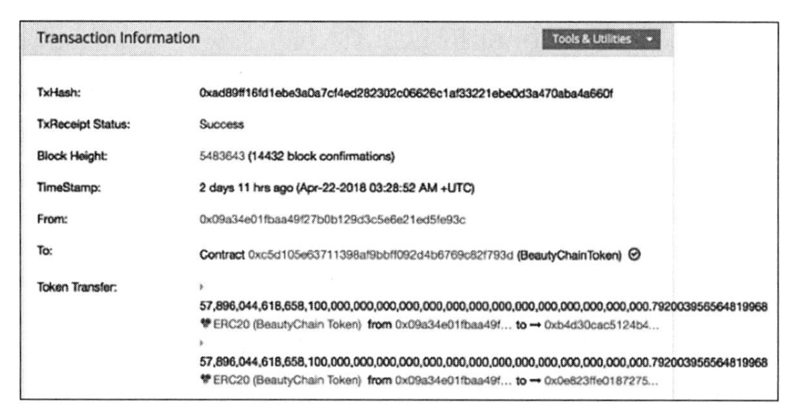

图 12.2　被利用的 BEC 智能合约溢出漏洞交易

防止这种攻击的方法是使用 SafeMath 进行所有运算。事实上，这个智能合约除了这个功能外，其他功能都使用了 SafeMath，它不仅给 BEC 而且给所有交易 BEC 的交易所都造成了灾难性的破坏。

> **注意**
>
> 有一些方法可以防止智能合约中的整数溢出。以太坊的编程语言和虚拟机扩展在编译时检查整数溢出，然后在运行中出现整数溢出时检测并终止智能合约，更多信息见第 14 章。

12.1.3　Parity 钱包入侵

Parity 的多签名漏洞展示了另一种方式，一个加密智能合约设计的漏洞可以破坏生态系统的一部分：钱包。受影响的 Parity 钱包是一个流行的以太坊及通证钱包。

事实上，这个 bug 是开放 Web 应用安全项目（OWASP）的十大常见 bug 之一，在访问控制的分类目录之下。这些问题在所有程序中都很普遍，而不仅仅局限于智能合约。

2017 年 7 月 20 日部署的 Parity 钱包中有一个价值 1.55 亿美元的多签名钱包，Parity 多签名 bug 影响了所有的用户。这个漏洞是在黑客攻击后立即修复的。

攻击者向每个受影响的合约发送了两个交易。

第一步：获得多签名的独家所有权

在这个钱包合约中，`payable()` 函数包含了一个 bug，导致库中的所有公共函数都可以被任何人调用，包括 `initWallet`，它可以更改合约的所有者。

不幸的是，`initWallet` 没有进行检查来防止攻击者在合约初始化之后调用它。攻击者利用了这一点，简单地将合约的所有者状态变量更改为黑客的地址。这修改了访问控制，并在不可变的以太坊区块链中持久存在。

第二步：转移所有资金

在黑客接管所有权之后，只需调用执行函数将所有资金发送到黑客的账户即可！这种执行是自动授权的，因为攻击者当时是多签名的唯一所有者，有效地耗尽了合约中的所有资金。

12.1.4 FOMO3D 和 LastWinner 的 Dapp 入侵

Dapp 是智能合约推动的主流趋势。截至 2019 年 3 月，在公共区块链上运行的 Dapp 有 2667 个，而且这个数字很可能会大幅增长。更多关于以太坊 Dapp 开发的信息见第 7 章。

FOMO3D 是一个博彩 Dapp（见图 12.3），在 2018 年 7 月到 8 月非常流行，它甚至拥堵了以太坊区块链。FOMO3D 的游戏规则很简单，如下：

- 一个用户买了一个密钥，也就是说，买了一张彩票，参与其中。
- 当任何人买了一个密钥，倒计时钟会增加几秒钟，倒计时最多 24 小时。
- 当倒计时钟到达 0 时最后一个买家赢得累积奖金！
- 每个密钥买家都会得到随机的空投奖金。

事实上，FOMO3D 是一个典型的庞氏骗局，理论上永远不会停止，因为它是由人性的贪婪驱使的。

不幸的是，FOMO3D 和它的山寨版 LastWinner 都在 2018 年 8 月被黑了。这些黑客让区块链高级持久攻击（Blockchain Advanced Persistent Threat，BAPT）进入了人们的视野。高级持久攻击（Advanced Persistent Threat，APT）被定义为一种隐秘而持续的计算机黑客技术，通常由人们精心策划，攻击特定的实体。所以，BAPT 是应用于区块链的 APT。

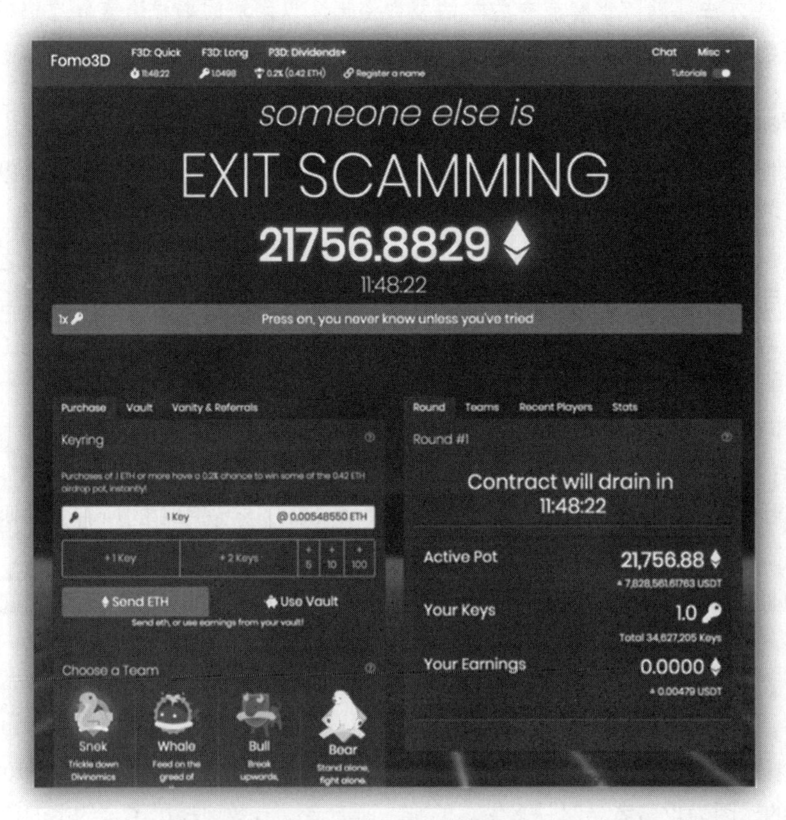

图 12.3 Victor Fang 在 2018 年 7 月玩的 FOMO3D 的 Dapp 游戏

> **注意**
>
> 据 *MIT Technology Review* 报道，“2018 年 8 月，AnChain.ai 发现了一起极其复杂的攻击事件背后的五个以太坊地址，这起事件利用了一款流行博彩游戏的合约漏洞，盗走了 400 万美元。”作为回应，FOMO3D 的创建者评论说一切都是按计划进行的。“我们制定的任何规则都没有被打破。我们的实验力求寻找人性和区块链互动的功能，项目的设计是为了对抗这些威胁，我们不是一个被抢劫的银行。我们这个项目的目标就是要有人赢得它，然后一走了之！”

随机数生成（Random Number Generation，RNG）和所有在线网络游戏一样，在 Dapp 中很常用。设想一个在线扑克游戏，对于每场比赛，房间都会根据一个随机数发生器产生一张牌。

一个完美的随机数在数学上应该有很高的熵，而且不能被预测。然而，在区块链上的 RNG 是相当具有挑战性的，因为区块链的性质是：不可变、去中心化和透明。

一旦 Dapp 具有“糟糕的随机性”，它将被能够预测游戏玩法的黑客所利用。

> **注意**
>
> Lity 语言和虚拟机扩展了以太坊协议，当底层的区块链共识是 DPoS 时，为智能合约提供了高度安全的随机数种子。详情见第 14 章。

下面是 FOMO3D `airdrop()` 函数的代码片段，该函数将根据各种源（如 `timestamp`、`block coinbase`、`sender` 等）生成一个随机数，不管参与者是否是赢家，都将生成结果。

```
function airdrop() private view returns(bool) {
  uint256 seed = uint256(keccak256(abi.encodePacked(
  (block.timestamp).add
  (block.difficulty).add
  ((uint256(keccak256(abi.encodePacked(block.coinbase)))) / (now)).add
  (block.gaslimit).add
  ((uint256(keccak256(abi.encodePacked(msg.sender)))) / (now)).add
  (block.number)
  ))); // Random number generation

  if((seed - ((seed / 1000) * 1000)) < airDropTracker_)
    return(true);
  else
    return(false);
}
```

从技术上讲，`airdrop()` 函数是没有漏洞的。然而，在基于区块链的智能合约背景下，这个代码是有漏洞的，原因如下：

- 以太坊区块链需要若干秒钟才能达成共识。
- 这些代码可以在一台典型的计算机中以毫秒的速度执行，比区块链快 1000 倍。

- 这个智能合约的源代码在区块链上对每个人是透明的。
- 所有使用的随机数种子对区块链上的每个人也都是透明的，换句话说，没有熵。

基于这些事实，黑客可以设计一个恶意的智能合约来利用这种糟糕的随机性，通过预先计算 `airdrop()` 的结果，并且只有在已知结果为获胜的情况下才参与 FOMO3D！好主意！

图 12.4 将整个黑客活动可视化。在两周的时间里，有 200 万笔交易，涵盖了 22 000 多个以太网地址。其中大部分是恶意攻击智能合约，而且是由五个钱包地址发起的！

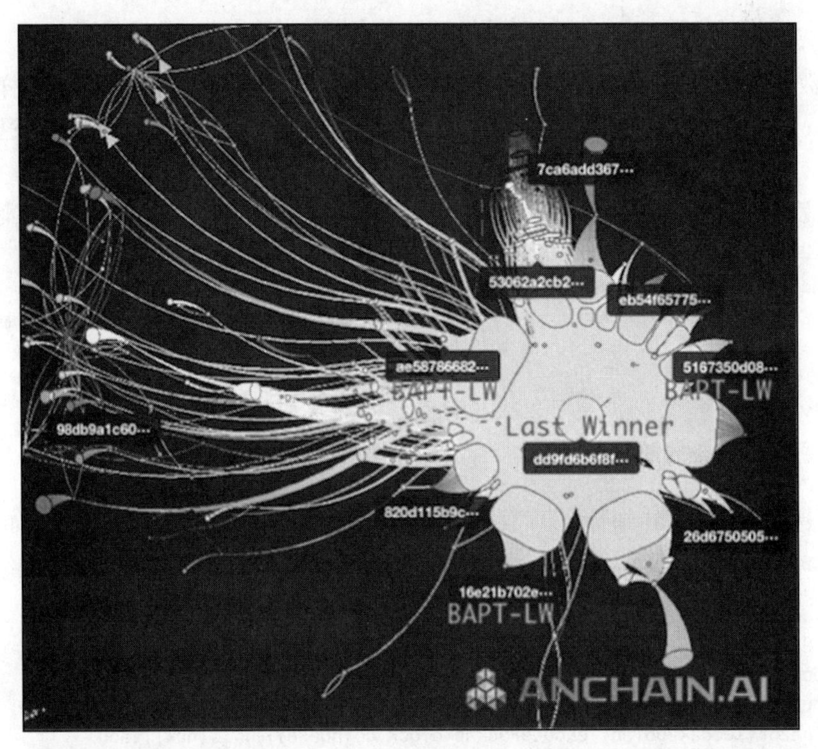

图 12.4 可视化图像，2018 年 8 月 BAPT-LW 黑客组织（超过 5 个 ETH 钱包地址）攻击了 LastWinner——一个模仿 FOMO3D 的 Dapp

12.1.5 未知的未知

请注意，这些报道的漏洞可能只是冰山一角。截至 2018 年底，在以太坊上部署了超过 100 万个智能合约，而其中只有 5 万个包含了可公开访问的源代码。

基于 AnChain.ai 智能合约审计沙盒的研究，5 万个主网部署的智能合约源代码中有 0.6% 以上容易受到可重入性攻击。在所有这些漏洞中，其中已知的漏洞有 57 911 个。

即使是已知的漏洞也可能历史重演。2019 年 1 月 16 日，君士坦丁堡协议（Constantinople protocol）的升级在最后一刻被推迟了，因为 EIP 1283 存在安全漏洞。这个漏洞导致了一个新的可重入性向量的可能性，这个可重入性向量使以前已知的安全提取模式（`.send()`

和 .transfer()）在特定情况下不安全。在这种情况下，攻击者可以劫持控制流并使用 EIP 1283 启用的剩余 gas。因此，升级被推迟了。否则，以太坊就会发生另一场灾难。

另一方面，可能存在一些已经存在但尚未被发现的未知漏洞，比如网络安全行业的零日漏洞。这里将以去中心化应用安全项目（Decentralized Application Security Project，DASP）在 2018 年总结的十大漏洞来结束本小节：

- 可重入性
- 访问控制
- 计算溢出
- 未经检查的底层调用
- 分布式拒绝服务攻击
- 糟糕的随机性
- 预先运行
- 时间操纵
- 短地址
- 未知的未知

12.2　智能合约安全的最佳实践

正如从前面提到的主要智能合约攻击中看到的，开发安全的智能合约可能非常具有挑战性。

事实上，Steve McConnell 的 "Code Complete" 展示了以下代码中的每行 bug 数量的统计数据：

- 行业平均值：每 1000 行交付的代码中大约有 15 到 50 个错误。
- 微软应用：在内部测试期间，每 1000 行代码中大约有 10 到 20 个缺陷，在发布的产品中，每 1000 行代码中有 0.5 个缺陷。

以太区坊区块链的另一个挑战是，智能合约的代码一旦部署，就很难改变。想想微软的 Windows 补丁，它们每周都会来修复已知的漏洞。在区块链上没有这样的机制，因为在这里，"代码就是法律"。

> **注意**
>
> Lity 项目提供一种机制来升级基于 Lity 的区块链上的以太坊兼容智能合约。其思想是在合约地址处声明合约接口，然后提供所有函数的代理实现。

因此，在即将到来的智能合约时代，开发安全代码至关重要。幸运的是，有各种各样的项目和初创公司旨在通过执行审计来识别漏洞，帮助开发者保护他们的智能合约。

以下是一些最佳实践。

12.2.1 专家手工审计

专家手工审计是被广泛采用的智能合约审计方法，尤其对ICO通证而言。Solidity是一种新的编程语言，与成熟的网络安全行业中的商业工具（如企业C++/Java源代码审计的Coverity）相比，它缺乏安全工具。这些专家大部分是计算机语言专家，具有手工识别漏洞的经验。

12.2.2 形式验证

形式验证（FV）是智能合约审计的一个很有前途的领域，旨在通过数学方法证明源代码的正确性。根据Alok Sanghavi在《EE时报》上发表的一篇文章，“形式验证是使用数学的形式方法，证明或推翻系统中特定规范或属性下算法的正确性。”事实上，形式化方法可以追溯到40年前，有各种各样的应用，例如Windows利用形式验证来证明一些关键内核模块源代码的正确性。

12.2.3 沙盒

沙盒，简单地说，是一种特殊设计的虚拟机，可以在受限制的环境中自动执行操作码指令。这是一项经过验证的网络安全技术，FireEye和Palo Alto Network等公司开发的恶意软件沙箱产品可以检测到最复杂的恶意软件，比如APT32等。

例如，先进的现代恶意软件是多态的，这意味着它会修改自己的字节，而大多数杀毒软件（AntiVirus，AV）仍然依赖于基于签名的检测，签名是有效载荷字节的散列。因此，这种多态性恶意软件可以绕过杀毒软件（AV）检测，因为它们有不同的散列，即使它们的功能类似。或者，沙箱将分析代码的执行行为，并以完全自动化的方式查找可疑模式。

受到恶意软件沙盒成功的启发，AnChain.ai开发了世界上第一款智能合约审计沙箱，并于2019年2月发布。一个好的沙盒产品应该具有诸如静态分析、动态执行、统计分析、代码相似性等内置特性。

12.2.4 工具

基于这些最佳实践，以下是一些流行的开源工具，可以帮助读者开始开发安全的智能合约：

- Mythril Classic：这是一个开源的EVM字节码安全分析工具。参见https://github.com/ConsenSys/mythril-classic。
- Oyente：这是一个静态智能合约安全分析的替代方案。参见https://github.com/melonproject/oyente。
- Slither：这是一个Solidity静态分析框架。参见https://github.com/crytic/slither。
- Adelaide：这是Solidity编译器的SECBIT静态分析扩展。参见https://github.com/sec-bit/Adelaide。

注意

Lify 项目（见 https://www.litylang.org）提供了以太坊兼容的工具，可以在编译时使用 Oyente 和 ERC Checker 等工具执行静态分析。详情参见第 15 章。

12.3 本章小结

本章介绍了以太坊在其短暂的历史中出现的主要智能合约攻击和漏洞，并讨论了智能合约安全的最佳实践。

以太坊仍然处于起步阶段。它就像 20 世纪 90 年代的互联网，缓慢而脆弱。但它很快就会像 2019 年的互联网一样成熟。然而，随着数据泄露和 APT 攻击偶尔成为头条新闻，即使是互联网安全也还有很长的路要走，安全性是一种协作性工作，涉及许多专家、团队和工具。读者准备好保护自己的智能合约了吗？

Chapter 13 第13章

以太坊的未来

Tim McCallum 著

以太坊的创造者 Vitalik Buterin 将区块链定义为一个共享内存的去中心化系统，因此，一个好的区块链应用既需要一个去中心化的架构，也需要一个跨网络架构的共享内存功能。到目前为止，以太坊一直聚焦在去中心化上（从哲学上看，是去中心化的互联网）。互联网虽然具有去中心化设计的特征，但自其诞生之日起就日益呈现出集中化。以太坊网络在全球范围内提供了可靠的去中心化计算。除此之外，以太坊网络在整个网络中拥有共享内存，称为状态。

从技术意义上讲，这些属性使得以太坊成为"世界计算机"。已经证明，它可以支持下一代去中心化应用（Dapp)，这些应用可以为定制在线支付、认证机制、去中心化的存储解决方案（swarm)、数字货币等提供便利。

在本章中，首先介绍2018年以太坊的发展，并将讨论以太坊基金会的研究人员和以太坊开发者如何解决当今的挑战。然后，通过揭示前沿的进展步入未来，这些进展具体为2020年早期采用的概念原型。在总结以太坊的未来之前，展望"难以实现的"范式转换的未来，如果这个转换得以实现，这些范式转换可以推动以太坊向前发展，在隐私、扩展性和安全性方面甚至超出了今天的想象。

注意

在实施之前，以太坊网络的潜在改进要通过以太坊改进提案（Ethereum Improvement Proposal，EIP）流程。EIP 的阶段分为草案阶段、接受阶段、最终阶段和差异阶段。最终确定的 EIP 是已获通过的提案。为了一个提案的成功，发行人必须提供详细的信息，包括动机、规范、基本原理和向后兼容性。提案还可以提供代码示例。

> 最著名的 EIP 之一是 EIP20，它定义了在以太坊区块链上发行 ERC20 通证的智能合约。读者可以在 https://github.com/ethereum/EIPs/blob/master/EIPS/eip-20.md 阅读 EIP20 标准，也可以在 https://github.com/ethereum/EIPs 浏览所有的 EIP。

13.1　以太坊 1.0

2018 年，以太坊面临的挑战主要有三类。它们是隐私、共识和扩展性。以太坊基金会的研究人员和以太坊的开发者已经在解决这些问题方面取得了进展。读者将很快看到，以太坊已经发布了它的工作量证明（PoW）和权益证明（PoS）混合的共识机制，即 Casper the Friendly Finality Gadget（Casper FFG）。未来的以太坊路线图是非常令人兴奋且充满活力的。首先，让我们更深入地了解一下有关隐私、共识和扩展性的问题和解决方案。

13.1.1　隐私

隐私悖论是这样的，尽管在区块链上的许多节点验证了用户的数据（通过协作共识实现安全），但将用户的数据放在公共区块链上实际上会损害用户的隐私。下面是一个例子。如果有人知道用户发送或接收的一笔交易的日期、时间和金额细节，那么这个人可以检查公共区块链，并确定用户的账户地址（公钥）。这是大多数公共区块链共同的问题，而不只是以太坊。重要的是，从那一刻起，那个人就可以通过公共区块链，追踪用户的账户余额、收入和支出。这是对用户隐私的侵犯。以太坊在解决基础协议级别的隐私问题方面已经取得了进展，2017 年 10 月，以太坊的 Byzantium 分叉发布了新的加密算法（零知识证明和环签名）。这些加密工具和其他以太坊网络的增强（例如引入状态通道），都将帮助开发者解决这些和其他隐私问题。

13.1.2　共识

第 2 章讨论了区块链的 PoW 和 PoS 共识机制。以太坊自诞生以来，一直是一个 PoW 区块链。然而，随着下一代以太坊的出现，它正朝着 PoS 的方向发展，从 PoW 到 PoS 的转换可能是当今以太坊社区面临的最大挑战和机遇。

PoW 协议的出现引入了区块链最受尊敬的属性之一：不变性。更具体地说，当计算机（点对点区块链网络中的节点）竞相消耗它们的算力创造新区块（区块链挖矿）的时候，回退过去的交易在计算上是不可行的。现在，就像比特币一样，以太坊同样使用 PoW 共识协议，PoW 共识过程在以太坊网络上蓬勃发展，计算机都在网络上竞争，消耗它们的算力并在区块链的链首创建新的区块。

尽管 PoW 有许多优点，但它也因为能源效率和 PoW 挖矿过程潜在的中心化而受到批评。

权益证明

2017 年 10 月，以太坊的 Vitalik Buterin 和他的同事 Virgil Griffith 发布了一篇名为 “Casper the Friendly Finality Gadget”（Casper FFG）的文章。Casper FFG 是将 PoS 算法研究和拜占庭容错共识理论相结合的部分共识机制。重要的是，为了可实现，Casper FFG 被设计在现有的 PoW 区块链操作之上。因此，Casper FFG 是一个 PoW/PoS 混合的共识解决方案。虽然 PoS 只会正式发生在以太坊 2.0 上，但是 PoS 的实验已经在以太坊 1.0 上开始了。

以太坊有三个以上的测试网。这些以太坊测试网都是沙盒，用来模拟以太坊网络和以太坊虚拟机（EVM）。2018 年 1 月，以太坊的 PoW/PoS 混合实现—— Casper FFG 在其自己的测试网（未投入生产）中发布。下面的讨论是对 Casper FFG 中 PoW/PoS 混合共识解决方案的早期概述。

在 PoW 挖矿中，矿工面临着一个挑战：找到一个 nonce。通过蛮力找到 nonce 需要不断地随机猜测，直到 nonce 被发现。这个过程是矿工工作过的证明，这就是它为什么被称为*工作量证明*。在 PoS 中，区块由验证节点创建。只有当参与者披上验证节点外衣的时候，它们才被允许参与创建区块。这涉及质押一大笔保证金（在早期阶段大约是 1500 ETH），这就是为什么它被称为*权益证明*。

从硬件的角度来看，PoS 验证与 PoW 挖矿不同，因为 PoS 不需要专门的竞争硬件。验证节点都是虚拟的（软件）。在 PoS 中，连接和离开验证节点角色的过程分别称为*绑定*和*解绑定*。那么，绑定和解绑定是如何记录的呢？ Casper FFG 将绑定和解绑定保存在区块链状态（以及账户余额等）中。任何人都可以通过将以太坊交易发送到 Casper 合约（以及一些参数，如取款地址，当然还有用于 gas 费的 ETH）来加入验证节点集合。

PoS 验证的基本前提是经济激励。例如，一个绑定的验证节点，如果施加明显的不良行为（比如在同一高度创建两个区块），就会受到经济上的惩罚。另一方面，一个绑定的验证节点，如果没有故意攻击网络的话，就会从它们所质押的保证金中获得回报或利息。在 Casper FFG PoS 实现中，操纵（攻击）网络的获利比执行操纵（攻击）的成本更高的机会很少。理想情况下，操纵（攻击）网络而不遭受严重经济损失的机会几乎为零（没有）。在给定的 PoW 区块链实现中（其中所有节点都运行相同的 PoW 共识机制），拥有最多区块的链（最长链）获胜（见图 13.1）。这是因为它展示了最多的工作量证明。

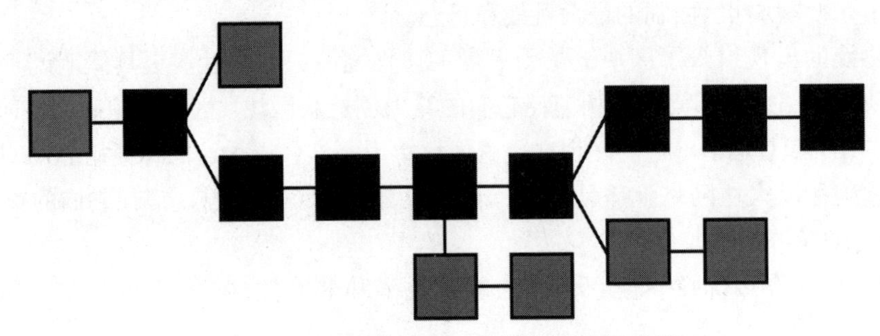

图 13.1 PoW 算法将最长链标识为权威链

在 Casper FFG PoS 系统中，风险价值（Value at Risk，VaR）最大的链获胜。一般的原则是，如果矿工打包一个没有进入主链的区块，矿工将受到处罚而不是奖励。矿工失去的 ETH 数量等于区块奖励。在实践中，我们假设有两个区块可以打包。链 A 上的区块有 90% 的成功率，链 B 上的区块有 10% 的成功率。如果矿工支持 A 链，矿工会得到奖励。如果矿工支持 B 链，矿工将受到处罚。如果矿工考虑为了利润而同时支持 A 和 B，一个潜在的经济难题就出现了。以太坊有一个聪明的方法来解决这个问题。在这种情况下，如果矿工已经把赌注分成两份，矿工将只被允许获得 A 链 50% 的奖励（如果成功）和 B 链 50% 的奖励（如果成功）。这种两边下注的结果总是比只支持 A 链的结果要差。这种经济激励导致了收敛，这是期望的路径，以通过 PoS 共识确保一个单一的诚实链。下面是一个用于演示的简单而具体的示例。

假设区块奖励是 10 ETH。假设矿工作为一个验证节点，支持链 A 上的一个区块和链 B 上的一个区块。在链 A 成功的情况下，矿工会从链 A 上得到 5 个 ETH（只有 50% 的区块奖励），而矿工会因支持链 B 上的一个区块而失去 10 个 ETH（整个区块奖励）。这种情况的最终结果是矿工的付出得到负 5 ETH。

在 PoS 中，验证节点需要进行身份验证。有人建议，不要简单地使用私钥，而是创建一个验证节点的代码函数。这种模块化设计意味着验证节点在验证时可以选择替代签名。例如，验证节点可以选择使用 Lamport 签名，因为这些签名被认为是安全的，可以抵御量子计算机的攻击。

13.1.3　扩展性

区块链系统要在去中心化、扩展性和安全性中找到平衡。在任何时候，解决这三个问题中的任意两个都是相当困难的。Vitalik Buterin 俏皮地说这是一个区块链的“不可能三角”，三个问题必须牺牲一个来解决另外两个，无法同时解决三个问题。

Plasma

Plasma 只是解决区块链扩展性的策略之一。Plasma 不同于分片（在本章后面将介绍）。一个成功的 Plasma 实现可以将交易发送到链下以提高可扩展性。在这方面，Plasma 被称为二层解决方案。二层解决方案通过在基础协议层（或者，通常称为一层协议）之外开发的代码实现。更具体地说，二层解决方案对基础协议层的共识机制没有影响。澄清一下，Plasma 与分片的不同之处在于，一个成功的分片解决方案将被编码到基础协议层。Plasma 被设计成与分片等链上扩展解决方案兼容，因此不仅可以共存，甚至可以互补。实际上，链上扩展性的改进只会进一步提高二层解决方案的扩展性。

Plasma 是一组嵌套的区块链。这些 Plasma 区块链是利用以太坊主网的智能合约创建的。上传用户的智能合约到公共以太坊区块链，允许用户启动自己的具体应用。应用可以包括去中心化交易所、社交网络、支付网络，甚至用户自己的私有以太坊区块链实现。这些 Plasma 区块链（用户的应用）都对公共以太坊区块链负责。

这种扩展性基于这样一个事实，即在处理极高的交易量时，Plasma 区块链并没有将其整个交易提交给公共以太坊区块链（主链）。相反，Plasma 主链发送少量关于 Plasma 区块链状态的数据（区块头散列）。Plasma 工作的前提是，提交给主链的数据不存在欺诈活动，而主链一般不需要执行计算。如果任何矿工发布的证明发生了欺诈活动（争端），公共以太坊区块链将执行计算，解决争端并惩罚违规的参与者。

状态通道

状态通道是一种机制，允许两个参与者在给定的时间点签署承诺。这些基于时间的链下签署的承诺提供了活动的证据。状态通道为去中心化的应用提供了一个与其他参与方（客户）进行离线交互的机会。这提供了一种廉价且快速的用户体验。状态通道是智能合约，也是以太坊扩展性问题的二层解决方案。从可用性的角度（Dapp 开发）来看，具有高容量的链下交易意味着低到可以忽略不计的 gas 费。因此，使用状态通道作为解决方案的 Dapp 不仅提供了接近实时的活动，而且还能让客户发送和接收小额支付。这方面的一个用例是博彩应用，该应用允许为娱乐目的而实时地进行大量的微额投注。

Raiden

Raiden 网络利用了链下状态通道。Raiden 网络提供符合 ERC20 标准的微支付，而收取的费用可以忽略不计，并且几乎可以实时响应交易。状态通道和 Raiden 网络的区别在于，是否为双方之间的每一次新互动创造一个新的状态通道。Raiden 建立了一个通道网络，利用自然网络拓扑结构，通过 ERC20 通证兼容的支付渠道的 Web 页面，所有参与者进行传递性连接。

通证改进

ERC20 通证已被证明是一个巨大的成功。ERC20 已经发现了第一个杀手级应用，即作为首次代币发行（ICO）的销售平台。社区正在努力进一步改善由以太坊智能合约发出的通证。

其中一个更有趣的想法是不可替换的通证（NonFungible Token，NFT）。货币的一个关键特征是可替换的，这意味着一美元纸币可以与另一美元的纸币完全互换，这也是区块链通证的情况。虽然读者可以跟踪每个通证在账本中的使用情况，但是没有两个通证是不同的。但是对于 NFT 来说，一个通证是真正唯一的。著名的以太坊游戏 CryptoKitties 是一个很好的例子，说明了如何应用 NFT，因为每只“猫”都是完全独特的。ERC721 提出了一个与 ERC20 兼容的 NFT 标准。这种 NFT 可以实现从收藏品交易到房地产交易等许多通证应用。如果希望参与此 EIP，请参见 https://github.com/ethereum/eips/issues/721。

13.2 超越以太坊 1.0

一段时间以来，以太坊一直计划创建一个区块链来超越目前提供的二层解决方案。总体设想是通过创建一个区块链解决方案，能够扩展到每秒钟数以千计的链上交易，最有希望的解决方案是分片。

13.2.1 分片

分片（sharding）最初的想法是，以太坊主链将发布所谓的验证节点管理合约。在这种情况下，验证节点管理合约只是在以太坊区块链 1.0 上的单一智能合约。在 Casper（PoS）和分片项目独立开发之后不久（2017 年 7 月），以太坊决定改变这种架构。最初想法的最大变化是使分片系统的核心组件不仅仅是一个智能合约，而是一个完整的 PoS 链。这种从 PoW 智能合约到独立 PoS 链的转变将消除对 gas 的需求，减少交易时间，并减少对底层 EVM 的依赖。

"以太坊 2.0"部分解释了这种新的分片架构，即信标（beacon）链的引入。

13.2.2 零知识证明

这一部分说明了零知识证明的基本前提。在给定的二元情况下（只有两个可用的结果，要么是，要么不是），一个拥有秘密武器的"证明者"在情景中分辨出二元语句，必须使持怀疑态度的"验证者"确信，二元语句是正确的，同时不泄露秘密。2003 年，魏茨曼科学研究所教员 Oded Goldreich 介绍了一种新颖的零知识证明方法——色盲校验器。在这个场景中，校验器拥有两张卡，一张是红色的，另一张是绿色的。对于色盲校验器来说，除了红色卡片背面写着红色，绿色卡片背面写着绿色之外，卡片看起来是一样的。让我们演示一下这个场景，并假设校验器对证明者声称不看背面的文字就能够识别卡片的说法表示怀疑。为了让实验向前推进，校验器会以一种随机的方式反复向证明者显示每张卡片的正面。每次，校验器都会问证明者看到的是什么颜色。经过一段时间，验证者将最终确信，证明者是有能力辨别两张卡的颜色的。这主要是因为验证者在多轮中进行了验证，校验器在每轮中在他背后随机地切换卡片。

以下是零知识证明必须满足的三个性质：

- 完整性：当诚实的验证者确信诚实的证明者在二元语句中返回了正确的答案时。
- 零知识：在这种情况下，验证者不知道证明者是如何提出二元语句的，除了"从证明者提供的二元制语句是正确的"以外，从过程中什么也学不到。
- 可靠性：在这种情况下，证明者（即使是一个不诚实的人，他只是猜测二元语句的答案）能够使诚实的验证者相信答案是正确的。

虽然在一轮交互式零知识证明练习中，前两个性质可以很容易得到满足，但是统计上只有 50% 的机会实现可靠性。简单地说，一个不诚实的证明者只需要对二元情况进行对半猜测，并且在一半的情况下都是正确的。

关于这一点，重要的是要记住零知识证明是概率性的。它们不是决定性的，它们依靠随机性来取得成功。

该信息描述了一种特定类型的零知识协议，称为*交互式的*。在一个交互式的零知识协议中，验证者和证明者必须重复每一轮，直到验证者确信，没有任何合理的怀疑，证明者知道秘密。

非交互式零知识协议是不同的，因为它只需要一轮。然而，非交互式的零知识证明需要“可信的设置”。非交互式零知识协议的一个优点是它允许许多验证者独立地查询证明者的能力。将这看作是证明者和验证者实体之间的一对多关系，而不是交互式的零知识协议的一对一关系。

ZK-SNARK

零知识简洁非交互式知识证明（Zero-Knowledge Succinct Non-interactive ARguments of Knowledge，ZK-SNARK），能够通过计算机编码来实现，因此零知识证明的实现在网络空间具有巨大的潜力。ZK-SNARK 的一个潜在例子就是创建一个去中心化的、匿名、密封的出价拍卖方式。在这种情况下，虽然确定中标者的逻辑将成功执行，但中标者的身份和中标金额可能都是保密的。

读者可以用下面的方式来思考 ZK-SNARK。ZK-SNARK 适用于任意计算，就像散列算法适用于任意数据一样。简单地说，读者可以把任意的计算转换成 ZK-SNARK，而且由于验证任意的计算是以太坊区块链的核心，ZK-SNARK 当然与以太坊相关。如果在以太坊中实施，ZK-SNARK 不会仅限于一个计算问题。为以太坊启用 ZK-SNARK，除其他外，可以降低某些配对函数和椭圆曲线运算的 gas 成本。总的来说，启用 ZK-SNARK 的最大收益将是改进 EVM 的性能（保证）。不幸的是，这种规模的实施工作极难完成，因此可能需要许多年才能从原型验证过渡到早期采用。这可能是以太坊未来将要实现的东西。现在我们来比较一下 ZK-STARK。

ZK-STARK

零知识证明的保密性已经被用来加强加密货币的隐私。例如，Zcash 已经使用了 ZK-STARK 协议。刚才提到了 ZK-SNARK 的以太坊实现的可能性和相关的优势，然而，一个更加时髦的表亲，零知识简洁透明的知识证明（Zero Knowledge Succinct Transparent ARgument of Knowledge，ZK-STARK），试图解决 ZK-SNARK 的一个主要弱点：对可信设置的依赖。有趣的是，ZK-STARK 也带来了更简单的密码学假设。读者可能还记得，ZK-SNARK 在配对函数和椭圆曲线运算方面具有很大的优势。因此，ZK-STARK 避免了椭圆曲线、线性对和指数性假设的需要，而是完全依赖于散列和信息论。

这意味着，虽然 ZK-STARK 带来了效率的提高以及更多特性，但它们也可以安全地抵御量子计算机的攻击。展望未来，ZK-STARK 可以取代 ZK-SNARK，提供卓越的扩展性和私密性，特别是对去中心化的公共账本，如以太坊网络。值得注意的是，这些优势都是有代价的。换句话说，证明的大小从 288 字节增加到几百 K 字节。关于缩短证明长度或若干 ZK-STARK 证明的聚合和压缩需要进一步的研究。

在公共区块链应用的背景下，对信任最小化的需求很高，椭圆曲线可能被打破，量子计算机似乎真的有可能出现。考虑到所有这些因素，即使涉及了成本，在去中心化的公共账本中实施 ZK-STARK 似乎是值得的。

13.3　以太坊 2.0

以太坊 2.0 包含了许多独立的组件。Casper PoS、分片和以太坊风格的 WebAssembly（eWASM）已经在以太坊开发者的脑海中思考了很长一段时间。例如，Vitalik Buterin 早在 2014 年就开始撰写关于 PoS 实现的想法。这种技术的混合以某种方式导致了以太坊 2.0 采用了一个不幸的名字：Shasper，是 sharding 和 Casper PoW 的组合。值得庆幸的是，现在大多数时候读者会看到它被称为 Serenity 或者简单地叫作以太坊 2.0。

经过多年的研究和开发，这些以太坊 2.0 的想法正在进入整个社区中许多以太坊开发者的代码库。有许多以太坊 2.0 规范的单独实现，例如 Rust 实现的以太坊 2.0 的信标（beacon）链和 Java 实现的以太坊 2.0 信标链。官方以太坊的参考实现是 Python 实现的以太坊 2.0 信标链，这些其他的代码库还在建模中。

以太坊 2.0 规范文档表明，以太坊 2.0 最初可以在不对以太坊 1.0 进行任何共识更改的情况下实现。这意味着在早期阶段，在将这些激动人心的想法推向生产的过程中，以太坊 1.0 的基础层不会经历分叉或链的断开。正如稍后将要讨论的，一个合约（通往以太坊 2.0 的网关）将被添加到以太坊 1.0 中，并且在这个合约中的存款将允许用户成为以太坊 2.0 信标链上的验证者。

13.3.1　信标链

在以太坊 2.0 规范中提到的核心组件之一是信标链。信标链是支撑分片系统的中央 PoS 链。信标链存储和维护了验证节点的注册表。

验证节点

信标链邀请新的验证节点加入到以太坊 2.0 中。正如前面提到的，验证节点通过简单地将以太币存入适当的以太坊 1.0 合约来加入信标链。一个积极参与的验证节点能够在信标链上创建区块，创建一个以太坊 2.0 信标链区块的验证节点也被称为提议者。除了提议区块，验证节点也可以签署信标链区块。然而，要做到这一点，验证者必须是委员会的成员。验证节点不能自我选择成为委员会的一员。相反，独立验证委员会是以随机的方式组成的。随机性是由信标链本身产生的。验证节点可以自动退出信标链，或者在验证节点攻击信标链时被迫退出。

分片链

有许多分片链。分片链是最终用户交易发生的地方，也是交易信息存储的地方。在签署（证明）一个区块时，验证节点委员会创建所谓的跨链链接。跨链链接本质上是一组验证节点签名，它证明了分片链中的一个区块，然后该分片链被确认到信标链中。跨链链接允许分片链中的更新与信标链通信，换句话说，跨链链接用于确定分片链的最终性。

> **注意**
>
> 分片的一个非常有趣的含义是，今天的以太坊兼容区块链，如以太坊经典和CyberMiles，现在可以在新的以太坊2.0生态系统中进行互操作。例如，以太坊经典和它已经建立的矿工社区将作为PoW链留在生态系统中，其原生的加密货币ETC将成为生态系统中的PoW价值存储数字货币。

以太坊2.0的设计目标之一是允许典型的消费者笔记本电脑处理（验证）分片，包括任何系统级验证，如信标链。之所以能够做到这一点，是因为分片架构现在使用了自己的PoS链，而不是之前提到的原始思想，即旧的分片架构——过去是由PoW链上的单个智能合约组成的。

读者可能已经意识到以太坊2.0/Serenity是一个新的区块链，尽管它链接到现有的以太坊1.0 PoW链（即，新的PoS链知道PoW链的块散列，等等）。这个体系结构的目标是允许以太币（ether）在原始PoW链和PoS链之间移动。此外，长期的愿景将是允许应用从目前的区块链重新部署到以太坊2.0系统的一个分片上，这将通过一个以eWASM重写的新EVM解释器来实现。

13.3.2 eWASM

目前，每种智能合约编程语言都有单独的编译器。读者可以构建和安装Solidity或Vyper的编译器软件，并在本地硬盘上运行它。或者，读者也可以使用Solidity和Vyper的免费在线代码编辑器。

编译器的工作是将高级智能合约代码转换成字节码和应用程序二进制接口代码（ABI）。一旦代码编译完成，EVM就可以执行它。

eWASM是以太坊自己实现的WebAssembly。WebAssembly目前正在被W3C社区小组设计为开放标准。

eWASM正在开发中并准备取代EVM。一旦实现了eWASM，开发者就可以用其他语言来编写智能合约，比如Rust和C/C++，而不是仅仅使用Solidity和Vyper。需要注意的是eWASM将完全向后兼容当前的EVM。这意味着，目前以Solidity或Vyper格式编写的智能合约仍然能够在新环境中执行。

13.4 以太坊2.0的交付阶段

以太坊2.0的交付阶段应该如下所示。

13.4.1　阶段 0

预计以太坊 2.0 的实现方式如下。阶段 0，已经简要地介绍过了，涉及信标链的引入，因此基本上阶段 0 是新 PoS 链的开始。更具体地说，它是一个没有分片的 PoS 信标链。

13.4.2　阶段 1

下一个阶段，阶段 1，将把分片实现为数据链。阶段 1 将为创建去中心化的数据应用提供基础；然而，要完全实现这些类型应用中的任何一种，都需要阶段 2 的帮助。简单地说，阶段 1 是在没有 EVM 的情况下实现基本的分片。

13.4.3　阶段 2

EVM 状态转换功能将在阶段 2 中引入。阶段 2 将引入创建并管理账户和合约的功能，以及在分片之间转移资金等。

在随后的阶段 3、阶段 4、阶段 5 和阶段 6 计划引入以下措施：

- 一个轻客户端的状态协议
- 跨分片交易
- 与主链安全性紧密耦合
- 超二次型或指数分片

由于 eWASM 的实施，希望状态转换更改和交易执行将得到显著的改善。以太坊社区有一个全面的以太坊 2.0 路线图，详细说明了每个提议的阶段。请记住，这些规范确实经常更改，而且概念验证的算法和代码库正在进行繁重的构建之中。

13.5　后以太坊 2.0 的创新

在本章前面提到了 ZK-STARK。SNARK 和 STARK 的主要区别在于透明度，更具体地说，在 ZK-STARK 中没有“可信的设置”(在系统设置中的没有秘密)。这是一个有趣的研究领域，而且有可能以太坊最终将升级到使用 STARK 来执行诸如数据可用性检查、状态执行正确性检查和改进的基础层跨分片交易等任务。

13.6　本章小结

本章讨论了以太坊区块链的未来方向。以太坊不仅是一个去中心化的区块链，而且也是一个去中心化的开发者社区，它有一个强大的被称为 EIP 的民主升级过程。可以乐观地认为，在未来，以太坊仍将是使用最广泛、技术最先进的区块链之一。

第四部分 Part 4

构建应用协议

虽然以太坊最初的设想是一个单一的公共区块链作为一个“世界计算机”，但现实要微妙得多。现在很明显，一个单一的公共区块链不能扩展到大规模消费者应用所需的容量。以太坊本身正在向用于分片（sharding）和状态通道（state channel）的多个互连区块链的方向发展（有关侧链的更多信息见第 13 章）。实际上，分片的一个引人注目的想法是根据业务应用将计算负载划分到各种区块链上。例如，可以有一个区块链专门从事电子商务，另一个专门从事博彩游戏，还有一个专门从事支付和稳定币。这些专门的区块链被称为**应用协议**（application protocol）区块链。

我设想的世界会有许多相互连接的应用协议区块链，每个区块链都有一个专门优化的虚拟机来有效地处理一种类型的应用。以太坊协议将通过为所有这些专门和优化的区块链提供互操作性层而蓬勃发展。

实际上，在企业软件工程的历史中，成功的产品总是针对其特定的应用用例进行优化，一刀切是行不通的。在本书的这一部分，将讨论如何为特定的应用协议开发优化的区块链。在本书中，我们将使用由 Second State 开发的开源软件对以太坊平台进行定制和优化，包括对 Solity 的 Lity 语言扩展（www.LityLang.org）。我们还将使用 CyberMiles 公共区块链（www.CyberMiles.io）作为案例研究。CyberMiles 的公共区块链与以太坊完全兼容，但针对电子商务类的应用进行了优化。

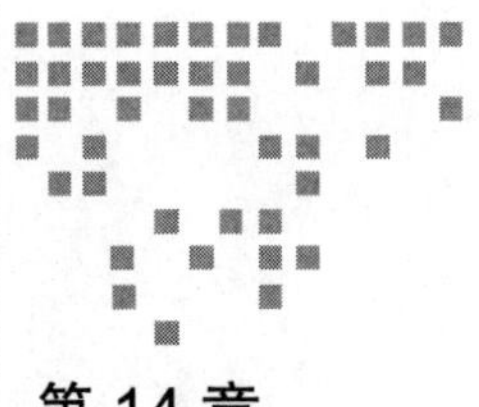

Chapter 14 第 14 章

扩展以太坊协议

在本书前几章中，读者已经了解了以太坊的力量和局限性。以太坊是第一个也是最受欢迎的区块链智能合约平台之一。它是一个协议，有来自社区的多个开源实现，并且有一个健壮的软件升级过程，称为以太坊改进建议（Ethereum Improvement Proposal，EIP）。然而，作为一个拥有众多利益相关者的大型组织，以太坊的改进是一个缓慢的过程。作为“世界计算机”，以太坊也不太可能针对特定的应用进行优化。

我相信许多不同的公共区块链都有机会。它们都将针对特定的应用协议对以太坊进行优化。然而，它们都需要至少解决以太坊中最突出的几个问题，如下所述：

- 以太坊虚拟机（Ethereum Virtual Machine，EVM）有很多限制。虽然 EVM 是图灵完备的，但是实现许多算法的效率很低。例如，目前在以太坊上实现公钥 – 私钥应用是不可能的，因为一个公钥基础设施（Public Key Infrastructure，PKI）加密操作将消耗价值数百美元的以太坊 gas 费。在标准 EVM 中，即使是最基本的字符串操作也很慢而且代价高昂。
- 以太坊太慢了。大约每秒 20 个交易（智能合约的交易更少），以太坊不适合大多数应用的使用场景。
- 以太坊还不能扩展。对于 2019 年的以太坊公共区块链而言，使用它的人越多，用户体验就越差。
- 尤其是对初学者来说，以太坊不安全，很容易将以太坊的资产发送到错误的地址，或者因开发糟糕的智能合约而丢失资产。
- 智能合约编程是困难的。代码审计表明，以太坊智能合约平均每 1000 行代码中有 100 个明显的 bug。对于管理金融资产的应用来说，这是一个惊人的数字。相比之下，任务不那么重要的微软商业应用中平均每 1000 行代码中有 15 个 bug。

本章将概述一些技术方法，这些技术方法可能会缓解以太坊的这些缺点。

14.1　完全兼容，但更快捷

Second State 创建了以太坊兼容的虚拟机，这些虚拟机可以运行在各种底层共识机制上。这允许开发者选择最合适的区块链来部署他们的应用。例如，虚拟机可以作为一个 Tendermint 应用运行（见第 20 章），以利用拜占庭式容错（Byzantine Fault Tolerant，BFT）的 Tendermint 共识引擎，以及可以在 Tendermint 上实现的各种委托权益证明机制（例如，CyberMiles 公共区块链）。

以太坊的性能障碍主要是其工作量证明（Proof-of-Work，PoW）共识机制导致的。对于可以添加到区块链的每个区块，必须执行大量无意义的计算。一个以太坊兼容的区块链可以很容易地实现 100 倍的性能增益，只需将 PoW 模块替换为 DPoS 或委托拜占庭容错（Delegated Byzantine Fault Tolerance，DBFT）模块即可。例如，在 CyberMiles 区块链上，在创建新块之前，19 个验证节点（即超级节点）达成一致。验证节点由 CyberMiles 通证持有者选出，需要在第 1 等级的数据中心运行高性能硬件。

> **注意**
>
> 由于以太坊兼容，所有以太坊可扩展性的解决方案也可用于基于 EVM 的区块链。这允许用户利用以太坊社区进行的广泛研究，并为以太坊社区提供改进。一个很好的例子是 Plasma 协议，它的目标是构建第二层网络，将以太坊扩展到每秒数百万个交易。

此外，正如我们将在下一节中讨论的，虚拟机可以将复杂的计算任务转移到原生库函数。这大大提高了智能合约的执行速度，并大大降低了此类任务的 gas 成本。对于许多操作，原生函数可以达到 4 至 6 个数量级的性能增益（更多信息见第 18 章）。

14.2　EVM 的智能增强

Lity 是一种新的 Solidity 编程语言扩展，在 EVM 的扩展版本中支持了 Solidity 的特性。以下是 Lity 的一些特性：

- Lity 提供了一个新的语言关键字来调用以 C 或 C++ 开发的原生库函数。这就是有名的 libENI 框架。通过 libENI，每个基于 Lity 的区块链都可以针对特定于地址的应用场景进行定制和优化。第 18 章将讨论 libENI。
- Lity 支持定点数学运算和复杂的数学运算。它为分数运算提供了确定性的结果（分数运算是以太坊的一个关键限制)。

- 在未来的时间里，Lity可以支持基于定时器的操作。这种按计划执行对于许多类别的用例非常重要，比如利息和股息支付、信任和意愿、交付确认等。这也称为长时间运行的合约（long-running contract)。
- Lity支持只能由当前验证者或底层区块链的超级节点调用的“受信任”操作。这使得区块链上的可信智能合约成为可能，它可以为连接区块链与外部世界的基于社区的预言机提供一流的替代品。
- Lity支持由验证节点或底层区块链的超级节点生成的安全随机数。
- 在区块链中，如果执行智能合约需要gas费，则Lity支持支付gas费的替代机制。
- Lity支持一种新型的“可升级”智能合约。这些合约仅在合约地址处向外界公开函数接口。这些功能的实际实现是部署在区块链上其他地址的代理合约，Lity支持虚拟机操作来更改智能合约的代理实现。这允许开发者升级或修复智能合约中的关键bug。
- Lity通过支持新的语言结构（如正则表达式)，使得应用的开发者可以直接将业务规则构建到智能合约中（见第17章)。这些特性通常称为领域特定语言（Domain-Specific Language，DSL）特性。

接下来，让我们看看这个列表中的一些具体示例。

14.2.1 可信预言机

区块链上最重要的服务之一是预言机（oracle）服务。预言机通常是一种智能合约，它使外部数据（即链下、真实世界或跨链数据）在区块链上确定可用。它为链下状态提供了一个单一的真相来源，因此允许区块链节点达成共识。

传统的预言机服务是高度集中化的，与去中心化的区块链精神相违背。例如，Fedex可能会建立一个提供包裹递送状态的递送服务预言机。气象站可以建立天气预言机。要使用这些预言机服务，区块链用户和数据应用必须信任这些预言机服务背后的实体。

预言机服务的第二种方法是创建一个基于社区的加密经济游戏，让社区成员参与竞争，并在智能合约中提供真相。这些预言机的例子包括BTC Relay提供的关于比特币区块链的信息，以及以太坊时钟提供的时间。

然而，在创建可信智能合约和使预言机成为一等公民方面，Lity采取了不同的方法。这种方法适用于DPoS区块链。在DPoS区块链中，验证节点（超级节点）是受信任的实体。它们必须从自己的账户和它们的支持者/社区那里押上大量的代币。如果验证节点出现问题，这些通证将被销毁或没收。因此，如果智能合约只能由当前的验证节点更新，则来自该合约的数据应该对DPoS区块链具有高度信任。

在Lity语言中，一个名为`isValidator`的内置函数检查当前交易发送方/函数调用方是否为验证节点。它适用于任何基于 Lity 的 DPoS 区块链。

```
// isValidator is a built-in function provided by Lity.
// isValidator only takes one parameter, an address,
// to check this address is a validator or not.
isValidator(<address>) returns (bool returnValue);
```

然后使用 ValidatorOnly 修改器，我们可以构建智能合约，在区块链上充当可信的预言机。

```
contract BTCRelay {
  uint[] BTCHeaders;
  modifier ValidatorOnly() {
      require(isValidator(msg.sender));
      _;
  }

  function saveBTCHeader(uint blockHash) ValidatorOnly {
    BTCHeaders.append(headerHash);
  }

  function getBTCHeader(uint blockNum) pure public returns (uint) {
    return BTCHeaders[blockNum];
  }
}
```

14.2.2 安全随机数

获取安全随机数是区块链智能合约面临的一个重大挑战。Lity 第一次尝试了一种从当前区块头的种子中访问随机数序列的方法。随机种子是基于当前区块中所有交易的散列，即使对于构建和提议区块的验证节点，操作也非常困难。

在智能合约内部，只需调用内置函数 rand() 就可以访问随机数序列。以下是一个例子：

```
pragma lity >=1.2.6;

contract RandDemo {
  uint x;
  function getRand () public returns (uint) {
    x = rand();
    return x;
  }
}
```

不应该在 view 函数或 pure 函数中调用 rand()。如果随机数不需要记录在区块链上（即在单个节点上执行的 view 函数交易之外），则不需要由区块链生成。调用应用应该简单地在本地生成一个随机数，这在资源消耗方面要少得多。

14.2.3 替代gas费

采用区块链应用的主要障碍之一是，最终用户需要支付一定的费用才能在区块链上执行某些功能。gas机制对于区块链的安全性至关重要，因为它可以防止DoS攻击者使用计算密集型的请求来攻击区块链节点。然而，gas需求也意味着新的终端用户必须学会购买加密货币和管理私钥，然后才能开始使用去中心化的应用。

对于迁移到区块链应用的新用户，Lity提供了一种可选的方法。通过freegas关键字，智能合约的拥有者（smart contract owner）可以指定一个应该由拥有者自己支付gas费的合约函数。当用户调用这些函数时，Lity将通过设置gasPrice为0来表示Lity没有支付gas费。

- 如果gasPrice=0交易调用的函数不是freegas，则交易将失败。
- 如果gasPrice=0交易在没有余额的合约中调用freegas函数，则该交易将失败。

当然，调用者可以指定一个常规的gasPrice（例如2Gwei），在这种情况下，即使智能合约函数是freegas，调用者仍将支付gas费。

如果gasPrice=0的交易在有足够余额的合约中调用freegas函数，则执行该函数，并从合约地址中扣除gas费。调用者不用支付任何费用，而合约则按照系统的标准价格支付gas。

> **注意**
>
> 有一个可配置的价格限制来发起gasPrice=0交易。区块链节点软件可以通过发送大量的免费交易来防止用户入侵系统。

下面是一个例子。在CyberMiles区块链中，如果终端用户使用gasPrice=0调用测试函数，并且合约地址具有CMT余额，则交易的gas费将从合约地址中产生。

```
pragma lity >= 1.2.7;

contract FreeGasDemo {
  int a;
  function test (int input) public freegas returns (int) {
    a = input;
    return a;
  }

  function () public payable {}
}
```

payable函数很重要，因为它允许合约获得资金，这些资金后来将被用作gas费。图14.1显示了在CyberMiles公共区块链上运行的免gas交易。

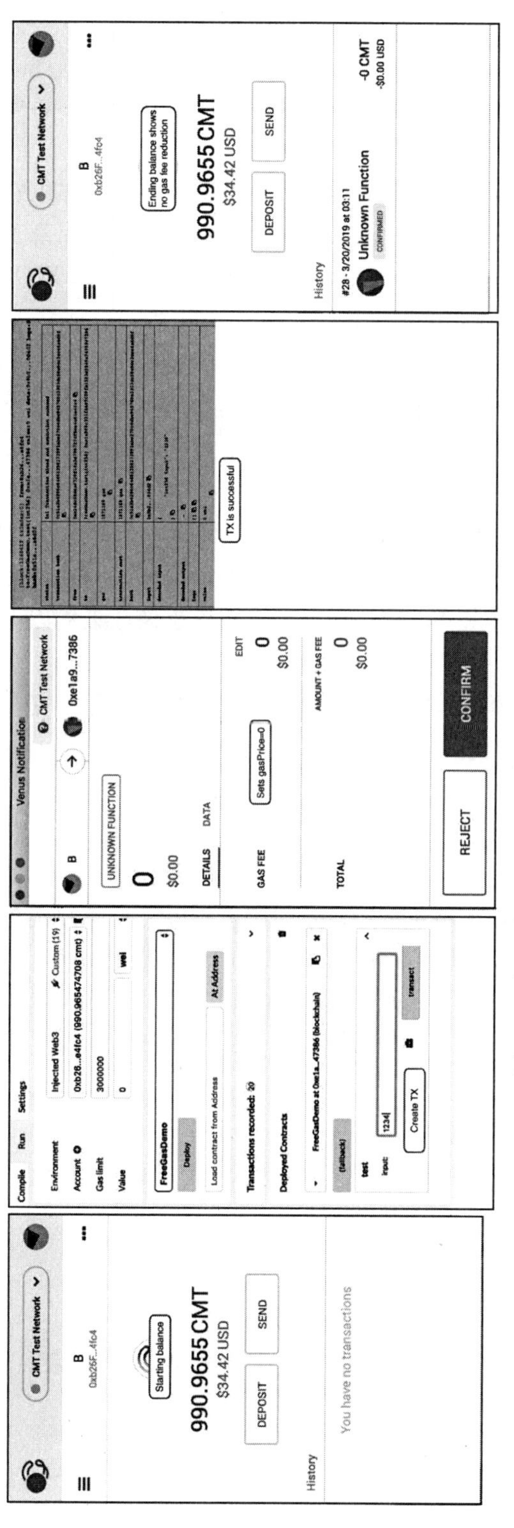

图 14.1　调用者通过将 gasPrice 设置为零发起 freegas 交易

14.3 安全第一

通过 Lity 中语言和虚拟机功能的增强，我们可以主动预防多种安全问题。以下是一些例子：

- Lity 编译器会自动检查所编译的智能合约的结构签名。如果它检测到智能合约可能是流行的类型之一（例如，ERC20 或 ERC721 通证合约），那么将检查所有必需的方法是否已实现，并且合约没有常见错误。如果 Lity 编译器看到不兼容的 ERC20 合约，就会抛出错误（更多信息见第 15 章）。
- Lity 编译器检查已知的代码问题和 bug 模式，例如，ERC20 合约是否符合 ERC223 安全标准。Lity 编译器会抛出警告，并可以尝试自动修复一些最严重的问题。
- 在共识机制允许的情况下，Lity 语言提供了对由区块链验证节点生成的安全随机数的访问。
- 在运行时，Lity 虚拟机自动检查不安全的操作，例如整数溢出，这是一个常见的 ERC20 问题，它曾经导致数十亿美元价值的损失。当合约在 Lity 运行时遇到整数溢出时，它将停止执行，并出现一个错误，而不是像今天的以太坊那样继续执行溢出的缓冲区。这消除了一整类的错误。

作为一个开源的协作项目，Lity 项目的目标是不断更新那些安全特性，比如支持新的 ERC 和新的代码漏洞模式。

14.4 本章小结

本章讨论了在共识层和虚拟机层，Lity 如何扩展以太坊协议来创建以太坊兼容的区块链，从而支持非常需要的性能 / 安全性 / 可用性增强以及实验特性。在接下来的几章中，我们将研究关于 Lity 语言和虚拟机上的应用设计和开发。

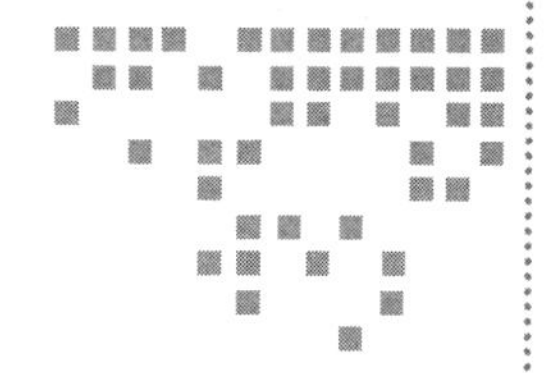

第 15 章 Chapter 15

扩展以太坊工具

在前一章中，读者看到了 Lity 语言和虚拟机是如何扩展和改进以太坊协议的。开源的以太坊生态系统也鼓励这样的平台扩展和派生现有的工具来合并新特性。

Lity 工具包括钱包、区块浏览器、编码 / 部署工具。这些工具是为每个区块链定制和配置的，并受到商业供应者的支持，例如 Second State（www.SecondState.io）。

在本章中，将介绍为 CyberMiles 公共区块链定制的 Lity 工具。其中包括：

- Chrome 浏览器的 Venus 扩展是 CyberMiles 为以太坊扩展的 Metamask 钱包。
- Europa 集成开发环境（IDE）是 Lity 和 CyberMiles 面向以太坊从 Remix IDE 开发的一个分支。
- web3-cmt.js 库是一个定制的 Web3 库，它支持 CyberMiles 区块链上的 CMT 加密货币，可以为任何基于 Lity 的区块链实现定制。
- CyberMiles 应用（又名 CMT 钱包）是一个移动钱包应用，在钱包内运行 CyberMiles 的 Dapp。
- lityc 项目提供了工具来分析和审计智能合约的源代码的安全性。
- 面向基于 Lity 的区块链上的区块链数据，区块链浏览器的 Web 服务提供了查询和搜索接口。在 CyberMiles 区块链上，这项数据服务可以在 www.CMTTracking.io 上获得。

注意

使用 Second State 的 BUIDL 在线 IDE（http://buidl.secondstate.io），读者可以在区块链上试验最新的特性。不需要处理加密货币、gas 费或事件钱包，只需要处理 Lity 合约和 Web3 JavaScript 应用。更多信息见第 3 章。

15.1 智能合约工具集

在本节中，将回顾如何使用 Europa 在线 IDE 和 Venus 钱包在 CyberMiles 区块链上开发和部署智能合约。

15.1.1 Venus 钱包

Venus 钱包（见图 15.1）是一个 Chrome 浏览器的扩展工具，用来管理用户的 CyberMiles 区块链账户。它基于开源的 Metamask 软件，存储和管理用户的私钥，这些账户在用户的计算机上（即，一个用于私钥的钱包，通过 Chrome 扩展，存储在这些账户中的加密货币）。对于开发者来说，Venus 是一个很好的工具，因为它集成了其他开发工具并允许用户与 CyberMiles 账户进行交互。

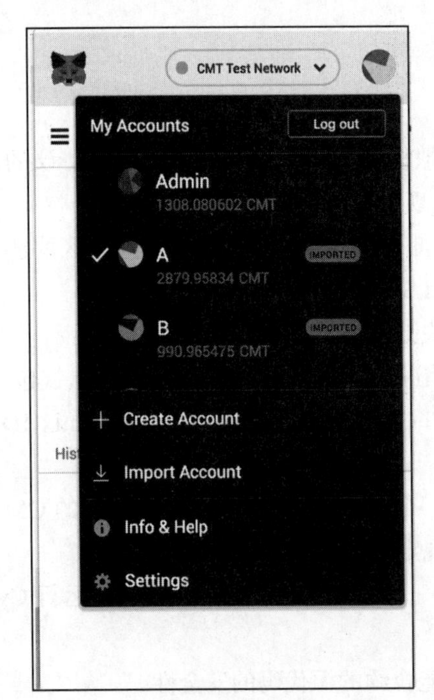

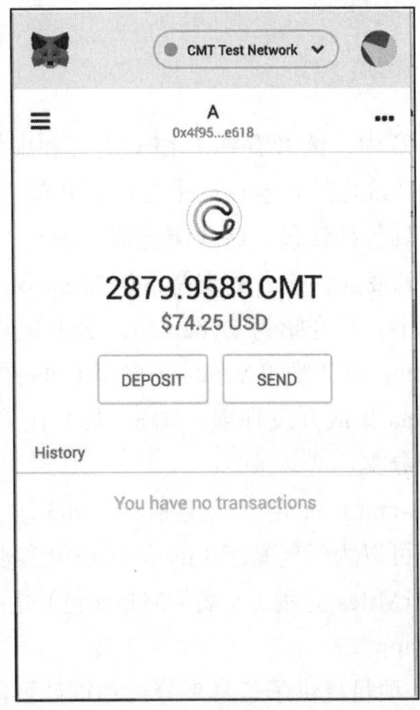

图 15.1 基于开源 Metamask 项目的 Venus 钱包

首先，确保安装了最新的谷歌 Chrome 浏览器。读者可以从 https://www.google.com/chrome/ 下载。

接下来，按照 CyberMiles 网站上的说明在读者的 Chrome 浏览器上安装 Venus：https://cybermiles.io/venus。

现在，读者应该可以在自己的 Chrome 工具栏上看到 Venus 图标了。单击它以打开其用户界面（UI）。读者应该为自己的 Venus 钱包设置一个密码。这是很重要的，因为读者的密码保护存储在这台计算机上的账户私钥。一旦读者创建了密码，Venus 钱包会给读者一个 12 个单词的助记词序列。这是读者恢复密码的唯一方法，所以要保证安全！

出于开发的目的，从 Venus UI 中选择左上角的下拉列表，并选择“CyberMiles Testnet”，这是一个为测试目的而维护的 CyberMiles 公共区块链。

读者还需要在测试网（testnet）上创建一个账户来存储自己的测试网 CMT 代币。选择 Venus UI 右上角的图标，然后单击“Create Account”。Venus 将为读者创建一个账户地址及其相关的私钥。读者可以命名该账户，以便稍后在 Venus UI 中访问它，也可以使用 Venus 来管理主网（mainnet）CMT，CMT 可以在交易所兑换成美元。但要做到这一点，读者应该确保自己的电脑不在物理上损坏或丢失，因为浏览器钱包里是真正的钱。

当然，读者仍然需要使用一些测试网 CMT 来为自己的账户提供资金。到公共的 CyberMiles 测试网水龙头（https://travis-faucet.cybermiles.io/），可以为读者的地址申请 1000 个测试网 CMT 代币！测试网的 CMT 代币只能在测试网上使用，无法在任何交易所进行交易，并且可能在测试网退役后的任何时候消失。与主网的 CMT 代币不同，测试网 CMT 代币的货币价值为零。

现在读者已经建立了 Venus 钱包，并准备与自己的第一个 CyberMiles 测试网智能合约进行交互！

15.1.2　Europa IDE

Europa IDE 基于以太坊区块链上的 Remix，但为 CyberMiles 实现了定制。Europa 完全是基于 Web 的，只要去它的网站（http://europa.cybermiles.io/）加载网络应用即可。

在右边的代码编辑器中，让我们输入一个简单的智能合约。下面的一个例子是 `HelloWorld` 智能合约，这是用 Solidity/Lity 语言写的。

```
pragma solidity ^0.4.17;

contract HelloWorld  {

    string helloMessage;
    address public owner;

    constructor () public {
        helloMessage = "Hello, World!";
        owner = msg.sender;
    }

    function updateMessage (string _new_msg) public {
        helloMessage = _new_msg;
    }
```

```
    function sayHello () public constant returns (string) {
        return helloMessage;
    }
    function kill() public {
        if (msg.sender == owner) selfdestruct(owner);
    }
}
```

这个 HelloWorld 智能合约有两个关键方法。

- sayHello() 方法向调用者返回一条问候语。智能合约部署的时候内置的第一条问候语是："Hello, World!"。
- updateMessage() 方法允许方法调用者更改"Hello, World!"为另一条问候语。

点击右边面板中的"Start to compile"按钮（见图 15.2）来编译这个合约。这将生成稍后使用的字节码和应用程序二进制接口。当读者单击"ABI"或"Bytecode"按钮时，ABI 或字节码将被复制到计算机的剪贴板，然后读者可以将它们粘贴到其他文件或应用程序中。

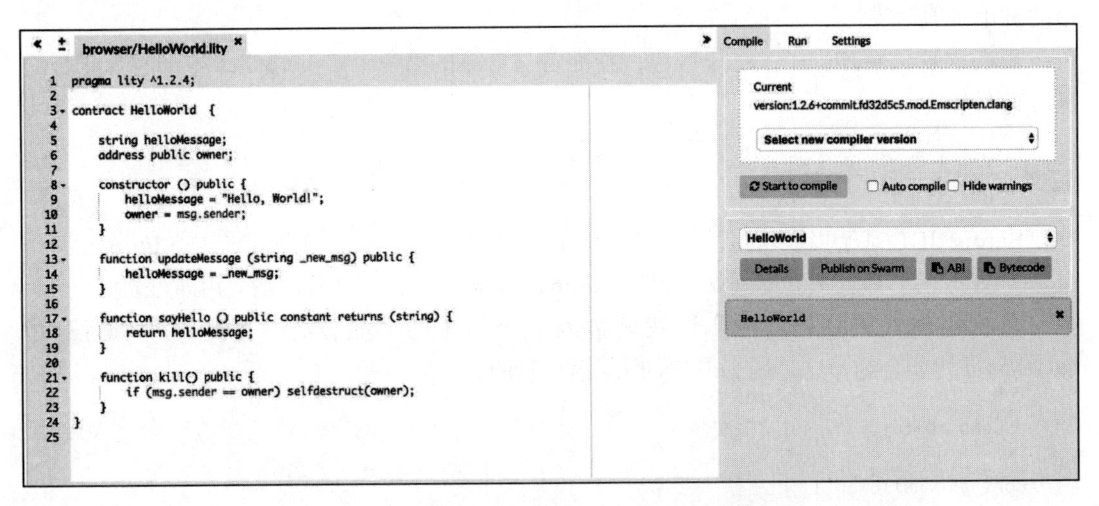

图 15.2 在 Europa 上编译 CyberMiles 智能合约

接下来，在 Europa 的"Run"选项卡上，读者可以通过注入 Web3 下拉框将 Europa 连接到自己的 Venus 账户。Europa 将自动检测读者当前选择的 Venus 账户。

读者现在应该看到将智能合约部署到区块链的选项。单击"Deploy"按钮将智能合约部署到区块链，该合约将部署在 CyberMiles 测试网上。此时，Europa 将弹出并要求读者从自己的账户地址发送"gas 费"（见图 15.3）。CyberMiles 区块链要求支付 gas 费，以支付部署智能合约所需的网络服务。

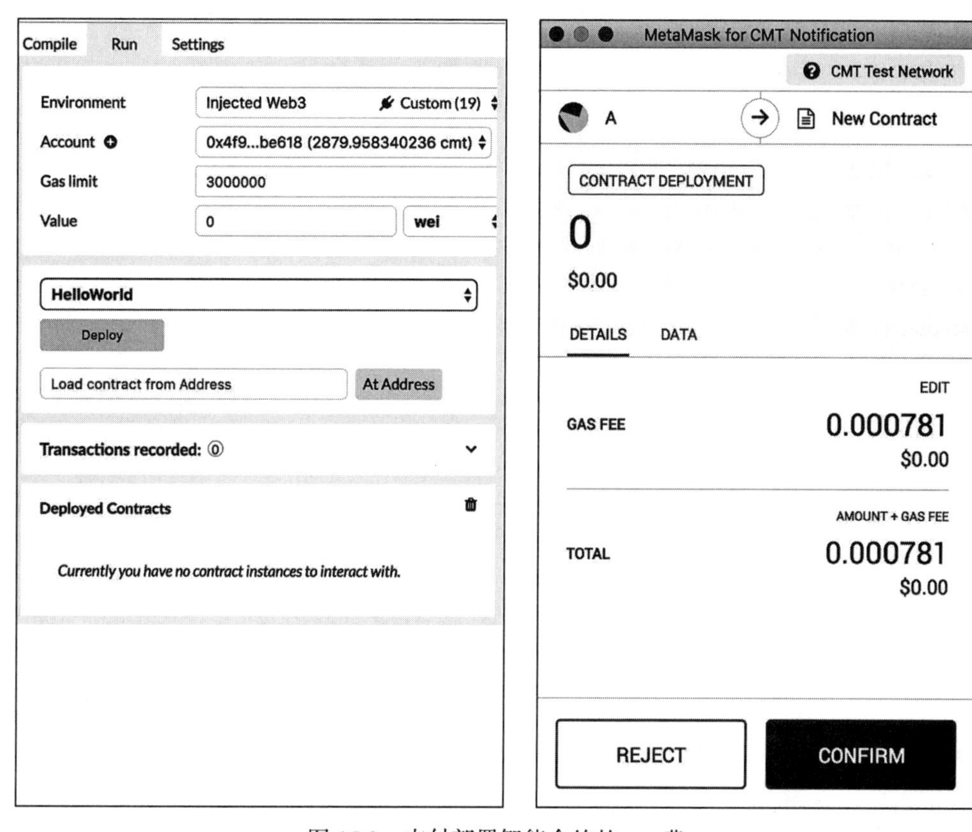

图 15.3　支付部署智能合约的 gas 费

提交请求后，等待几分钟，CyberMiles 网络要确认智能合约的部署。智能合约部署地址将显示在确认消息（见图 15.4）中，已部署的合约及其可用方法也将在 Europa“Run”选项卡中可用。

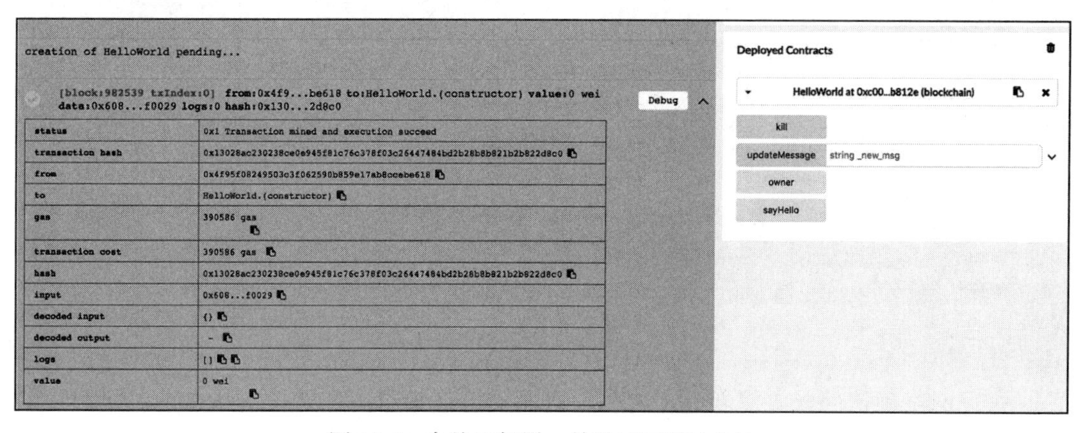

图 15.4　合约已部署，并显示可用的方法

如果读者已经在测试网上部署了智能合约，那么就已经知道了合约的部署地址。读者可以简单地在“At address”按钮旁边的框中输入合约地址，然后单击按钮。这将配置Europa使用已部署的合约，这种情况下不需要付gas费。

一旦Europa连接到读者部署的合约，将在“Run”选项卡上显示合约的方法。读者可以在“updateMessage”按钮旁边输入一个新的问候语，然后单击按钮更新消息（见图15.5）。由于区块链需要存储更新的消息，读者将再次被提示通过Venus支付gas费。

图15.5 调用 updateMessage() 方法

一旦网络确认问候语更新，读者将再次看到确认消息。在确认 updateMessage() 之后，读者可以从Europa调用 sayHello()（见图15.6），并且将看到更新后的消息。

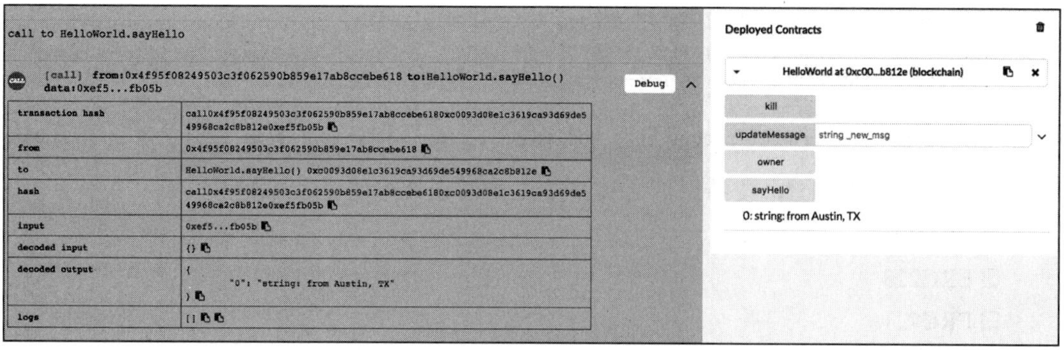

图 15.6　调用 sayHello() 方法

Europa IDE 易于使用。对于初学者来说，这是一个很好的选择。读者还可以通过每个节点上的命令行工具与区块链进行交互。node 软件提供了更多的功能，我们将在本章后面讨论它。

15.1.3　lityc 编译器和分析工具

lityc 软件扩展了以太坊的 solc，为 Lity 提供了编译器。它将 Lity 智能合约编译成 ABI 和字节码，然后可以使用 Travis node 控制台或 web3-cmt.js 将 ABI 和字节码部署到 CyberMiles 公共区块链作为智能合约。详见附录 A。

虽然编译和部署也可以在 Europa 之类的工具中完成，但是，lityc 命令行的一个更有趣的特性是它的源代码静态分析器。例如，lityc 编译器可以检查合约是否符合指定的 ERC 规范。让我们考虑下面的合约，其中 totalSupply() 函数不符合 ERC20 规范。

```
pragma lity ^1.2.4;

contract ERC20Interface {
  // mutability should be view, not pure
  function totalSupply() public pure returns (uint);
  function balanceOf(address owner) public view returns (uint);
  function allowance(address owner, address spender)
                              public view returns (uint);
  function transfer(address to, uint tokens) public returns (bool);
  function approve(address spender, uint tokens) public returns (bool);
  function transferFrom(address from, address to,
    uint tokens) public returns (bool);
  event Transfer(address indexed from, address indexed to, uint tokens);
  event Approval(address indexed owner, address indexed spender, uint tokens);
}
```

运行 lityc 来编译将产生以下错误消息：

```
$ lityc --contract-standard ERC20 wrong_mutability.sol
```

```
wrong_mutability.sol:3:1: Info: Missing 'totalSupply' with
type signature 'function () view external returns
(uint256)'. ERC20Interface is not compatible to ERC20.
contract ERC20Interface {
^ (Relevant source part starts here and spans across multiple lines).
```

在撰写本书时，lityc 支持以下 ERC 规范，并将定期添加更多规范：

- ERC20
- ERC223
- ERC721
- ERC827
- ERC884

此外，如果在计算机上安装了 Oyente 静态分析工具，lityc 可以在编译时自动运行 Oyente。下面的代码是一个例子：

```
$ lityc --abi StringReverse.sol

======= StringReverse.sol:StringReverse =======
Contract JSON ABI
[…]

INFO:root:contract StringReverse.sol:StringReverse:
INFO:oyente.symExec:    ============ Results ===========
INFO:oyente.symExec:      EVM Code Coverage:                        29.8%
INFO:oyente.symExec:      Parity Multisig Bug 2:                    False
INFO:oyente.symExec:      Callstack Depth Attack Vulnerability:  False
INFO:oyente.symExec:      Transaction-Ordering Dependence (TOD): False
INFO:oyente.symExec:      Timestamp Dependency:                     False
INFO:oyente.symExec:      Re-Entrancy Vulnerability:                False
INFO:oyente.symExec:    ====== Analysis Completed ======
```

Oyente 是一个开源项目，正在积极开发和更新，以便对智能合约源代码能够检测出更多的问题模式。Oyente 与 lityc 的集成可能会推动区块链应用采用静态分析工具。

15.2 Dapp 工具集

虽然 Europa 是一个强大的工具，但它对普通人来说太难了。为了使读者的智能合约对一般公众可用，通常需要构建一个基于 Web 的 UI。为此，读者需要 web3-cmt.js JavaScript 库来与 CyberMiles 区块链进行交互。

从现在开始，假定读者已经成功地将先前的 HelloWorld 合约部署到 CyberMiles 的主网，并记录了它的合约部署地址，因为 CyberMiles 应用（CMT 钱包）的产品版本只适用于 CyberMiles 主网合约（见 15.2.2 节）。

15.2.1　web3-cmt

在安装 Europa 之后，它会自动将 web3 对象（或 web3.cmt 对象）的自定义实例注入页面的 JavaScript 上下文中。需要专用密钥的方法调用将自动提示用户选择账户，Metamask 将使用所选的专用密钥对交易进行签名，然后将交易发送到以太坊网络上。此外，所有的 Web3 API 调用必须是异步的。因此，我们使用 Web3 回调 API 来处理返回值。helloworld_europa.html 文件的源代码如下：

```
<!DOCTYPE html>
<html lang="en">
  <head>
    <script>
      window.addEventListener('load', function() {
        var hello = web3.cmt.contract(...).at("...");

        var new_mesg = location.search.split('new_mesg=')[1];
        if (new_mesg === undefined || new_mesg == null) {
        } else {
          new_mesg = decodeURIComponent(new_mesg.replace(/\+/g, '%20'));

          web3.cmt.getAccounts(function (error, address) {
            if(!error) {
              hello.updateMessage(new_mesg, {
                  from: address.toString()
              }, function(e, r){
                if(!e)
                  document.getElementById("status").innerHTML =
                    "<b>Submitted to blockchain</b>. " +
                    "New message will take a few seconds to show up! " +
                    "<a href=\"helloworld_europa.html\">Reload page.</a>";
              });
            }
          });
        }
        hello.sayHello(function(error, result){
          if(!error)
            document.getElementById("mesg").innerHTML = result;
        });
      })
    </script>
  </head>

  <body>
  <h2>Hello World</h2>
    <form method=GET>
      New message:<br/><br/>
      <input type="text" name="new_mesg"/><br/><br/>
      <input type="submit"/>
      <p id="status"/>
```

```
    </form>
    <p>The current message is: <span id="mesg"/></p>
  </body>
</html>
```

函数 web3.cmt.contract(...).at("...") 采用合约在区块链上的部署地址作为参数，读者可以在 Europa 的“Run”选项卡上找到它。合约函数采用一个 JSON 结构（称为合约 ABI）作为参数，读者可以从 Europa 复制它，如图 15.2 所示。

Web 应用现在允许用户直接在 Web 上与 HelloWorld 智能合约进行交互（见图 15.7）。“提交新消息”动作要求 Europa 发送 gas 费，因为它调用了合约上的 updateMessage() 方法。注意，所有 Web3 函数都是嵌套和异步调用的。

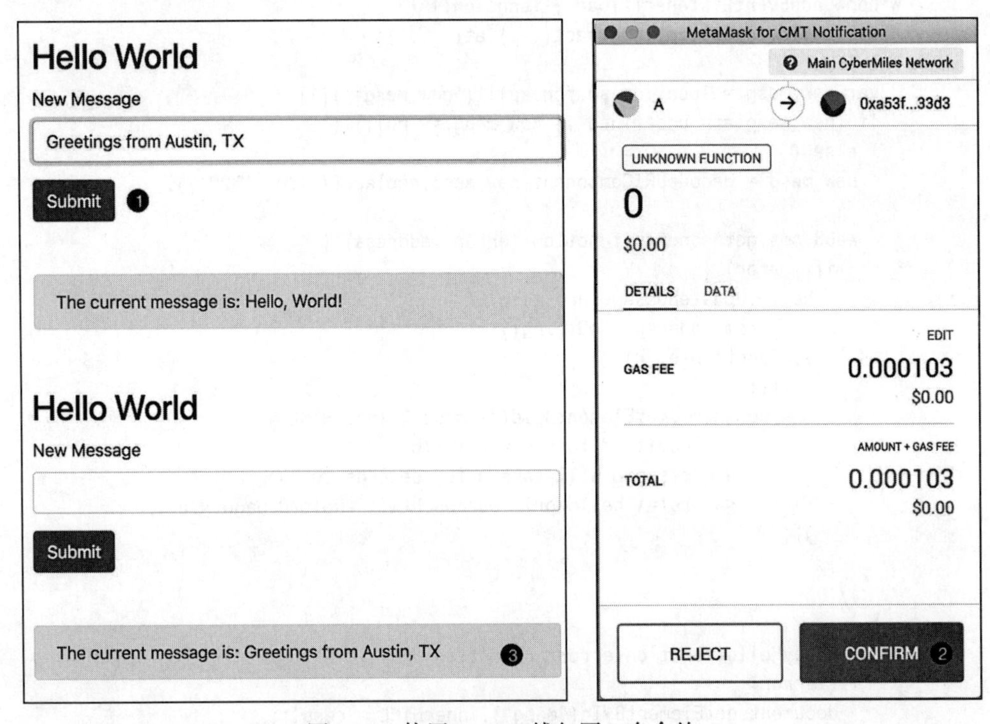

图 15.7 使用 Europa 钱包写一个合约

一起使用 web3-cmt 和 Europa 是启动 CyberMiles 应用开发的最佳方法之一。但是对于普通用户来说，安装和使用 Europa 的过程是一个很高的门槛。接下来，让我们探索如何在 CyberMiles App（CMT 钱包）这个移动应用中运行 Dapp。

15.2.2 CyberMiles App

CyberMiles 是一款消费者级的移动钱包应用，不需要复杂的安装。读者可以在链接 http://app.cybermiles.io/ 下载。

要从 CyberMiles App 中运行一个 Dapp，最简单的方法是从应用的 URL 创建一个二维码，然后使用钱包应用扫描这个 URL。读者可以在 www.qr-code-generator.com/ 上为任何网址创建一个二维码，图 15.8 显示了整个过程。

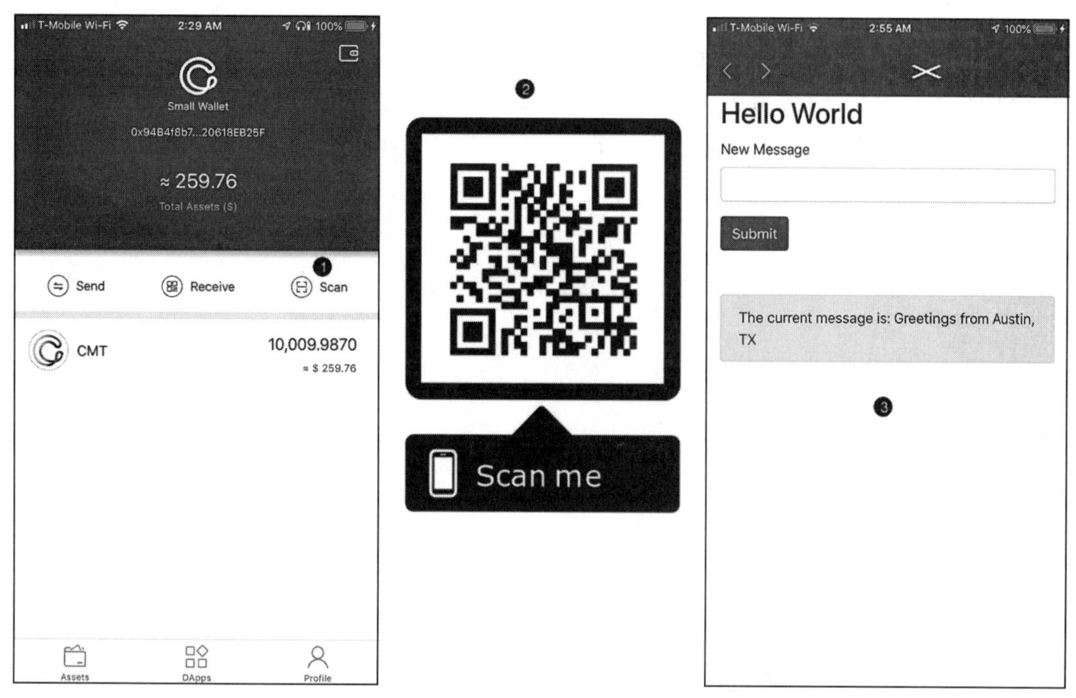

图 15.8 通过扫码在 CyberMiles App 中加载 Dapp

或者，Dapp 可以在常规的 Web 站点上，当需要将交易发送到区块链时，将其重定向到 CyberMiles App。第 11 章中讨论的 FairPlay Dapp 就是一个很好的例子，图 15.9 显示了另一个更简单的示例。

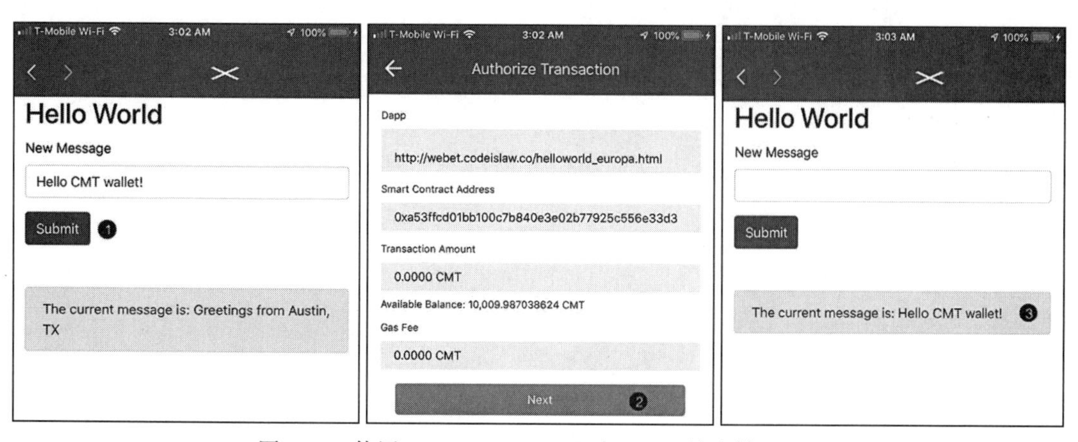

图 15.9 使用 CyberMiles App 运行 Dapp 并支付 gas 费

CyberMiles App 的用户体验是 CyberMiles 相对于以太坊的优势之一。

15.3 本章小结

本章回顾了以太坊兼容的 CyberMiles 区块链工具。我们回顾了可用的钱包、Web3 库和 CyberMiles 的开发 / 部署工具。在下一章中，我们将把这些放在一起并看到几个完整的 Dapp 示例。这些 Dapp 是使用 Lity 开发的，并已部署在 CyberMiles 公共区块链上。

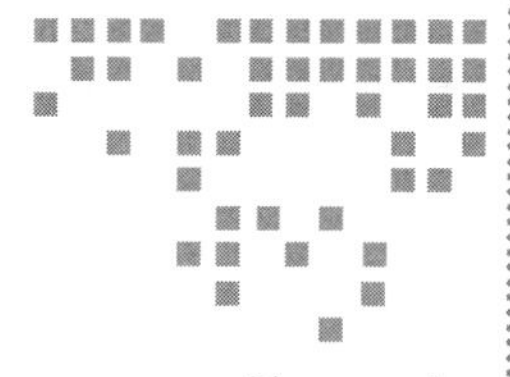

第 16 章 Chapter 16

Dapp 案例

在前两章中，讨论了如何扩展以太坊协议和相关的开发工具。但是这些扩展和改进如何转化为现实中的应用呢？在本章中，将讨论部署在 CyberMiles 上的几个完整 Dapp，以说明以太坊扩展如何使开发者能够为区块链创建交互式 Dapp。

本章讨论的所有内容都与以太坊兼容，但如前所述，CyberMiles 作为一个与以太坊兼容的开发和部署平台具有一些重要的优势。

- CyberMiles 的交易确认时间比以太坊快得多。这对于交互式 Dapp 的用户体验（User Experience，UX）非常重要，因为它减少了在区块链上确认和记录操作所需的时间。
- CyberMiles 有一个移动钱包应用，可以在嵌入式模式下运行基于 Web3 的 JavaScript 应用。所有 iOS 和 Android 应用商店都提供 CMT 钱包，读者可以通过扫描指向 JavaScript 代码的条形码来加载 Dapp。
- CyberMiles 区块链使用 CMT 通证支付 gas 费。由于 CMT 价格较低，这样可以用相同数量的钱完成更多的事情。

接下来，让我们开始吧。

16.1 案例研究 1：Valentines

Valentines（情人节）Dapp 可以让人们在区块链上永久地宣布和记录他们的爱情。通过 CyberMiles App（CMT 钱包），任何人都可以创建一个爱情宣言的声明，并分享二维码（见图 16.1）。

声明的接收者使用她的 CyberMiles App 扫描二维码并打开 Dapp。在那里，她可以回复声明。一旦回复了，她就可以将二维码分享给全世界，任何人都可以打开 Dapp，看到记录在区块链上的声明和回复（见图 16.2）。

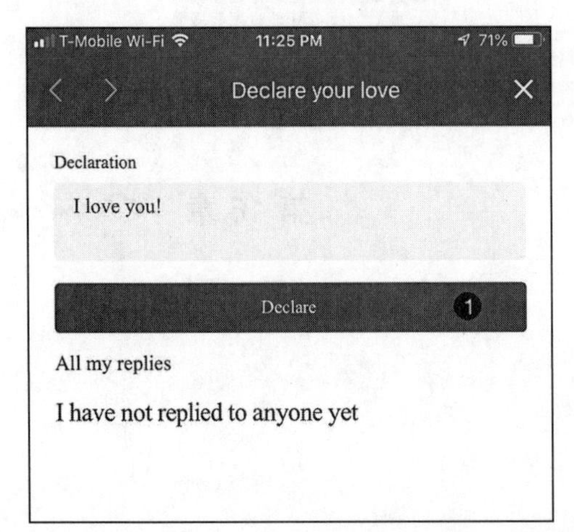

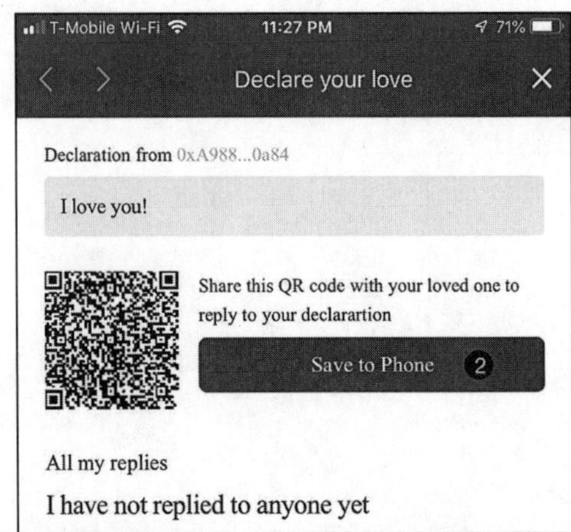

图 16.1 爱情宣言声明

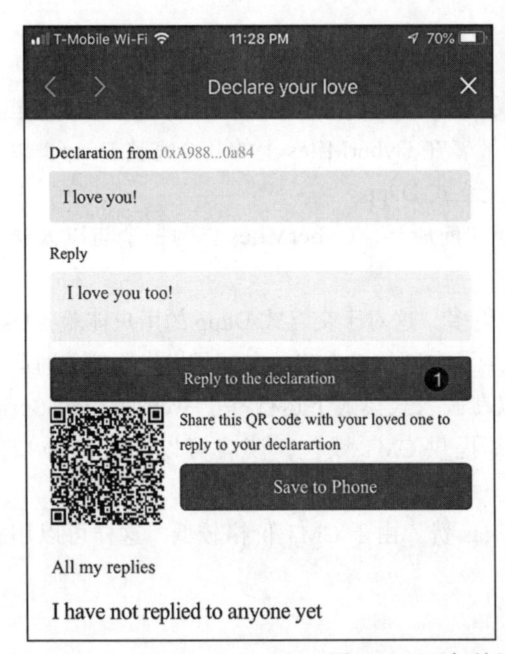

图 16.2 回复并见证爱情宣言声明

接下来，让我们回顾情人节合约的智能合约代码，然后是与情人节合约交互的 JavaScript Dapp。

16.1.1 情人节智能合约

情人节智能合约包含了 Dapp 提交的所有声明和回复（每一个都是情人节贺卡）。它有两个主要函数：`declare()` 用来创建一个新的声明和 `reply()` 用来对已有声明进行回复。情人节智能合约还有两个检索函数（view函数）：getDeclaration()和getReplies()，用于帮助Dapp从区块链中检索信息。

```
contract Valentines {
    struct Declaration {
        string stmt;
        address reply_from;
        string reply_stmt;
    }
    mapping(address => Declaration) declarations;
    mapping(address => address[]) replies;

    function declare (string _stmt) public {
        Declaration memory d = Declaration(_stmt, 0, "");
        declarations[msg.sender] = d;
    }

    function reply (address _from, string _stmt) public {
        declarations[_from].reply_from = msg.sender;
        declarations[_from].reply_stmt = _stmt;
        replies[msg.sender].push(_from);
    }

    function getDeclaration (address _from) public view returns (string,
        address, string) {
        return (declarations[_from].stmt, declarations[_from].reply_from,
            declarations[_from].reply_stmt);
    }

    function getReplies (address _from) public view returns (address[]) {
        return (replies[_from]);
    }
}
```

合约的四个函数不言自明。Declaration结构包含一个声明及其回复。声明在declarations映射数组中映射到其创建者。replies数组将每个地址映射到它回复的声明。注意，每个地址只可以声明一次，但可以回复多个声明。

接下来，可以将合约部署到CyberMiles区块链并记录部署的合约地址。最简单的方法可能是使用CyberMiles Europa工具或Second State BUIDL（为CyberMiles配置的）工具。JavaScript Dapp能够访问这个已部署的合约。

16.1.2 JavaScript Dapp

Dapp是用JavaScript开发的，并与钱包应用绑定在一起，在客户端浏览器中运行。declare.js文件中的getDeclaration()函数调用智能合约的getDeclaration()函数，然后使用结果更新declare.html文件中的HTML用户界面。下面的代码片段显示了JavaScript Dapp中的getDeclaration()函数。请注意，所有与Web3相关的操作都是异步执行的，因为许多操作都是远程调用，我们必须保证正确的执行顺序。contract_address值是前面提到的部署成功后的合约地址，它被硬编码到Dapp中。targetAddress值是执行此声明的地址，

userAddress 值是当前用户的 CMT 地址。

```
var getDeclaration = function () {
    web3.cmt.getAccounts(function (e, address) {
        if (e) {
            // ...
        } else {
            userAddress = address.toString();
            if (!targetAddress) {
                targetAddress = userAddress;
            }

            contract = web3.cmt.contract(abi);
            instance = contract.at(contract_address);
            instance.getDeclaration (targetAddress, function (e, r) {
                if (e) {
                    // ...
                } else {
                    stmt = r[0];
                    reply_from = r[1];
                    reply_stmt = r[2];
                    // show the UI based on the state
                    // of this targetAddress's declaration
                }
            });

            instance.getReplies (userAddress, function (e, r) {
                if (e) {
                    // ...
                } else {
                    // show replies on UI
                }
            });
        }
    });
}
```

当用户进行声明时，将调用合约的 declare() 函数。请注意，我们必须支付一小笔 gas 费来调用这个函数，因为它需要在区块链上保存数据。当合约函数调用成功并返回时，JavaScript 将等待交易在区块链上确认（当区块生成并被验证节点接受时），然后重新加载 getDeclaration() 函数来更新用户界面。

```
var declare = function () {
    var v = $("#declaration-field").val();
    if (v == null || v == '') {
        // ...
    }
    $(".main-button").css("background-color", "#696969");
    $('#declaration-submit').text(lgb.wait);
    $('#declaration-submit').removeAttr('onclick');

    instance.declare(v, {
```

```
            gas: '200000',
            gasPrice: 2000000000
        }, function (e, result) {
            if (e) {
                // ...
            } else {
                setTimeout(function () {
                    getDeclaration();
                }, 20 * 1000);
            }
        });
    }
```

当第二个用户回复声明时，Dapp 调用合约上的 reply() 函数，并等待交易在区块链上确认后更新用户界面。

```
    var reply = function () {
        var v = $("#reply-field").val();
        if (v == null || v == '') {
            // ...
        }
        $(".main-button").css("background-color", "#696969");
        $('#reply-submit').text(lgb.wait);
        $('#reply-submit').removeAttr('onclick');

        instance.reply(targetAddress, v, {
            gas: '200000',
            gasPrice: 2000000000
        }, function (e, result) {
            if (e) {
                // ...
            } else {
                setTimeout(function () {
                    getDeclaration();
                }, 20 * 1000);
            }
        });
    }
```

到目前为止，我们已经回顾了 Valentines Dapp 的核心逻辑，以及它如何通过 Web3 与区块链上的数据和函数进行交互。Dapp 使用开源库来执行其他重要任务。例如，它使用 qrcode.js 脚本动态生成二维码，使用 IUToast 脚本为用户创建警报和消息。

Valentines Dapp 只有一个网页和一个 JavaScript 控制文件，它与已经部署的智能合约进行交互。在下一节中，我们将研究更复杂的 Dapp——WeBet。

16.2　案例研究 2：WeBet

WeBet Dapp 是一个用户间打赌（betting）的应用，它允许任何人在 CyberMiles 应用中创建投注合约（见图 16.3）并共享投注（见图 16.4）。这是一个多项选择题。

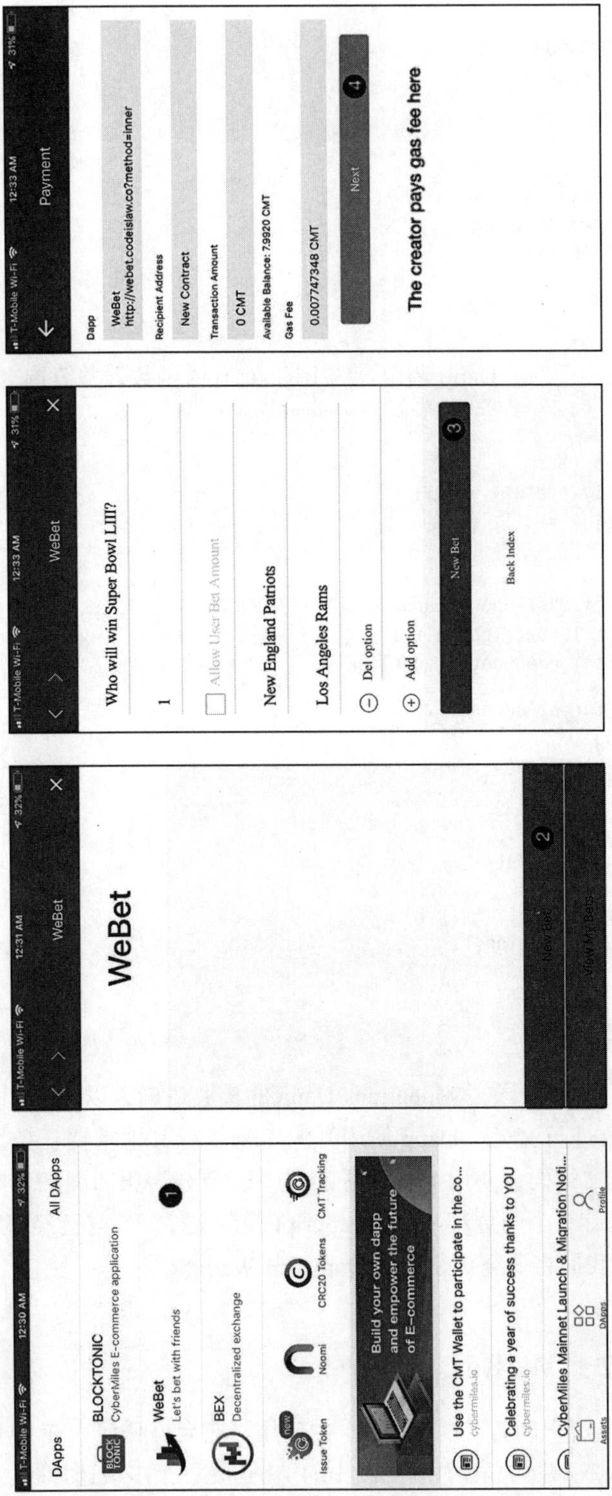

T-Mobile Wi-Fi 12:30 AM 32%
DApps All DApps
BLOCKTONIC
CyberMiles E-commerce application
WeBet
Let's bet with friends
1
BEX
Decentralized exchange
new
Issue Token
Noomi
CRC20 Tokens
CMT Tracking
Build your own dapp
and empower the future
of E-commerce
Use the CMT Wallet to participate in the co...
cybermiles.io
Celebrating a year of success thanks to YOU
cybermiles.io
CyberMiles Mainnet Launch & Migration Noti...
Assets DApps Profile

T-Mobile Wi-Fi 12:31 AM 32%
WeBet
WeBet
New Bet 2
View My Bets

T-Mobile Wi-Fi 12:33 AM 31%
WeBet
Who will win Super Bowl LIII?
1
Allow User Bet Amount
New England Patriots
Los Angeles Rams
Del option
Add option
New Bet 3
Back Index

T-Mobile Wi-Fi 12:33 AM 31%
Payment
Dapp
WeBet
http://webet.codeislaw.co?method=inner
Recipient Address
New Contract
Transaction Amount
0 CMT
Available Balance: 7.9920 CMT
Gas Fee
0.007747348 CMT
Next 4
The creator pays gas fee here

图 16.3 创建一个新的 WeBet 合约

图 16.4　分享一个 WeBet 合约

其他人可以使用他们自己的 CyberMiles App 投注（见图 16.5），他们只需扫描投注合约创建者共享的二维码就能获得投注信息。他们各自选择一个选项，并将 CMT 代币发送到合约，作为对该选项的投注。

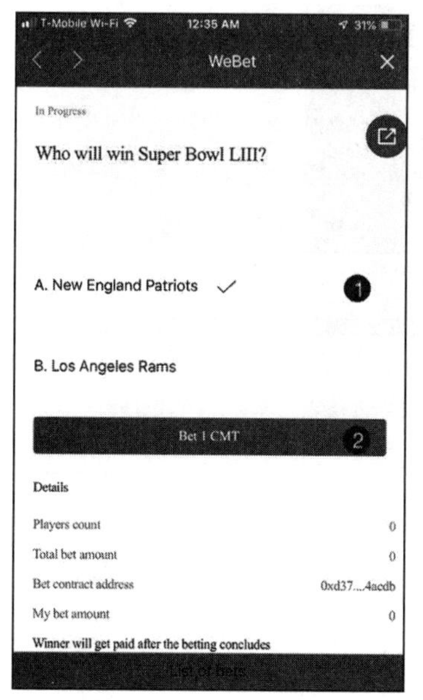

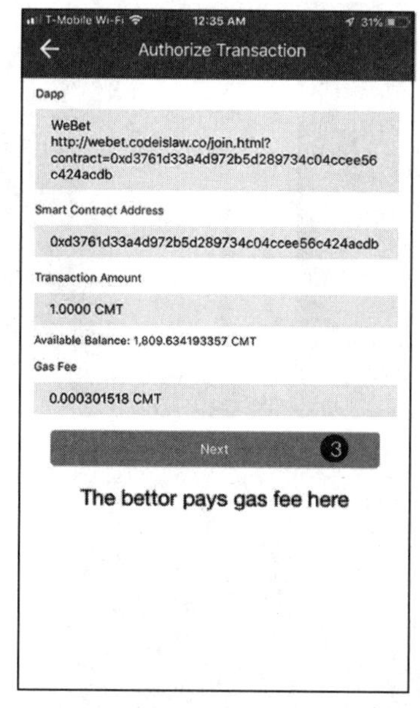

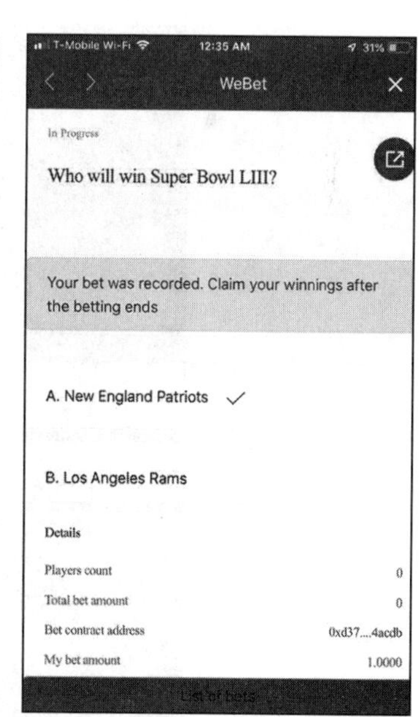

图 16.5　在 WeBet 合约上投注

在下注之后，创建者可以定下一个获胜的选项（见图 16.6）。因为几个人可以挑选相同的选项，所以可能有多个赢家。

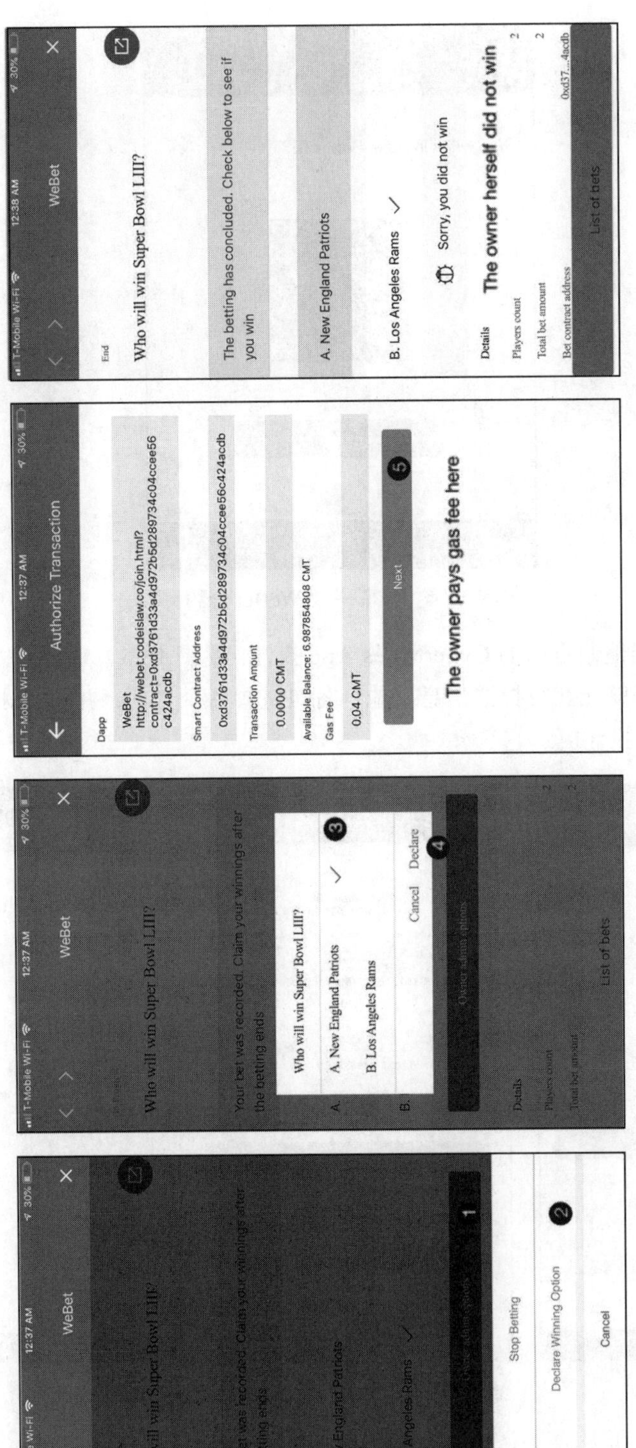

图 16.6 声明一个赢家选项

获胜者使用他们的 CMT 钱包来领取赌注的奖金（见图 16.7）。

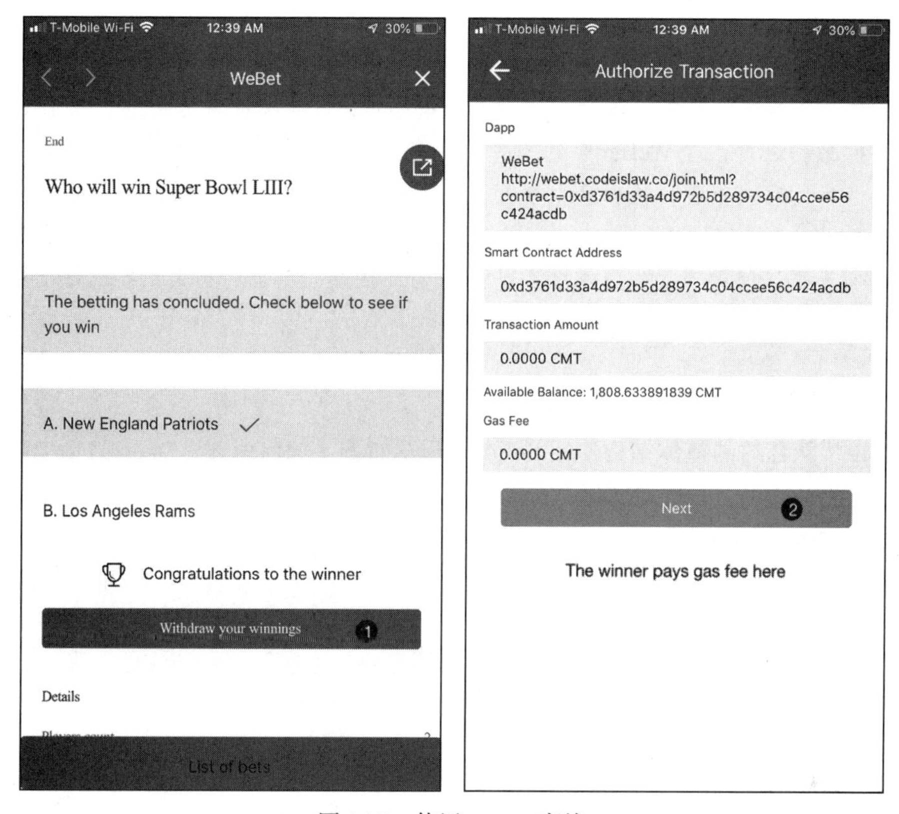

图 16.7　使用 WeBet 赢钱

WeBet Dapp 的另一个用例是创建“承诺合约”。也就是说，某人可以设定一个个人目标（例如，在一个月内减掉 10 磅（1 磅 ≈ 0.453 公斤）），然后用大量的 CMT 通证（例如，10 000 CMT）作为一个承诺来质押目标的结果。然后，朋友和家人将各自在相反的结果上投注一小笔钱（例如，1 CMT）。如果合约创建者达到他的目标，他将赎回承诺质押。如果没有，朋友和家人将分享其承诺质押。

这种类型的个人投注应用非常适合公众区块链。区块链 Dapp 可以提供比传统 Web 应用更好的用户体验。

- 公共区块链上的智能合约保证了应用开发者或主机不能通过更改投注记录进行欺骗，甚至卷款潜逃。同样，政府或其他实体也很难终止这些合约。
- 在区块链上传输“价值”要容易得多。如果用少量的法定货币赌博，读者仍需要整个银行基础设施及其高昂的费用。在 CyberMiles 或以太坊等成熟的公共区块链上，代币与美元的兑换比率是已形成的，使用起来更方便、更便宜。

接下来，让我们回顾一下 WeBet 合约背后的智能合约代码，然后是与 WeBet 合约交互的 JavaScript Dapp。

注意

读者可能已经注意到，WeBet 合约的所有者必须声明投注的获胜选择。合约所有人可以在这里作弊吗？是的，映射现实世界的链下信息（即在区块链上是否减了 10 磅）一直是个挑战。但是，与 WeBet 合约相关的所有内容（包括声明和所有投注）都记录在区块链上，供所有人查看，这一点也很重要。如果合约的所有者作弊，他将永远地损害自己的声誉。

我们还可以修改产品，要求多个已知的“仲裁者”在合约生效之前验证合约的所有者声明。然而，这会使产品的使用更加复杂。

16.2.1 WeBet 智能合约

WeBet 智能合约的整体结构使用 Solidity 开发如下。如前所述，Dapp 为每个新的博彩合约创建一个 WeBet 合约的新实例。

```
contract BettingGame {

    address public owner;

    struct Bet {
        int8 choice;
        uint256 amount;
        bool paid;
        bool initialized;
    }
    mapping(address => Bet) bets;

    string public game_desc;
    int8 public number_of_choices;
    uint256 public min_bet_amount;
    bool public allow_user_bet_amount;
    uint256 total_bet_amount;
    int8 public total_bet_count;

    mapping(int8 => uint256) choice_bet_amounts;

    int8 public correct_choice;
    string public correct_choice_txt;

    int8 public game_status; // 0 not started; 1 running;
                             //2 stopped; 3 ended; 4 cancelled

    modifier onlyOwner() {
        assert(msg.sender == owner);
        _;
    }
```

```
constructor (string _game_desc, int8 _number_of_choices,
      uint256 _min_bet_amount, bool _allow_user_bet_amount) public {
    require(_number_of_choices > 0);
    require(_min_bet_amount > 0);

    owner = msg.sender;
    game_status = 1;
    game_desc = _game_desc;
    number_of_choices = _number_of_choices;
    min_bet_amount = _min_bet_amount;
    allow_user_bet_amount = _allow_user_bet_amount;

    total_bet_count = 0;
    total_bet_amount = 0;
    correct_choice = -1;
    correct_choice_txt = "";
}
function placeBet (int8 _choice) public payable {
    // see later
}

function stopGame() external onlyOwner {
    require (game_status == 1);
    game_status = 2;
}

function resumeGame() external onlyOwner {
    require (game_status == 2);
    game_status = 1;
}

function endGame(int8 _correct_choice, string _correct_choice_txt)
      external onlyOwner {
    correct_choice = _correct_choice;
    correct_choice_txt = _correct_choice_txt;
    game_status = 3;
}

function cancelGame() public {
    require (msg.sender == owner || isValidator(msg.sender));
    game_status = 4;
}

function payMe () public {
    // See later
}

function checkStatus (address _addr) public view returns (int8,
      string, int8, uint256, uint256, bool, int8) {
    // see later
```

```
    }

    function getBetInfo()public view returns(int8,string,int8,int8,uint256,bool){
        return (game_status, game_desc, correct_choice, total_bet_count,
          total_bet_amount, allow_user_bet_amount);
    }

    function getAnswer() public view returns (int8, string) {
        return (correct_choice, correct_choice_txt);
    }

    function terminate() external onlyOwner {
        selfdestruct(owner);
    }
}
```

构造方法使用创建博彩所需的所有信息来创建合约。

- game_desc 字符串包含了下注的标题、描述和所有的选项。它们在一个字符串中构造，符号；用于分隔各种组件。例如，game_desc 字符串可以如下所示：bet 标题；选择 1；选择 2；选择 3。由于 Solidity 语言对字符串数组的限制，我们不传递和存储字符串数组中的选择，解析工作留给 Dapp 中的 JavaScript，因为解析工作不是合约交易逻辑的核心。
- number_of_choices 值指定了 game_desc 字符串中包含的数字选项。在我们的例子中，应该是 3，这有助于 Dapp JavaScript 解析信息组件。
- min_bet_amount 值是每个用户参与游戏必须投注的最小金额。它的单位是 CMT。
- allow_user_bet_amount 值是一个 boolean 变量，它指定用户是否可以投注大于 min_bet_amount 的金额。

一旦创建了合约，game_status 变量默认为 1，这意味着投注已经开始。通过 stopGame()、resumeGame()、endGame() 和 cancelGame() 等方法，读者可以更改游戏的状态。这允许构造器的所有者在宣布获胜者之前停止投票。例如，在现实世界中，一旦比赛开始，体育博彩就应该停止，当现实世界的游戏结束时，将宣布获胜者。函数 getBetInfo() 的作用是返回投注的基本信息和状态。

合约中的 bets 数组映射到 Bet 地址。数组中的每个 Bet 结构都是由一个博彩者创建的。它包含了博彩者的选择，他下注的金额，以及如果他赢了，这个用户是否要回他的奖金。博彩者的地址是 bets 数组中的键。

合约中的 choice_bet_amounts 数组将每个选择映射到其聚合的投注金额（以 CMT 为单位）。它可以方便地计算每个投注地址的中奖情况。Dapp 调用 checkStatus() 函数来检查当前用户地址的投注状态和中奖情况。

```
function checkStatus (address _addr) public view returns (int8, string,
      int8, uint256, uint256, bool, int8) {

    safeuint payout = 0;
```

```
    if (game_status == 3 && bets[_addr].choice == correct_choice) {
        payout = bets[_addr].amount * total_bet_amount /
choice_bet_amounts[correct_choice];
    } else if (game_status == 4) {
        payout = bets[_addr].amount;
    }

    return (game_status, game_desc, bets[_addr].choice,
      uint256(bets[_addr].amount), uint256(payout),
      bets[_addr].paid, correct_choice);
}
```

现在，整个合约中的关键函数是 placeBet() 函数。它是由这个合约中的任何想投注的用户调用。函数是可支付的（payable)，这意味着用户可以在调用中附加一个支付。支付是押在选择上的赌注。它至少应该满足 min_bet_amount，一旦下注，合约的 bets 和 choice_bet_amounts 数组都会被更新。

```
function placeBet (int8 _choice) public payable {
    require (game_status == 1); // game is running
    require (_choice <= number_of_choices); // Valid choice
    require (msg.value >= min_bet_amount); // Meet min bet amount
    require (bets[msg.sender].initialized == false); // Only bet once

    Bet memory newBet = Bet(_choice, msg.value, false, true);
    bets[msg.sender] = newBet;

    choice_bet_amounts[_choice] = choice_bet_amounts[_choice] + msg.value;
    total_bet_amount = total_bet_amount + msg.value;
    total_bet_count += 1;
}
```

用户通过从自己的投注地址调用 checkStatus() 函数来检查自己的奖金。如果用户赢了，可以通过调用 payMe() 函数从合约中获得报酬。请注意，如果 game_status 表明所有者已经取消了下注，则每个博彩者都将被退还投注的资金。

```
function payMe () public {
    require (bets[msg.sender].initialized); // Must have a bet
    require (bets[msg.sender].amount > 0); // More than zero
    require (bets[msg.sender].paid == false); // chose correctly

    if (game_status == 3) {
        // game ended normally
        require (bets[msg.sender].choice == correct_choice);
        uint256 payout = bets[msg.sender].amount * total_bet_amount /
          choice_bet_amounts[correct_choice];
        if (payout > 0) {
            msg.sender.transfer(uint256(payout));
            bets[msg.sender].paid = true; // cannot claim twice
        }
    } else if (game_status == 4) {
        // Just refund the bet
```

```
        msg.sender.transfer(uint256(bets[msg.sender].amount));
        bets[msg.sender].paid = true; // cannot claim twice
    } else {
        require (false); // Just fail
    }
}
```

Solidity 智能合约是故意设计得这么简单，主要处理重要的应用状态和“钱”（即本例的 CMT）的自动转移，它是 JavaScript Dapp 的后端服务。

16.2.2 WeBet JavaScript 应用

WeBet Dapp 是一个 JavaScript 应用，可以在 CyberMiles App 中执行，也可以在启用了 CyberMiles Venus 扩展的 Chrome 浏览器中执行。在 browser.js 文件中，我们测试 web3.cmt 对象是否为空（nil）。如果是，用户将被指示在移动设备上安装 CMT 钱包或在 PC 上安装 Venus Chrome 扩展，然后重新启动 Dapp。

由于 Dapp 只是静态 JavaScript 和 HTML 文件的集合，因此可以从任何匿名的 Web 服务器提供这些文件，甚至可以将它们绑定到设备客户端中，不需要中央服务器来管理应用的状态。在我们的示例中，Dapp 文件是从 http://webet.codeislaw.co/ 提供的。

16.2.2.1 创建一个新的 WeBet 合约

Dapp 中的 start.html 和 start.js 文件协同工作，支持创建和部署新的 WeBet 合约。HTML 文件捕获用户关于合约细节的输入（例如，标题、选择、最低投注金额），以及 JS 文件在区块链上创建合约。下面是 start.js 脚本的初始化代码：

```
$(function () {
    webBrowser.openBrowser();
    getAbi();
    getBin();
    initLanguage();
    initUserAddress();
    // ...
});

var initUserAddress = function () {
    var interval = setInterval(function () {
        web3.cmt.getAccounts(function (e, address) {
            if (address) {
                userAddress = address.toString();
                $("#userAddress").val(address);
                userAddress = address;
                tip.closeLoad();
                clearInterval(interval);
            }
        });
    }, 300);
}
```

注意，每个区块链相关的操作都是异步完成的。该应用会显示一个转轮，并要求用户等待，同时从钱包中发现用户的当前账户地址。当用户点击“ Submit”按钮以创建 WeBet 合约时，JavaScript 函数 startGame() 被映射到单击的事件。

```
var startGame = function () {
    var inputs = document.getElementsByName("choice");
    var numChoices = 0;
    var gameDesc = '';

    for (var i = 0; i < inputs.length; i++) {
        if (inputs[i].value != null && inputs[i].value != '') {
            var inputValue = inputs[i].value
            gameDesc += inputValue.trim() + ";";
            numChoices++;
        }
    }
    var title = $("#title").val();
    var betMinAmount = $("#betMinAmount").val();
    var allowUserBet = $("#allowUserBetCheckbox").val();
    var allowUserBetAmount = false;
    var minBetAmount = web3.toWei(betMinAmount, "cmt");
gameDesc = gameDesc.replace(/(^;)|(;$)/g, "");
    // deploy and start the game
    var contract = web3.cmt.contract(betAbi);
    var feeDate = '0x' + contract.new.getData(gameDesc, numChoices - 1,
      minBetAmount, allowUserBetAmount, {data: betBin.object});
    web3.cmt.estimateGas({data: feeDate}, function (e, returnGas) {
        var gas = '1700000';
        if (!e) {
            gas = Number(returnGas * 2);
        }
        contract.new([gameDesc, numChoices - 1, minBetAmount,
              allowUserBetAmount], {
            from: userAddress.toString(),
            data: feeDate,
            gas: gas,
            gasPrice: '2000000000'
        }, function (e, instance) {
            if (e) {
                tip.close();
                tip.error(lang.tip.createFailed);
            } else {
                contract_address = instance.address;
                // ...
                setTheContractAddressAndTurn(instance);
            }
        });
    });
};
```

除了常规的输入验证和处理代码之外，这个函数的主要部分嵌套在两个异步代码块中。

estimateGas() 函数要求连接的区块链节点估算创建此合约所需的 gas 费。我们把 gas 费乘以 2，因为估计有时是保守的。请注意，这是 gas 限制或用户授权使用的最大 gas 费。用户将只对创建合约时实际使用的 gas 收费。然后，contract.new() 函数将信息传递给合约构造器，并异步返回新创建的合约地址。

Dapp 的用户界面显示了一个转轮，一直到成功创建并返回合约地址。然后调用 setTheContractAddressAndTurn() 函数导航到投注屏幕。

```
var setTheContractAddressAndTurn = function (result) {
    if (result != null && (result.contractAddress != 'undefined'
          || result.address != 'undefined')) {
        tip.right(lang.bet.betCreated);
        setTimeout(function () {
            var turnAddress = result.contractAddress;
            if (turnAddress == 'undefined') {
                turnAddress = result.address
                saveLocalStorageBet(turnAddress);
            }
            console.log(turnAddress);
            window.location.href = './join.html?contract=' + turnAddress;
        }, 2000);
    }
};
```

Dapp 现在导航到 join.html 屏幕。带有合约地址的 URL 是其他人通过他们的 CyberMiles 应用（CMT 钱包）访问这个赌注的方式。这个 join.html 屏幕可以生成一个二维码，与朋友或潜在的博彩者分享。

16.2.2.2 投注一个选择

join.html 和 bet.js 文件协同工作以呈现投注的用户界面。getGameStatus() 函数从合约的 checkStatus() 函数中检索信息。它是一个纯视图函数，因此不需要任何操作。一旦 JavaScript getGameStatus() 函数接收到结果，它将解析标题、选择、当前选择、当前赌注和用户的奖励状态，然后在 join.html 屏幕上显示这些信息项。不会在本书中重复这段代码，因为它很长，但是读者可以在源代码清单中看到它。

当用户提交投注时调用 confirmOptionSubmit() 函数，在估计 gas 费之后异步调用合约的 placeBet() 函数。投注值作为可支付 placeBet() 函数的值发送到合约。

```
var confirmOptionSubmit = function () {
    var amount = $("#minBetAmount").val();
    var selectedValue = $("#selectedValue").val();
    // ... validate game status ...
    var allowBet = $("#allowUserBetAmount").val();
    if (allowBet == 'true') {
        var betAmount = $("#SubmitValue").val();
        betAmount = onlyNumber(betAmount);
        if (betAmount <= 0 || betAmount < amount) {
```

```
            tip.error(lgb.tip.moreThanZero);
            return;
        }
        amount = betAmount;
    }

// change the submit button color and event

    var feeData = instance.placeBet.getData(selectedValue + "");
    var amountStr = String(web3.toWei(amount, "cmt"));
    web3.cmt.estimateGas({
        data: feeData,
        to: contract_address,
        value: amountStr
    }, function (error, gas) {
        var virtualGas = '20000000';
        if (error) {
            console.log("error estimating gas");
        } else {
            virtualGas = gas;
        }
        instance.placeBet(selectedValue, {
            value: web3.toWei(amount, "cmt"),
            gas: virtualGas,
            gasPrice: 2000000000
        }, function (e, result) {
            if (e) {
                // ...
            } else {
                showUserChoice(gameStatus, userChoice, correctChoice);
                $("#msg").html(lgb.bet.pendingBet);
                $('#msg').css('display', 'block');
                getGameStatus('bet');
            }
        });
    });
}
```

一旦 placeBet() 函数调用返回，Dapp 就不会等待交易被确认。它只是继续并更新用户界面，以显示当前选中的选项，并显示一条投注已提交的消息。getGameStatus() 函数每 10 秒刷新一次页面，以获得来自区块链的最新信息。一旦在区块链上确认了交易，消息就会更改为投注已记录。

16.2.2.3　声明一个获胜选择

当 bet.js 脚本显示从 WeBet 智能合约检索到的信息时，它将确定是否显示所有者的控制选项，例如停止投注的选项或声明获胜选项。

```
web3.cmt.getAccounts(function (e, address) {
    // ...
```

```
        contract = web3.cmt.contract(betAbi, contract_address);
        instance = contract.at(contract_address);
    instance.checkStatus(userAddress, function (gameError, result) {
    // ...
            instance.owner(function (e, owner) {
                if (owner && owner.toLowerCase()==userAddress.toLowerCase()) {
                    if (gameStatus != 3) {
                        showBetSetting(contentId, afterBtnName,
                          lgb.bet.setting, betSetting);
                    }
                }
        });
        });
    });

    var showBetSetting = function (btnId, afterBtnName, buttonName, betFun) {
        var showColor = "#1976d2";
        if (!document.getElementById(btnId)) {
            fun.addButton(btnId, afterBtnName, buttonName, showColor, betFun);
        }
    }
```

当用户点击“owner”按钮时，将看到一个对话框来声明获胜选项，动作被映射到declareBetGame()函数。

```
    var declareBetGame = function () {
        var choiceValue = $("#declareValue").val();
        var dateTime = new Date();
        var desc = "This Bet Game stop at the Time : " +
            dateTime + "and the correct choice is" +
            fun.getLetterByNum(choiceValue);
        if (choiceValue <= 0) {
            tip.error(lgb.tip.selectOption);
            return;
        }
        var feeData = instance.endGame.getData(choiceValue, desc);

        web3.cmt.estimateGas({
            data: feeData,
            to: contract_address
        }, function (error, gas) {
            var virtualGas = '20000000';
            if (error) {
                console.log("error getting gas");
            } else {
                virtualGas = gas;
            }
            instance.endGame(Number(choiceValue), desc, {
                gas: virtualGas,
                gasPrice: 2000000000
            }, function (e, result) {
```

```
            if (e) {
                // ...
            } else {
                getGameStatus('declare');
            }
        });
    });
}
```

调用合约的 endGame() 函数，这允许合约计算每个投注参与者的赢收。在远程函数调用返回后，WeBet 的用户界面将被刷新。

16.2.2.4 申领奖金

当宣布了获胜选择后，在用户再次加载 Dapp 时，可以查看自己的投注选择是否是获胜选择。如果赢了，用户就可以选择把奖金存入自己的账户地址了。

```
var showRightChoice = function (contentId, userChoice, correctChoice,
          afterBtnName, withdrawButtonName, statusPaid, payoutAmount) {
    if (userChoice > 0) {
        if (correctChoice == userChoice) {
            if (statusPaid) {
                showWithdrawSuccess(contentId, payoutAmount);
            } else {
                showWithdraw(contentId, afterBtnName,
                  withdrawButtonName, withdraw);
            }
        } else {
            showFailed(contentId);
        }
    } else {
        showNotJoin(contentId);
    }
}

var showWithdraw = function (contentId, afterBtnName, buttonName, betFun) {
    var id = "winner-div";
    var showColor = "#1976d2";
    if (!document.getElementById(id)) {
        fun.addButton(contentId, afterBtnName, buttonName, showColor, betFun);
    }
    var content = '<div class="winner-show">...</div>';
    fun.addDivInnerhtml(domType[0], [attrType[0]], appendType[1],
      content, [id], contentId);
}
```

当用户单击按钮申领奖金的时候，调用合约的 payMe() 函数。

```
var withdraw = function () {
    instance.payMe(function (e, result) {
        if (e != null) {
            if (e.code == '1001') {
```

```
                tip.error(lgb.withdraw.info + lgb.cancelled)
            } else {
                tip.error(lgb.withdraw.info + lgb.error)
            }
        } else {
            console.log(result);
            $("#msg").html(lgb.bet.pendingWithdraw);
            $('#msg').css('display', 'block');
            document.getElementById(contentId).style.display = 'none';
            getGameStatus('withdraw');
        }
    });
}
```

这个设计要求用户回到自己的投注和支付 gas 费，以申领自己的奖金。另一种选择是使合约自动化，这样所有者就可以在 endGame() 中支付 gas 费，而合约将自动分配奖金。

使用当前的 WeBet 设计，Dapp 用户需要访问自己过去的投注。在我们的设置中，使用本地存储或可替换服务器上的数据来实现去中心化。这是下一节的主题。

16.2.3 Dapp 链下操作

WeBet Dapp 演示了如何将非必要的应用数据存储在链下服务中。链下数据不像典型的 Web 应用那样存储在中央服务器中，数据属于每个 WeBet Dapp 用户。

16.2.3.1 JavaScript 本地存储

WeBet Dapp 使用 JavaScript 的 localStorage API 来存储与当前用户相关的数据。例如，在 start.js 文件中，我们使用本地存储来保存用户的当前地址和新创建的合约地址。它们是下一个 Web 页面 join.html 所需要的，可以与其他投注参与者共享。

```
var saveLocalStorageBet = function (contractAddress) {
    if (window.localStorage) {
        var storage = window.localStorage;
        var item = {"userAddress": userAddress,
                    "contractAddress": contractAddress};
        storage.setItem("bets", item);
    }
}
```

本地存储可以用来存储当前用户私有的数据。它存储在运行钱包的设备上，只有访问过该设备的人才能获得这些数据。

16.2.3.2 可替换的第三方存储

my.html 和 my.js 文件一起显示当前用户参与的 WeBet 合约列表。以太坊协议不提供通过查询区块链节点获取此类信息的方法。对于 WeBet Dapp，我们构建一个在线服务，该服务从 CyberMiles 节点获取数据块，为数据块中的数据（如合约、所有者和赌注）构建一个关系数据库，然后提供一个 API 来查询数据库。

这个数据库是去中心化的，因为任何使用开源软件的人都可以部署它。因此，Dapp 对于这个数据源有许多潜在的选择，没有单点故障或控制能力。以下是 my.js 中的相关代码：

```
var requestListInfo = function (pageNo) {
    var methodId = 'de2fd8ab,83bd72ba,3cc4c6ce,9c16667c,340190ec';
    var url = 'https://api.cmttracking.io/api/v3/contractsByType?funcIds='
      + methodId + "&limit=" + pageSize + "&page=" + pageNo
    $.ajax({
        url: url,
        dataType: 'json',
        type: 'GET',
        async: true,
        success: function (result) {
            if (result && result.data && result.data.objects) {
                $("#totalCount").val(result.data.meta.total);
                var totalPage = parseInt(
                    result.data.meta.total / pageSize) + 1;
                $("#totalPage").val(totalPage);
                var lastCount = result.data.meta.total % pageSize;
                if (pageNo < totalPage) {
                    lastCount = pageSize;
                }
                var id = "listContent";
                divCount = 0;
                if (result.data.objects.length <= 0) {
                    tip.closeLoad();
                    return;
                }
                console.log(result.data.objects);
                for (var i = 0; i < result.data.objects.length; i++) {
                    var obj = result.data.objects[i];
                    appendChildList(obj.address, id,
                                    lastCount, userAddress);
                }
            }
        },
        error: function (e) {
            console.log("Get user contract address failed" + e)
        }
    });
}
```

在本例中，服务部署在 api.cmttracking.io 上，允许通过它们的字节码签名搜索智能合约地址。

16.3　本章小结

本章以 Valentines 和 WeBet Dapp 为例，展示了如何在 CyberMiles 公共区块链上创建完整的 Dapp。

Chapter 17 第 17 章

业务规则与合约

区块链虚拟机本质上是一个状态机，它对账户中的状态变化做出响应（即交易）。当然，作为响应的一部分，虚拟机也会引起附加的状态变化。在许多情况下，可以通过一组正式的规则（“(If) 如果满足你设定的条件（This），那么（Then）触发你指定的操作（That）”或 ITTT）来定义和描述这种状态更改。事实上，在现代计算机系统中，大多数机器间的交互都是由这些规则定义的。

然而，当我们有多个交互系统时，即使对于经验丰富的计算机程序员来说，使用通用编程语言显式地编码和执行规则也是不可能的。例如，在一个典型的航空里程计划中，一个人的积分取决于他的账户状态、账户历史、所购买的机票和所乘坐的航班的复杂规则。每个系统都有自己的规则，最后的执行结果（这次飞行后获得的分数）是所有这些规则的“连接”操作。此外，因为这些规则经常根据业务需求而变化，它们不应该由计算机程序员开发或维护。业务分析人员必须能够创建、验证和维护这些规则，这就产生了业务规则引擎（Business Rules Engine，BRE）。

典型的 BRE 由专门的计算机编程语言（正式规则语言）、执行规则的运行时环境以及创建和管理规则的可选可视化工具组成。BRE 几乎可以在任何编程语言中使用，并且可以广泛地从商业和开源供应商那里获得。著名的 BRE 包括 Drools、Jess、Pega、ILOG 和 InRule。Lity 编程语言和虚拟机，是第一个基于区块链的 BRE。

通过支持区块链智能合约中的规则语言和工具，Lity 可以帮助将大量业务分析师 / 程序员及其现有规则应用引入区块链生态系统。BRE 允许人们使用熟悉的工具构建去中心化金融、电子商务和其他应用。另一方面，区块链提供了一个安全的、可验证的平台来执行业务规则，可以为 BRE 带来新的信任。

在本章中，我们将探讨 Lity 智能合约语言和 CyberMiles 公共区块链如何支持智能合约本身的正式业务规则。

17.1　一个示例

Lity 语言规则的定义很简单。总体方法是首先定义应该何时触发规则，然后定义触发的动作。

让我们来研究一下在有预算的情况下给予退休人员津贴的规定。BRE 有一个“工作内存”的空间来存储个人资料和预算。当规则被触发时，在虚拟机中的执行引擎会遍历“工作内存”中的所有对象，并识别满足 when 子句的组合。它执行 then 子句并更新“工作内存”中对象的状态。虚拟机对“工作内存”中的所有对象执行这条规则，直到 when 子句不再匹配“工作内存”中的任何对象。

```
rule "payPension" when {
  p: Person(age >= 65, eligible == true);
  b: Budget(amount >= 10);
} then {
  p.addr.transfer(10);
  p.eligible = false;
  b.amount -= 10;
}
```

在前面的代码片段中，虚拟机匹配的是年龄超过 60 岁并有资格领取津贴的人，然后检查预算是否仍然可用。如果满足这两个条件，when 子句会找到一个匹配项，然后触发 then 子句。then 子句将资金发送给个人并减少预算。then 的动作之一是将人的 eligible 属性更改为 false，这样这个人就不会再被 when 子句匹配，因为正如所描述的那样，规则引擎会一次又一次地运行该规则，直到找不到更多的匹配项为止。

现在，我们如何将 Person 对象和 Budget 对象放入 Lity 规则引擎的工作内存中呢？这是通过 factInsert 和 factDelete 语句来完成的。下面的代码清单完整地显示了合约。Budget 对象在创建合约时插入到工作内存中。addPerson() 函数的作用是：将 Person 对象添加到工作内存中。它在 ps 数组中保留对 Person 的引用，以便以后需要时可以将 Person 从工作内存中删除。pay() 函数针对工作内存中的所有对象触发规则。

```
contract AgePension {
    struct Person {
        int age;
        bool eligible;
        address addr;
    }

    struct Budget {
```

```
        int amount;
    }

    mapping (address => uint256) addr2idx;
    Person[] ps;
    Budget;

    constructor () public {
        factInsert budget;
        budget.amount = 100;
    }

    function addPerson(int age) public {
        ps.push(Person(age, true, msg.sender));
        addr2idx[msg.sender] = factInsert ps[ps.length-1];
    }

    function deletePerson() public {
        factDelete addr2idx[msg.sender];
    }

    function pay() public {
        fireAllRules;
    }

    function () public payable { }

    rule "payPension" when {
        p: Person(age >= 65, eligible == true);
        b: Budget(amount >= 10);
    } then {
        p.addr.transfer(10);
        p.eligible = false;
        b.amount -= 10;
    }
}
```

读者可以将此合约键入 CyberMiles 的 Europa 在线集成开发环境，并将其部署到真实的 CyberMiles 公共区块链网络中（见图 17.1）。读者可以使用 Europa 用户界面直接与 addPerson() 和 pay() 等合约方法交互，以查看规则的实际执行情况。

注意

BUIDL IDE 也可以编译和部署带有嵌入规则的智能合约。试一试！

现在读者已经看到了一个关于 Lity 规则智能合约的简单例子。在本例中，可以使用常规的 if-then 语句轻松实现该功能。在下一节中，我们将研究规则语言和更常见的规则用例。

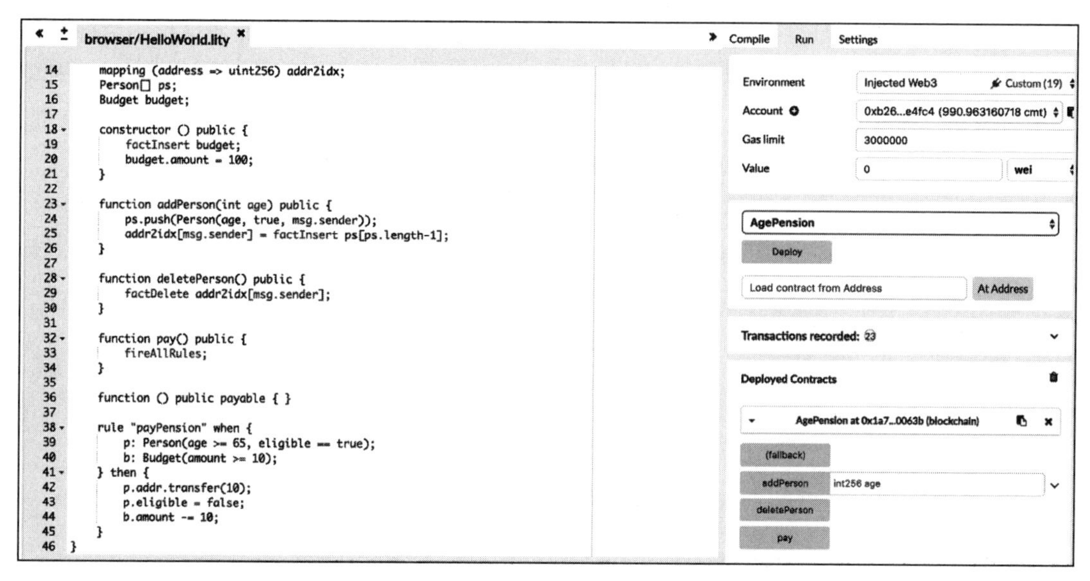

图 17.1　通过 Europa 在 CyberMiles 公共区块链上部署规则合约

17.2　规则语言

现代的 BRE（包括 Lity）使用 Rete 算法来构建、评估和执行一个推理规则的网络。

所有规则都可以按顺序排列成一系列嵌套 if-then 语句。然而，当规则复杂时，if-then 结构可能会变得复杂。以下是航空公司奖励的简单规则：

- 当奖励里程达到 25 000 英里（1 英里 = 1609.344 米）时，客户将获得银卡。
- 当奖励里程达到 50 000 英里时，客户将获得金卡。
- 银卡客户从任何航班上都可以获得 10% 的飞行里程奖励。
- 金卡客户从任何航班上都可以获得 20% 的飞行里程奖励。

这个例子只涉及两组简单的推理规则，客户状态和飞行奖励。现在，考虑一下为航班上的所有客户计算奖励的规则。有些乘客可能在飞机上获得银卡或金卡。因此，if-then 序列需要首先计算奖励里程，然后更新状态，然后再次为一些客户重新计算奖励里程。

如果规则更复杂，并且包含了更多的推理规则集，则 If-then 序列的复杂度可能会指数级增长。每个规则集都需要在其他规则集的每个组合中进行一次又一次的计算和执行。深度嵌套的序列不能手工构建，也不可能进行测试和验证。此外，如果规则被业务需求更改，则需要重新构建整个评估、重估和执行的序列。

17.2.1　Rete 算法

Charles Forgy 博士发明的 Rete 算法很好地解决了这个问题。在无须深入算法细节的情况下，它允许我们将单个规则声明为网络中的节点（称为 Rete 网络），并通过规则之间的推理关系连接节点。一旦定义了一个 Rete 网络，该算法将自动应用于工作内存中的一个对象集合（例如，航空公司积分计划示例中的客户和航班对象）。Rete 算法通过遍历网络节点，然后执行规则，有效地计算和重新计算这些对象。

对于开发人员和业务分析人员而言，我们可以简单地声明规则并将对象放入工作内存中。现在，我们不再需要构建高度嵌套的 if-then 序列，就可以依赖计算机对规则和对象执行 Rete 算法。

Lity 规则引擎实现了 Rete 算法，Lity 规则的语法框架如下：

```
contract C {
    rule "ruleName"
    // Rule attributes
    when {
        // Filter Statements
    } then {
        // Action Statements
    }
}
```

接下来，让我们看看规则的结构。

17.2.2 规则属性

规则可以具有以下属性。

salience 属性表示一个规则的激活优先级。一个合约可以有多个规则，它们是按 salience 排序的。较高的 salience 规则被评估并首先执行，它默认为整数值 0。在下面的示例中，首先计算第二个规则。

```
rule "test1" salience 20 when {
  p: Person(val >= 10);
} then {
  p.addr.send(1);
  p.val--;
  update p;
}

rule "test2" salience 30 when {
  p: Person(val >= 20);
} then {
  p.addr.send(2);
  p.val--;
  update p;
}
```

当为真时，no_loop 属性禁止使用相同的事实集来激活规则本身。这是为了防止无限循环，它默认为 false。在下面的示例中，对工作内存中的每个 Person 只触发一次规则。

```
rule "test" no_loop true when {
  p: Person(age >= 20);
} then {
  p.age++;
  p.addr.send(1);
  update p;
}
```

如果为真，则 lock_on_active 属性禁止使用同一组事实来多次激活规则。这比 no_loop 的禁止属性更强，因为它还可以防止规则的重新激活，即使它是由另一个规则的动作引起的。

17.2.3　规则过滤器

过滤器语句指定了如何根据规则匹配事实（结构和对象）。它是由 AND 连接的一系列语句，这意味着要匹配和筛选的对象组合，必须满足所有这些语句。

每个语句为其属性指定一个对象类型和筛选条件。它从模式绑定开始，模式绑定指定在此规则范围中引用的事实标识符。绑定之后，模式类型指定事实对象的类型。然后，一组约束描述了这个事实的条件，约束必须是布尔（boolean）表达式。

```
rule "test" when {
  p: Person(age >= 65, eligible == true);
} then {
  ... ...
}
```

前面的模式使用 Person 类型描述事实 p；它的约束条件是 age（年龄）必须大于或等于 65 岁，且 eligible（符合条件）必须为 true。

17.2.4　规则的动作

动作语句指定了在筛选的事实上调用的函数。例如，动作代码块中的以下代码调用 transfer()，然后更新该人的资格：

```
rule "test" when {
  p: Person(age >= 65, eligible == true);
} then {
  p.addr.transfer(10);
  p.eligible = false;
  update p;
}
```

动作代码块中的 update 关键字是规则语言的一个特殊关键字。更新对象语句通知规则引擎此对象可能被修改，规则可能需要重新评估。

17.2.5　规则继承

规则可以继承。有时一个规则的约束基于另一个规则的约束，在这种情况下，这个规则可以扩展另一个规则。

例如，一家百货公司想要给老顾客 10% 的折扣，并且他们可以免费停车。折扣规则描述如下：

```
rule "test1"
when {
   customer : Customer( age > 60 );
} then {
   customer.discount = 10;
}
```

免费停车规则可以扩展老年顾客（60 岁以上）的约束。那么这个规则可以写成如下形式：

```
rule "test2"
   extends "test1"
when {
   car : Car ( ownerID == customer.id );
} then {
   car.freeParking = true ;
}
```

继承允许开发人员和分析人员基于过去的工作构建复杂的规则库。

17.2.6 工作内存

正如我们在示例中看到的，factInsert 和 factDelete 语句用于管理工作内存中的事实，以便对规则进行筛选和操作。

factInsert 操作符接受一个具有存储数据位置的对象，并计算出一个类型为 uint256 的事实句柄，将对存储对象的引用插入到工作内存中。一个例子如下：

```
contract C {
  struct fact { int x; }
  fact[] facts;
  constructor() public {
    facts.push(fact(0));
    // insert the fact into working memory
    factInsert facts[facts.length-1];
  }
}
```

注意，factInsert fact(0) 无法通过编译。原因是 fact(0) 是内存数据位置的引用，它不是持久性的，因此不能插入到工作内存中。

factDelete 操作符接受一个事实句柄（uint256）并计算结果为 void，它从工作内存中删除对事实的引用。

最后，fireAllRules 是一个特殊的语句，它启动了 Lity 规则引擎的执行。

17.3　更多业务示例

智能合约中的规则有很多应用。读者已经看到了航空公司积分计划的一个简单示例。一般来说，公共区块链是此类积分项目的良好平台，因为它们提供了此类积分的供应、发行和使用的透明度，并且可以允许来自不同商家的积分进行交换和交易。在本节中，将介绍一些更简单的示例，以便读者了解规则的实际应用用例。

17.3.1　保险索赔

考虑一家旅行保险公司，它为航班延误提供如下索赔：

- 如果航班延误超过 4 个小时，每个人都能得到至少 100 美元的赔偿。
- 如果航班延误超过 6 个小时，每个人都将收到高达 300 美元的可报销费用。

第一条规则（延误四小时或以上）如下：

```
rule "four hour fix amount" when {
    p: Person()
    f: Flight(delay >= 4, id == p.flightID)
} then {
    p.claimAmount = max(100, p.claimAmount);
}
```

对于第二条规则（延误 6 小时或更长时间），第一条规则中隐含了 100 美元的补偿，因此我们只需要考虑限制的费用。

```
rule "six hour limited amount" when {
    p: Person()
    f: Flight(delay >= 6, id == p.flightID)
} then {
    p.claimAmount = max(min(p.delayExpense, 300), p.claimAmount);
}
```

规则引擎在评估保险索赔时是有用的，因为赔付是保险合约中规定的所有规则。

17.3.2　收税

这个例子演示了如何使用规则引擎计算税金。在大多数国家，税率分为不同的等级。也就是说，某些收入范围按相应的税率征税。通常，更多的收入意味着更高的税率。例如，在 2018 年美国联邦税收体系中，个人根据收入缴纳以下税率：

- $0 到 $9525：10%
- $9526 到 $38 700：12%
- $38 701 到 $82 500：22%
- $82 501 到 $157 500：24%
- $157 501 到 $200 000：32%

- $200 001 到 $500 000：35%
- $500 001 到更多：37%

这些税率是边际税率，也就是说，纳税人只根据其收入在规定范围内的部分来支付税率。例如，如果读者有 1 万美元的应税收入，那么前 9525 美元的税率是 10%，剩下的 475 美元的税率是 12%。现在，让我们看看规则。对于第一个纳税等级，从 0 美元到 9525 美元的净收入按 10% 纳税。

```
rule "first bracket" when{
    p: Person(income > 0)
} then {
    p.tax += min(9525, p.income) * 10 / 100;
}
```

同样，从 9526 美元到 38 700 美元的净收入按 12% 的税率纳税。请注意，收入的 9525 美元已经在第一个税级纳税，所以应该从这里的税额中减去 9525 美元。

```
rule "second bracket" when{
    p: Person(income > 9525)
} then {
    p.tax += (min(38700, p.income) - 9525) * 12 / 100;
}
```

同样的方法，余下的收入等级如下所示：

```
rule "third bracket" when{
    p: Person(income > 38700)
} then {
    p.tax += (min(82500, p.income) - 38700) * 22 / 100;
}

rule "fourth bracket" when{
    p: Person(income > 82500)
} then {
    p.tax += (min(157500, p.income) - 82500) * 24 / 100;
}

rule "fifth bracket" when{
    p: Person(income > 157500)
} then {
    p.tax += (min(200000, p.income) - 157500) * 32 / 100;
}

rule "sixth bracket" when{
    p: Person(income > 200000)
} then {
    p.tax += (min(500000, p.income) - 200000) * 35 / 100;
}

rule "seventh bracket" when{
```

```
    p: Person(income > 500000)
} then {
    p.tax += (p.income - 500000) * 37 / 100;
}
```

当然，税法中还有很多其他的规则来调整个人的应纳税收入，将收入归入额外的税率等级（例如，所有的资本收益都按 10% 纳税），并在满足某些规则时退还部分税款。税法是规则引擎的一个引人注目的用例！

17.3.3　产品组合

最后，让我们看一个商业应用示例。当顾客同时订购多种商品时，线上和线下商店通常会提供折扣。以餐馆为例，一个汉堡要 11 美元，一杯饮料要 3 美元，加起来是 14 美元。这个求和规则可以简单表示为：

```
rule "Burger"
  salience 10
  lock_on_active
when{
    b: Burger();
    bl: Bill();
} then {
    bl.amount += 11;
}

rule "Drink"
  salience 10
  lock_on_active
when{
    d: Drink();
    bl: Bill();
} then {
    bl.amount += 3;
}
```

然而，许多餐厅提供套餐折扣。例如，一杯饮料加一个汉堡可以打折 2 美元。有了规则引擎，这个折扣规则可以自动应用如下：

```
rule "Combo" when{
    b: Burger(combo==-1);
    d: Drink(combo==-1);
    bl: Bill();
} then {
    b.combo = bl.nCombo;
    d.combo = bl.nCombo;
    bl.nCombo++;
    bl.amount -= 2;
    update b;
    update d;
}
```

nCombo 是账单中组合的数量，一个汉堡 / 饮料的组合值表示汉堡 / 饮料所属的组合（combo）号（-1 表示没有组合）。每个汉堡或饮料最多属于一个组合，以防止重复折扣。

17.4 本章小结

区块链智能合约自然适合正式规则。智能合约就是一组规则，当满足某些条件时，由计算机执行，无须人工干预。相反，区块链保证了规则的正确执行。

本章讨论了 Lity 规则语言和引擎。它支持在区块链智能合约中构建和执行正式的业务规则。请注意，本章中的许多例子最初都在 Lity 的文档中。

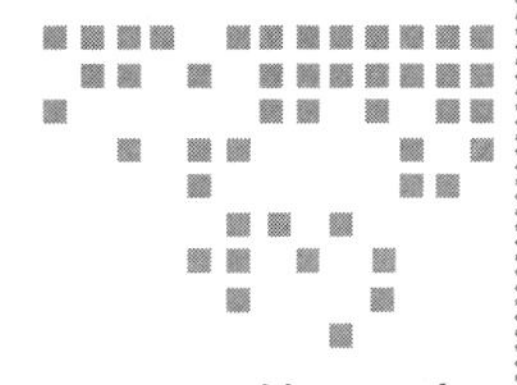

第 18 章 Chapter 18

构建特定于应用的 EVM

Lity 的主要特点之一是 libENI 的基础设施能力。它允许开发者向功能强大的虚拟机中添加原生 C/C++ 函数。虽然 Solidity 和 Lity 都是图灵完备的语言，但它们的效率很低。对于区块链上的许多常见计算机操作（如字符串操作和加密 / 解密）来说，这意味着性能低下和高昂的成本。libENI 原生函数允许开发者以高效的方式支持区块链智能合约中的那些操作。libENI 的重要性是双重的。

- 如果读者正在构建自己的区块链，可以通过绑定一个选定的 libENI 函数库来为特定的应用用例定制它。例如，如果读者正在构建一个专门用于交换隐私数据的区块链，那么可以绑定通常用于数据加密的 libENI 函数。商业供应商，例如 Second State，为读者提供了为自己的区块链创建自定义 libENI 包的工具。
- 如果读者正在一个基于 Lity 的公共区块链（如 CyberMiles 公共区块链）上开发智能合约，可以通过 libENI 添加新的系统级功能。在 CyberMiles 区块链上，任何人都可以开发 libENI 的模块和函数，并通过验证节点的共识将其添加到区块链虚拟机中。这是扩展区块链虚拟机的最民主的方法。

注意

以太坊路线图还要求支持原生和预编译合约。这些合约由以太坊核心开发者开发，并使用以太坊软件更新进行部署。另一方面，只需获得底层区块链共识，公共区块链的 libENI 扩展就可以由任何人开发。

例如，在 CyberMiles 区块链上，任何人都可以通过一个治理交易（TX）向区块链添加一个 libENI 函数，由 CyberMiles 验证节点或超级节点对治理交易进行投票，以批准或

> 拒绝。这使得在软件开发周期和“核心”开发者社区之外对虚拟机进行动态和民主的扩展成为可能。社区开发的 libENI 函数可以添加到虚拟机中，而不需要停止、分叉或重新启动整个区块链。

在本章中，将解释如何使用、开发和部署 libENI 函数。我们将以 CyberMiles 为例，演示 libENI 链上治理是如何工作的。Lity 团队定期向 libENI 实现中添加新特性。他们正在开发一套完整的字符串库、加密库、JSON 库和其他公共的实用程序，作为高效的可选 libENI 函数提供给虚拟机。

18.1 使用 libENI 函数

CyberMiles 区块链软件附带了一些简单的 libENI 函数，已经预先安装。CyberMiles 区块链允许我们立即在智能合约中试验 libENI 函数。但是首先，读者需要安装 lityc 编译器，以构建用 Lity 编程语言开发的智能合约。

读者可以选择从源代码构建 lityc 编译器，或者直接下载其支持的操作系统平台的二进制文件。二进制发布页面在 GitHub 上：https://github.com/CyberMiles/lity/releases。但如果读者想建立自己的二进制文件，请使用以下方法：

```
$ git clone https://github.com/second-state/lity.git
$ cd lity
$ mkdir build
$ cd build
$ sudo apt-get install cmake libblkid-dev e2fslibs-dev
    libboost-all-dev libaudit-dev
$ cmake ..
$ make
... ...
$ ./lityc/lityc --help
```

现在读者已经安装了 lityc，我们将通过几个示例来了解如何在智能合约中使用 libENI 函数。

18.1.1 字符串反转示例

这个例子展示了一个相当简单的 libENI 函数，它可以反转接收到的任何字符串。下面是一个示例合约，如读者所见，它类似于一般的合约。但是，关键字 eni 在 Solidity 中不可用，它不能使用常规的 Solidity 编译器进行编译。

```
pragma solidity ^0.4.23;

contract ReverseContract {
  function reverse(string input) public returns(string) {
    string memory output = eni("reverse", input);
```

```
    return output;
  }
}
```

关键字 eni 后面有两个参数。reverse 是 libENI 函数的名称，添加到虚拟机的每个 libENI 函数必须有唯一的名称。字符串参数 input 是传递到 reverse libENI 函数的参数。读者可以将任意数量的参数传递到 libENI 函数中。

让我们将代码保存到一个名为 Reverse.lity 的文件中。读者必须使用 lityc 编译器来编译源代码，以生成字节码和应用程序二进制接口定义。

```
$ ./lityc/lityc --bin Reverse.lity
======= ./Reverse.lity:ReverseContract =======
Binary:
608060405234...

$ ./lityc/lityc --abi Reverse.lity
======= ./Reverse.lity:ReverseContract =======
Contract JSON ABI
[{"constant":false,"inputs":[{"name":"input","type":"string"}],
"name":"reverse","outputs":[{"name":"","type":"string"}],
"payable":false,"stateMutability":"nonpayable","type":"function"}]
```

在 travis 客户端的 web3-cmt 控制台（类似于以太坊上的 GETH 控制台）上，现在可以将合约字节码和 ABI 部署到运行的 CyberMiles 节点上。

```
> personal.unlockAccount(cmt.accounts[0],'1234');
> bytecode="0x608060..."
> abi = [{"constant":false,"inputs":[{"name":"input",
"type":"string"}],"name":"reverse","outputs":[{"name":"","type":"string"}],
"payable":false,"stateMutability":"nonpayable","type":"function"}]
> contract = web3.cmt.contract(abi);
> contractInstance = contract.new(
  {
    from: web3.cmt.accounts[0],
    data: bytecode,
    gas: "4700000"
  },
  function(e, contract) {
    console.log("contract address: " + contract.address);
    console.log("transactionHash: " + contract.transactionHash);
  }
 );
```

一旦使用区块链确认了合约的成功部署，读者将在控制台上看到它的合约地址。读者可以调用它的 reverse 方法。

```
> contractInstance.reverse.call("hello", {from: cmt.accounts[0]})
olleh
```

由于大多数 libENI 函数都需要区块链节点来执行工作，所以它们通常需要收取 gas 费。

这就是为什么我们有一个 from 账户为这个 libENI 函数调用来支付 gas 费。

18.1.2 RSA 示例

RSA 示例展示了如何使用一对 RSA 公钥和私钥对智能合约中的数据进行加密和解密。这些功能使区块链账户能够通过智能合约交换私人信息。它们是包括数据市场和内容分发在内的广泛应用的关键构件。

> **注意**
>
> 一个有趣的 RSA 应用是一个数据市场。让我们使用医疗记录市场来说明 RSA 再加密方案在这种情况下是如何工作的。患者拥有自己的医疗记录，他们授权 Bob（数据经纪人或医院）代表他们汇总和出售医疗记录。Alice（数据使用者或研究人员）从 Bob 处购买患者的数据。Bob 把利润分给病人。我们如何自动化并在链上记录整个流程？
>
> Bob 设置了三个 RSA 密钥（一个公共加密密钥 1、一个公共再加密密钥 2 和一个私有解密密钥 3），并为交易设置了一个智能合约。智能合约包含公钥 1 和公钥 2。
>
> 单个患者授权 Bob 使用密钥 1 加密记录并将加密的数据上传到合约中，从而出售他的记录。Alice 同意从 Bob 那里购买数据，并向智能合约付款。智能合约使用密钥 2 重新加密所有的记录，并使它们公开可用。然后 Bob 将私钥 3 在线下直接发送给 Alice，这样 Alice 就可以解密合约中保存的所有记录。Alice 承认收到了合约的私钥 3，合约自动将资金分配给病人和 Bob。
>
> 在这个过程中，只有 Alice 和 Bob 能够解密整个数据集，所有患者都知道自己的数据。公众可以验证交易，包括所有的货币支付，但看不到任何数据。

下面的代码演示了一个简单的合约，它使用 RSA 公钥加密明文字符串，然后使用 RSA 私钥解密它：

```
pragma solidity ^0.4.0;

contract RSACrypto {
    function encrypt(string pubkey, string plaintext)
                        public pure returns (string) {
        string memory ret;
        ret = eni("rsa_encrypt", pubkey, plaintext);
        return ret;
    }

    function decrypt(string prikey, string ciphertext)
                        public pure returns (string) {
        string memory ret;
        ret = eni("rsa_decrypt", prikey, ciphertext);
        return ret;
    }
}
```

在本例中，可以看到 libENI 函数 rsa_encrypt 和 rsa_decrypt 接受多个输入参数。在本节中，将向读者展示如何使用 lityc 一次性生成字节码和 ABI 接口。

```
$ ./lityc/lityc --abi --bin -o output RSACrypto.lity
$ cat output/RSACrypto.abi
[{"constant":true,"inputs":...}]
$ cat output/RSACrypto.bin
608060405234801...
```

接下来，将字节码和 ABI 部署到一个本地或 CyberMiles 的测试网区块链，并在成功部署后收到一个合约地址。

```
> personal.unlockAccount(cmt.accounts[0],'1234');
> bytecode="0x608060..."
> abi = [{"constant":false,"inputs":...}]
> contract = web3.cmt.contract(abi);
> c = contract.new(
  {
    from: web3.cmt.accounts[0],
    data: bytecode,
    gas: "4700000"
  },
  function(e, contract) {
    console.log("contract address: " + contract.address);
    console.log("transactionHash: " + contract.transactionHash);
  }
 );
```

要使用 RSA 函数，需要调用智能合约方法并传入密钥和数据。

```
prikey = "-----BEGIN RSA PRIVATE KEY-----\nMIIEowIBAA...";
pubkey = "-----BEGIN PUBLIC KEY-----\ +X\nlNlozUy...";

# Encrypt
> ciphertext = c.encrypt.call(pubkey, 'Hello World!',
                              {from: cmt.accounts[0]})
"49d511a44a3d2a24...b258e70282a"

# Decrypt
> c.decrypt.call(prikey, ciphertext, {from: cmt.accounts[0]})
"Hello World!"
```

当然，在现实世界中，我们不能使用私钥调用智能合约方法，因为所有这些交易都是公共记录。此示例仅供演示。

18.1.3　scrypt 示例

这个 scrypt 例子是用来验证 Dogecoin 区块链的区块头在合约中的有效性。为什么有人会这么做呢？原因是，Dogecoin 是比特币区块链的克隆版。验证一个 Dogecoin 区块头允许智能合约进一步验证区块内的交易。通过将这种计算扩展到比特币，我们可以开发以太坊智能合约，自动验证和响应比特币交易，使跨链资产交换成为可能。

然而，Dogecoin 区块头的验证需要智能合约来执行 scrypt 操作，这对于 Solidity 和 EVM 来说是非常昂贵的。Vitalik Buterin 估计，它需要 3.9 亿单位以太坊 gas 费才能发挥作用，远远超过了以太坊区块 gas 费的限制。为了解决这个问题，以太坊和 Dogecoin 社区设立了 25 万美元的奖金，奖励第一个在以太坊上执行 scrypt 操作以验证 Dogecoin 区块头的可行解决方案。在本节中，我们将展示 libENI 在一个完全兼容以太坊的区块链虚拟机上以较低的成本提供的一个解决方案。

> **注意**
>
> BTCRely 是一个社区服务，在以太坊上验证比特币交易。它被设置为一个以太坊智能合约，允许其他合约请求验证和支付费用。这笔费用被用来激励一群链下工作者在自己的电脑上进行验证并提交结果。Truebit 项目也有类似的离线验证方法。然而，最终，这些链下模式是依赖“良好行为”激励的加密经济游戏。它们昂贵、缓慢、乏味、不可靠。

scrypt 示例的完整源代码可在 http://lity.readthedocs.io/en/latest/verify-dogecoin-block-on-travis.html 上获取。在这里，读者可以看到智能合约的关键部分，它调用 libENI 函数 scrypt 来执行工作：

```
pragma solidity ^0.4.23;

contract DogecoinVerifier {

  ...

  function verifyBlock(uint version, string prev_block,
        string merkle_root, uint timestamp, string bits, uint nonce)
        pure public returns (bool) {
    DogecoinBlockHeader memory block_header =
        DogecoinBlockHeader(version, prev_block, merkle_root,
                            timestamp, bits, nonce);
    string memory block_header_hex = generateBlockHeader(block_header);
    string memory pow_hash = reverseHex(eni("scrypt", block_header_hex));
    uint256 target = bitsToTarget(bits);
    if (hexToUint(pow_hash) > target) {
      return false;
    }
    return true;
  }

  ...
}
```

同样，我们使用 lityc 一次性生成字节码和 ABI 接口。

```
$ ./lityc/lityc --abi --bin -o output DogecoinVerifier.lity
$ cat output/DogecoinVerifier.abi
[{"constant":true,"inputs":...}]
$ cat output/DogecoinVerifier.bin
6080604052348015610010576000080fd5b506111d5...
```

我们现在可以将字节码和 ABI 部署到区块链，并在成功部署后收到一个合约地址。

```
> personal.unlockAccount(cmt.accounts[0],'1234');
> bytecode="0x608060..."
> abi = [{"constant":false,"inputs":...}]
> contract = web3.cmt.contract(abi);
> contractInstance = contract.new(
  {
    from: web3.cmt.accounts[0],
    data: bytecode,
    gas: "4700000"
  },
  function(e, contract) {
    console.log("contract address: " + contract.address);
    console.log("transactionHash: " + contract.transactionHash);
  }
 );
```

要调用合约并验证一个 Dogecoin 区块头，我们需要以下信息。这些通过算法链接在一起，形成一个有效的区块链区块头。所有这些都是可以从 Dogecoin 区块链浏览器中获得的公共信息。在下面的例子中，我们使用来自 Dogecoin 区块链的第二个区块（block 2）。

- 版本：1
- 前一个区块散列：

  82bc68038f6034c0596b6e313729793a887fded6e92a31fbdf70863f89d9bea2

- 交易的 Merkle 根散列：

  3b14b76d22a3f2859d73316002bc1b9bfc7f37e2c3393be9b722b62bbd786983

- 时间戳：1386474933（从 2013-12-07 19:55:33 -0800 转换而来）
- 难度值（比特）：1e0ffff0
- nonce：3404207872

现在，我们可以使用前面的数据调用合约上的 verifyBlock 方法。

```
# Block #2 of dogecoin
> c.verifyBlock.call(1, "82...", "3b...", 1386474933, "1e0ffff0",
                               3404207872, {from: cmt.accounts[0]})
true

# 1-bit of nonce changed
> c.verifyBlock.call(1, "82...", "3b...", 1386474933, "1e0ffff0",
                                 3404207871, {from: cmt.accounts[0]})
false
```

虽然这超出了本书的范围，但原生的 scrypt 函数为比特币的去中心化跨链操作奠定了基础。

18.2 写一个 libENI 函数

现在我们已经了解了如何使用 libENI 函数。在本节中，将讨论如何开发自己的 libENI 函数，这些函数可以作为虚拟机扩展动态部署到 CyberMiles 区块链。以简单的 reverse libENI 函数为例，完整的例子可以在 CyberMiles 的 libENI 公共 GitHub 仓库中找到。

libENI 函数是用 C++ 开发的，作为 OS 的原生库函数。读者需要使用 #include <eni.h> 创建 eni::EniBase 的一个子类，并实现以下功能：

- 以字符串为参数的构造函数。记得将字符串传递给超类的构造函数 eni::EniBase，它将把原始字符串转换成包含 ENI 操作参数的 JSON 数组 json::Array。
- 一个析构函数。
- 解析参数的 parse 虚函数。
- 从参数来计算 gas 费消耗的 gas 虚函数。
- 从参数执行 ENI 操作的 run 虚函数。

reverse 函数的框架代码如下：

```
#include <eni.h>
class Reverse : public eni::EniBase {
public:
  Reverse(const std::string& pArgStr)
    : eni::EniBase(pArgStr) { ... }
  ~Reverse() { ... }

private:
  bool parse(const json::Array& pArgs) override { ... }
  eni::Gas gas() const override { ... }

  bool run(json::Array& pRetVal) override { ... }
};
```

接下来，让我们看看这三个虚拟函数的实现。

18.2.1 解析参数

parse 函数接受一个 JSON 数组 json::Array，其中包含给 libENI 操作的参数。为了确保其他两个函数 gas 和 run 以相同的方式处理参数，请将参数验证、预处理之后，存储到 parse 函数中的成员变量中。

当所有的参数都是好的时，parse 函数应该返回 true，否则（例如，缺少参数，或者类型错误）返回 false。

在本例中，eni::EniBase 构造的 JSON 数组 json::Array 只包含 libENI 操作 reverse 的参数字符串。下面是 parse 的实现：

```
class Reverse : public eni::EniBase {
  ...
private:
  bool parse(const json::Array& pArgs) override {
    m_Str = pArgs[0].toString();
    return true;
  }

  std::string m_Str;
};
```

18.2.2　估计 gas 费

在运行 libENI 函数之前，读者需要估计它的运行成本，重载虚拟函数 gas 并返回读者估计的 gas 费。在本例中，我们使用字符串长度作为 gas 费的消耗。

```
class Reverse : public eni::EniBase {
  ...
private:
  eni::Gas gas() const override {
    return m_Str.length();
  }
};
```

读者可以为 gas 费计算错误返回 0。如果 gas 返回 0，虚拟机将不会执行 libENI 函数。

18.2.3　执行函数

重载虚拟函数 run 并将 libENI 函数的结果作为返回值推入 json 数组 json::Array。

```
class Reverse : public eni::EniBase {
  ...
private:
  bool run(json::Array& pRetVal) override {
    std::string ret(m_Str.rbegin(), m_Str.rend());
    pRetVal.emplace_back(ret);
    return true;
  }
};
```

18.2.4　映射到 libENI 函数名

最后，我们需要将 reverse 的 C++ 类映射到 libENI 函数名 reverse。为此，我们导出一个带有 ENI_C_INTERFACE(OP, CLASS) 的 C 接口，其中 OP 是 libENI 函数名（即在本例中的 reverse），CLASS 是已实现类的名称（即在本例中的 Reverse）。

```
ENI_C_INTERFACE(reverse, Reverse)
```

就是这样，读者已经为 libENI 函数开发了一个 C++ 程序。在下一节中，我们将回顾如何将该函数构建到共享库文件中，并将该文件部署到运行中的区块链。

18.3 部署 libENI 函数

我们使用 GCC 将 libENI 类构建到二进制库文件中。读者可以查看 libENI 的 GitHub 公共仓库 examples/eni/reverse 目录中的 Makefile。以下是关键的编译器设置：

```
CPPFLAGS=-I${LIBENI_PATH}/include
CXXFLAGS=-std=c++11 -fPIC
LDFLAGS=-L${LIBENI_PATH}/lib
LDADD=-leni

all:
  g++ ${CPPFLAGS} ${CXXFLAGS} ${LDFLAGS} -shared -oeni_reverse.so
    eni_reverse.cpp ${LDADD}
```

${LIBENI_PATH} 是在读者的开发机器上定位 libENI 支持库的路径，详见 GitHub 文档中的细节。一旦读者运行 make all，就应该得到为读者的操作系统构建的共享库文件 reverse.so。

CyberMiles 治理

要将 reverse 的 libENI 函数部署到正在运行的 CyberMiles 区块链，我们要使用 CyberMiles 治理交易。首先，读者需要搭建个 CyberMiles 区块链节点，然后使用 travis 客户端连接上它（见附录 A 中的详细信息）。

从 travis 客户端控制台，读者可以访问 web3-cmt 的 JavaScript 模块。读者现在可以创建一个新的交易来提出一个新的 libENI 函数。该交易包括库函数的简要描述和下载库二进制文件的位置，以供人们尝试。它还包括这些文件的 MD5 散列，下面是一个例子：

```
> personal.unlockAccount(cmt.accounts[0],'1234');
> var payload = {
  from: cmt.accounts[0],
  name: "reverse",
  version: "v1.0.0",
  fileUrl:
    '{"ubuntu":"http://host/eni_reverse_ubuntu16.04.so",
      "centos":"http://host/eni_reverse_centos7.so"}',
  md5:
    '{"ubuntu":"b44...906d", "centos":"04a...851"}'
}
> web3.cmt.governance.proposeDeployLibEni(payload, (err, res) => {
  if (!err) {
    console.log(res)
  } else {
    console.log(err)
  }
})
```

一旦 proposeDeployLibEni 交易处理完成，CyberMiles 区块链上的所有节点将下载并缓存库文件，并开始为期 7 天的投票期。投票期可以通过在 proposeDeployLibEni 交易中的 expireBlockHeight 或 expireTimestamp 参数进行定制。在投票期间，所有验证节点都可以对提案进行投票。proposal Id 是 proposeDeployLibEni 交易的结果值。

```
> personal.unlockAccount(cmt.accounts[0],'1234');
> var payload = {
  from: "0x7eff122b94897ea5b0e2a9abf47b86337fafebdc",
  proposalId: "JTUx+ODHO/OSdgfCOSn66qjn2tX8LfvbiwnArzNpIus=",
  answer: "Y"
}
> web3.cmt.governance.vote(payload, (err, res) => {
  if (!err) {
    console.log(res)
  } else {
    console.log(err)
  }
})
```

如果至少有三分之二的投票支持该提议，那么所有节点都将部署新的 libENI 函数，并在七天内或指定的 expireBlockHeight 或 expireTimestamp 时间启用它。

18.4　本章小结

在本章中，我们讨论了如何创建和部署新的 libENI 函数来扩展以太坊虚拟机（EVM）。它允许开发者甚至公共链社区使用新的功能动态地扩展虚拟机，而不需要停止或分叉区块链。

第五部分 Part 5

构建自己的区块链

在本书的这一部分，我们将在以太坊之外讨论如何构建自己的区块链。这使开发者能够绕过虚拟机，将应用逻辑直接实现到区块链本身，从而获得最高的效率。当然，这种类型的应用区块链也远不如基于智能合约的区块链灵活和适应性强。

使用开源的 Tendermint 框架，可以演示如何构建应用区块链，以及如何为这些区块链构建面向用户的应用。

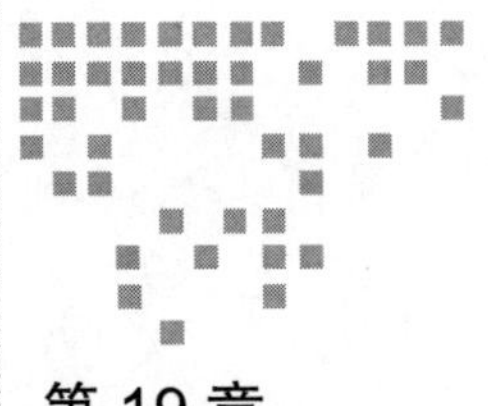

Chapter 19 第19章

开始使用 Tendermint

Tendermint 提供了基础设施软件，允许开发者构建自己的区块链解决方案。Tendermint 方案有两个独特的特点：

- Tendermint 采用拜占庭容错（BFT）算法，允许多达三分之一的节点出现故障或恶意行为。
- 通过指定的验证节点达成共识，网络上只有有限数量的验证节点。

其核心是一个高性能和可扩展的共识引擎。作为权衡，它也是一个弱中心化的解决方案；它不像比特币那样完全去中心化，因为它需要指定的验证节点，容错能力稍差（比特币允许 49% 的节点故障，而 Tendermint 允许三分之一）。

因为 Tendermint 被设计成一个共识引擎，所以它试图将区块链应用的“应用逻辑”和“共识逻辑”分开。这种分离使得 Tendermint 软件可以嵌入到任何其他区块链中，作为一个普适型的替代共识引擎；宿主区块链只需要实现 Tendermint API，即应用区块链接口（Application BlockChain Interface，ABCI），就可以使用 Tendermint 委托权益证明（DPoS）的共识机制。

在 Tendermint 中，应用和共识逻辑之间的清晰分离使得在区块链应用中构建自定义逻辑成为可能。这些应用远远超出了传统的智能合约，它们可以利用整个企业软件栈来处理复杂的应用场景。

> **注意**
>
> Parity 和 Polkadot 的 Substrate 框架在功能上类似 Tendermint 和 Cosmos SDK（见下一章）。

19.1　Tendermint 的工作原理

Tendermint 区块链的每个节点都需要运行两个软件：一个是共识引擎，也称为 Tendermint Core，另一个是专门为区块链开发的 ABCI 应用（见图 19.1）。

- Tendermint Core 负责构建和同步整个网络的区块链。
- ABCI 应用负责处理和验证存储在区块链中的所有交易。对于不同的应用场景或逻辑，每个区块链可以有不同的 ABCI 应用。例如，记录加密货币交易的区块链与记录房地产合约的区块链将具有明显不同的 ABCI 应用。

注意

ABCI 应用可以任意复杂，可以用任何语言在任何软件堆栈上开发。实际上，它可以有自己的数据库来存储和管理它的状态。从广义上讲，这是一种更强大的智能合约。

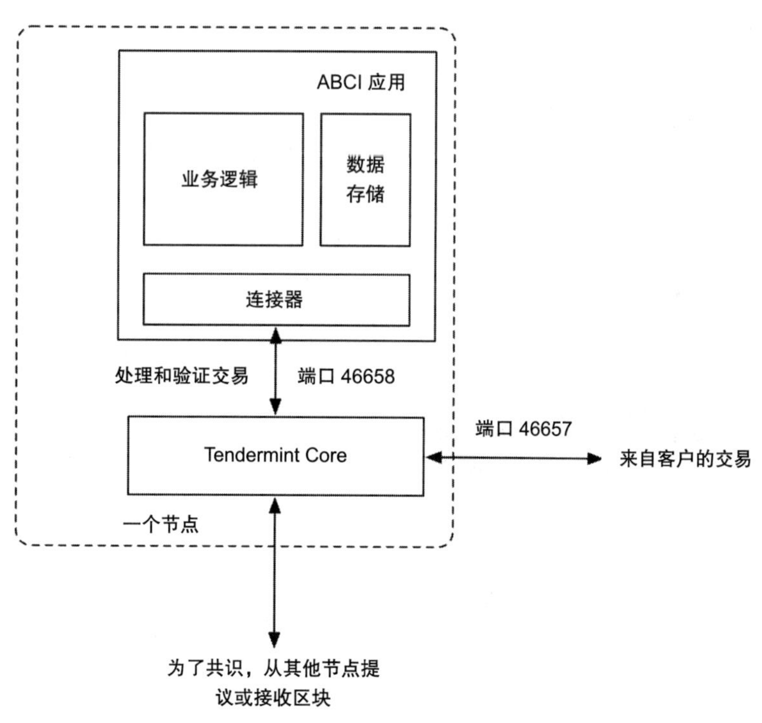

图 19.1　一个 Tendermint 区块链节点

19.2　工作流程

外部应用向网络上的任何节点发送交易请求，请求由 Tendermint Core 软件接收。注意，这里我们没有定义交易的确切含义，因为有许多不同的区块链应用，它们对交易有不同的定义。例如，一些应用可能将交易定义为直接的通证交易，而另一些应用可能考虑将实际事件记录为交易。对于我们的目的而言，交易只是一系列要记录在区块链上的字节。

收到请求后，Tendermint Core 软件立即将交易请求转发给同一节点上运行的 ABCI 应用。ABCI 应用解析交易数据并初步确定它是否是一个验证交易。在此阶段，交易将不会导致任何状态更改（即，则不会向 ABCI 应用管理的数据库写入任何内容）。

如果 ABCI 应用初步确定有效，Tendermint Core 软件将向网络上的所有节点广播并同步交易。

在固定的时间间隔内，网络创建一个新区块，其中包含在此时间间隔内验证的所有交易。验证节点将对新区块进行投票，如果至少三分之二的验证节点同意，新区块将附加到区块链并广播到网络上的所有节点。

一旦将一个新区块添加到区块链中，每个节点将再次将区块中包含的所有交易重新返回到节点本地的 ABCI 应用进行处理。此时，ABCI 应用可以更新其数据库，以存储由这些交易引起的应用状态更改。

图 19.2 总结了所描述的工作流程。

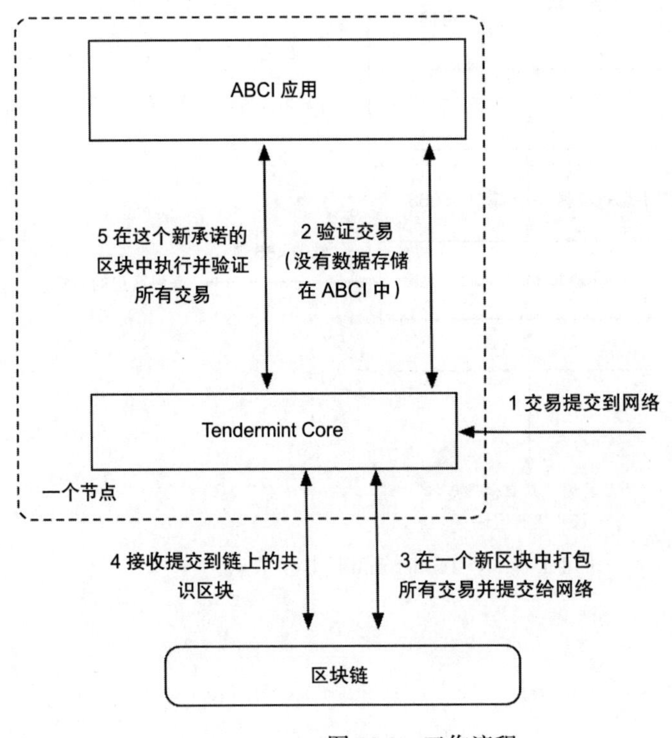

图 19.2 工作流程

> **注意**
>
> 将一个区块添加到区块链之后，所有节点都以相同的顺序运行相同的交易。因此，在添加一个区块之后，所有节点上的 ABCI 应用实例在它们的数据库中都具有相同的持久状态。例如，如果交易在用户之间移动通证 / 资金，ABCI 应用可以更新用户账户数据库。

在下一节中，让我们完成搭建单个 Tendermint 节点的练习，看看 Tendermint Core 软件和 ABCI 应用是如何协同工作的。

19.3　搭建 Tendermint 节点

让我们从网页 https://tendermint.com/downloads 下载预编译的 Tendermint 二进制应用程序。

这一步，开发者将需要 tendermint 和 abci 二进制文件。解压下载的 zip 压缩包，开发者将得到以下可执行的二进制文件：

```
tendermint
dummy
counter
abci-cli
```

将二进制文件移动到 $HOME/bin 目录，以便可以从命令行访问它们。现在可以运行它们来检查版本。

```
$ tendermint version
0.10.3-'8d76408
```

这个 dummy 程序是一个简单的 ABCI 应用。运行后，它监听来自 Tendermint Core 的 TCP 端口 46658 上的交易。作为一个“dummy”程序，它将简单地批准和验证所有交易。开发者可以在命令行窗口中运行 dummy 程序。

```
$ dummy
Starting ABCIServer
Waiting for new connection...
```

接下来，在另一个命令行窗口中，初始化这台机器上的 Tendermint Core。面向由单个验证节点组成的网络，使用 init 命令为其创建配置文件。

```
tendermint init
```

如果开发者已经在这台电脑上初始化了 Tendermint Core，可以删除 $HOME/.tendermint 目录并用 init 命令重新初始化或使用以下命令：

```
tendermint unsafe_reset_all
```

> **注意**
>
> 如果开发者在启动 Tendermint 节点时遇到错误，请确保关闭计算机上所有与 Tendermint 相关的进程。

现在，开发者可以启动 Tendermint 节点。节点通过端口 46658 直接连接到 dummy ABCI 应用，开始创建区块。

```
$ tendermint node
Executed block module=state height=1 validTxs=0 invalidTxs=0
Committed state module=state height=1 txs=0 hash=
Executed block module=state height=2 validTxs=0 invalidTxs=0
Committed state module=state height=2 txs=0 hash=
```

下面是 dummy 窗口的输出，表示连接了一个 Tendermint 节点：

```
$ dummy
Starting ABCIServer
Waiting for new connection...
Accepted a new connection
```

Tendermint 节点侦听端口 46657 上的新交易。现在，让我们向网络发送一个交易。

```
curl -s 'localhost:46657/broadcast_tx_commit?tx="hello"'
{
  "jsonrpc": "2.0",
  "id": "",
  "result": {
    "check_tx": {
      "code": 0,
      "data": "",
      "log": ""
    },
    "deliver_tx": {
      "code": 0,
      "data": "",
      "log": ""
    },
    "hash": "995DE4D6FA43728945C235642E5DCCB64C08B4A2",
    "height": 30
  },
  "error": ""
}
```

交易由 Tendermint Core 在端口 46657 接收，转发到端口 46658 的 dummy ABCI 应用，通过 dummy 验证，然后由 Tendermint Core 在区块链中记录。dummy 应用将交易中的键 – 值对存储在自己的数据库中。Tendermint 控制台显示如下：

```
$ tendermint node
... ...
Executed block module=state height=30 validTxs=1 invalidTxs=0
```

```
Committed state module=state height=30 txs=1 hash=EA4...934
... ...
```

注意

broadcast_tx_commit 消息将交易（在 tx 参数中）发送到网络中的节点，并等待交易在区块链上的新区块中打包。还有其他消息可以在不等待确认的情况下发送交易，开发者将在下一章看到它们。

最后，我们可以在区块链上查询刚刚发送的交易，这些查询被发送给 dummy ABCI 应用。由于 dummy 应用保存了它验证的所有交易的值，它能够解释和响应查询并通过 Tendermint Core 传递结果。

```
curl -s 'localhost:46657/abci_query?data="hello"'
{
  "jsonrpc": "2.0",
  "id": "",
  "result": {
    "response": {
      "code": 0,
      "index": 0,
      "key": "",
      "value": "68656C6C6F",
      "proof": "",
      "height": 0,
      "log": "exists"
    }
  },
  "error": ""
}
```

19.4　搭建 Tendermint 网络

当然，大多数区块链网络有多个节点！要设置具有多个节点的网络，可以执行以下操作。

首先，在网络上的所有节点计算机上运行 tendermint init 命令。在 $HOME/.tendermint 目录，开发者会看到 genesis.json 文件，其中包含此节点的公钥。节点的私钥位于 priv_validator.json 文件，不应该与任何人共享。

```
{
  "genesis_time":"0001-01-01T00:00:00Z",
  "chain_id":"test-chain-dmpZNA",
  "validators":[
    {
      "pub_key":
      {
        "type":"ed25519",
        "data":"F8...DC47D"
```

```
      },
      "amount":10,"name":""
    }
  ],
  "app_hash":""
}
```

其次，编辑每个节点的 genesis.json 文件，将所有对等节点的公钥添加到验证节点数组 validators 中。这些节点被称为网络的*初始验证节点*。一旦运行，网络可以动态地添加或删除验证节点。

最后，在每台节点计算机上，可以启动 tendermint node 和 ABCI 应用（如 dummy）。这些节点将通过它们的公钥发现彼此，然后形成一个网络。请注意，网络上的节点必须运行相同的 ABCI 应用，因为所有节点必须以相同的方式处理和验证交易。

现在，开发者有一个私有的 Tendermint 区块链网络，可以通过开发自己的 ABCI 应用（将在第 20 章中看到）来验证和记录任何自己喜欢的交易。Cosmos 基金会还为开发人员和验证人员提供了公共测试网络。让我们来回顾一下 Tendermint 区块链网络是如何工作的。

- 接收新交易并在单个节点上进行初步验证。
- 在固定的时间间隔内，验证节点打包自上一个区块以来的所有交易，并提出一个新区块。
- 一旦验证节点同意一个新的区块，它将被广播到所有节点。
- 当一个新区块被添加到区块链时，所有节点以相同的顺序处理所有交易。

因此，所有节点上的区块链（由 ABCI 应用管理的数据库）应用的状态是同步的。

19.5 本章小结

在本章中，我们讨论了 Tendermint 区块链是如何通过分离共识逻辑和应用逻辑来工作的。封装在 ABCI 应用中的应用逻辑允许开发者开发通用的区块链应用。本章还展示了如何使用一个简单的 ABCI 应用设置一个 Tendermint 节点和一个网络。

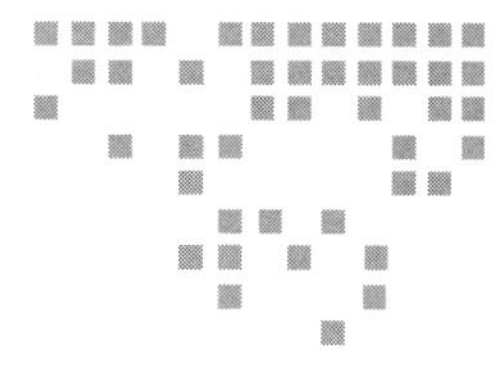

第 20 章 Chapter 20

业务逻辑

在前一章中，我们解释了 Tendermint 区块链网络的业务逻辑封装在一个 ABCI 应用中。因此，开发者只需开发一个应用来控制网络如何处理和验证交易。每一个 ABCI 应用都是一个区块链。以下是一些例子：

- Binance 去中心化交易所是一个为加密交易操作设计的应用区块链。它基于 Tendermint 构建。
- `basecoin` 应用使用本地加密货币创建一个区块链网络。开发者可以通过分叉项目来扩展通证以支持自己的加密货币特性。可参考 https://github.com/tendermint/basecoin。
- `ETGate` 应用构建在 `basecoin` 上，支持以太坊和 Tendermint 区块链之间的通证交换。可参考 https://github.com/mossid/etgate。
- `ethermint` 应用允许开发者在 Tendermint 区块链上以 ABCI 应用的形式运行以太坊虚拟机（EVM）。这就创建了一个以太坊区块链，但是使用了 Tendermint 的拜占庭容错（BFT）验证节点，而不是 PoW 矿工。可参考 https://github.com/tendermint/ethermint。
- Plasma 现金（Plasma Cash）是基于 Tendermint 引擎的以太坊第二层网络实现。它是一个通过智能合约连接到以太坊网络的区块链。Plasma 现金侧链可以实现在以太坊中无法实现的高速交易。
- `merkleeyes` 应用创建了一个区块链网络，该网络记录 Merkle 树上的交易，模拟了日志数据存储。树上的插入 / 删除操作记录为区块链上的交易，并且可以从区块链上的查询应用程序编程接口（API）查询树上的当前数据。可参考 https://github.com/tendermint/merkleeyes。

- CyberMiles 应用是一个功能完备的 ABCI 应用，它将委托权益证明（Delegated Proof of Stake，DPoS）、链上治理、安全特性和增强的 EVM 集成到一个 ABCI 应用中。

在本章中，我们将研究 ABCI 协议并创建一个简单的 ABCI 应用，还将讨论构建在 ABCI 之上的应用框架，如 Cosmos 软件开发工具包（Software Development Kit，SDK）。

20.1 协议

开发者已经在高层次上了解了 Tendermint 网络是如何工作的。在本节中，我们将研究机制细节，包括管理区块链的 Tendermint Core 和管理特定于应用逻辑的 ABCI 应用之间的消息交换。

ABCI 协议指定了 Tendermint Core 软件和 ABCI 应用之间的请求 / 响应通信。默认情况下，ABCI 应用监听 TCP 端口 46658。Tendermint Core 向 ABCI 应用发送消息并对响应进行处理（见图 20.1）。协议定义了几种类型的消息。它们遵循上一章中概述的 Tendermint Core 和 ABCI 应用之间的交互流程。

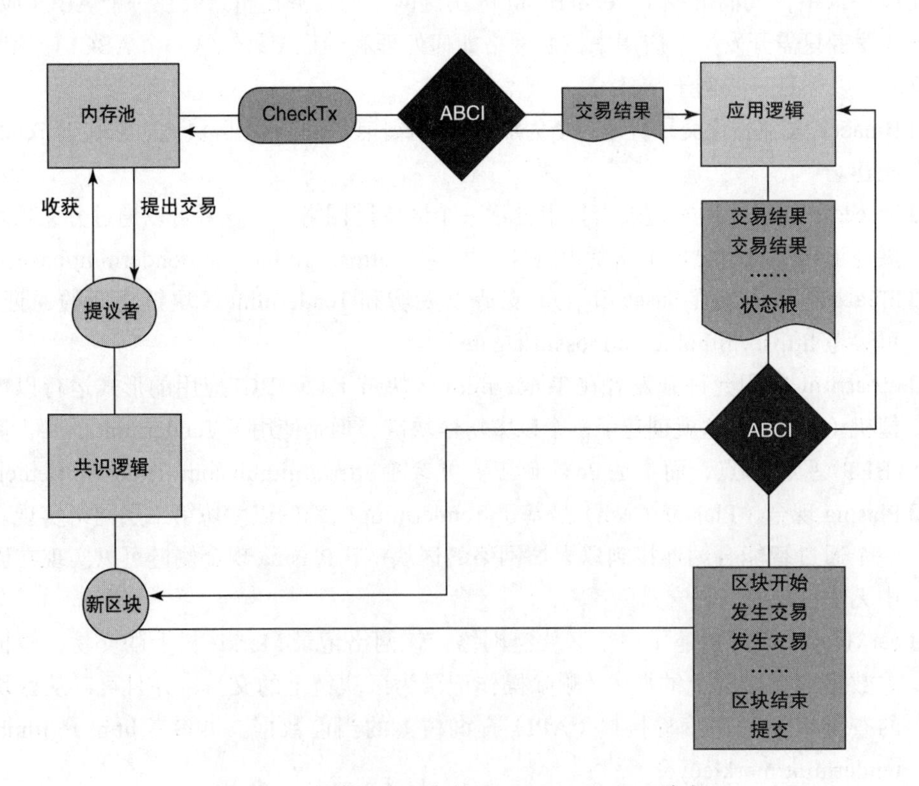

图 20.1 在共识流程中的 Tendermint ABCI 消息

20.1.1 区块共识

第一类消息是 CheckTx 消息。当节点接收到一个交易请求（通过端口 46657，默认情况下 Tendermint Core 会监听）时，它会在 CheckTx 消息中将交易转发给 ABCI 应用进行初步验证。ABCI 应用有自己的逻辑来解析、处理和验证交易，然后返回结果。如果 CheckTx 结果没有问题，Tendermint 节点将向区块链网络中的所有节点广播并同步交易。

需要注意的是，每个 Tendermint 节点都有自己的交易池，这些交易池成功地通过了节点的 CheckTx。它被称为节点的*内存池*。网络上的每个节点可以在内存池中拥有一组不同的交易。当一个节点提出一个新的区块时，它将交易打包在自己的内存池中。当块被网络接受时（即达成共识），区块中的所有交易将从网络中的所有节点内存池中删除。图 20.2 概述了新块的共识。

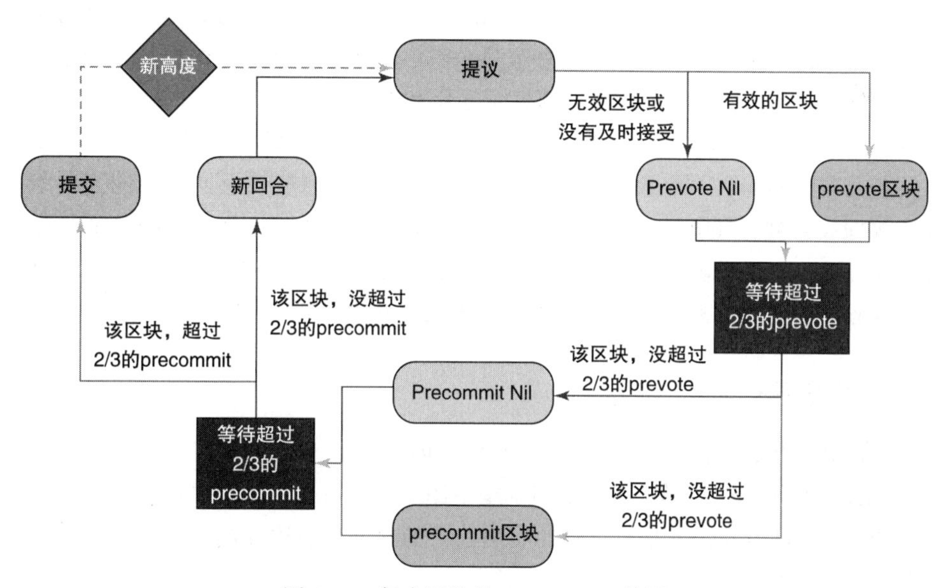

图 20.2 每个区块的 Tendermint 共识

当一个 Tendermint 网络在一个新的区块上达成共识时，节点只是同意区块的结构和它在区块链上的父块的加密有效性。节点实际上不知道区块内交易的有效性。为了对区块内交易的结果达成共识，我们需要来自提交消息（commit）的 App 散列，这些将在下一节介绍。

20.1.2 交易共识

第二种也是最重要的消息类型是 DeliverTx 消息。在固定的时间间隔内，网络中的所有验证节点将达成共识，并确定下一个要添加到区块链中的区块。这个新区块包含在时间间隔内提交给网络的所有有效交易，它被广播到网络上的所有节点。每个节点将区块中的所有交易运行到节点的本地 ABCI 应用实例。每个交易都嵌入到 DeliverTx 消息中。该区块以发送给 ABCI 的 StartBlock 消息开始，然后是针对区块中所有交易的一系列 DeliverTx 消息，最后以 EndBlock 消息结束。

ABCI 应用按照接收的顺序处理 DeliverTx 消息。ABCI 应用维护自己的数据库，并在处理交易时更新数据库（例如，数据库可以是用户账户的账本，每个交易在账户之间移动资金）。由于所有节点都以相同的顺序处理相同的交易集，一旦完成，所有节点上的 ABCI 应用应该具有相同的持久状态（即，它们的数据库内容应该同步）。

注意

传递给 ABCI 应用的 DeliverTx 消息可能会返回一个失败的结果。由于网络验证节点已经在区块上达成了共识，所以区块链将在区块头中注释这个区块中失败的交易。

ABCI 应用的一个关键要求是它必须是确定性的。当它处理一组交易时，就每个交易的成功 / 失败以及整个应用的状态而言，每次都必须达到相同的结果，而不管是哪个节点进行的处理。这意味着 ABCI 应用逻辑不应该依赖于随机数、时间戳等。

在每个 DeliverTx 消息之后，ABCI 应用不会保存到数据库中。相反，它处理整个交易区块，只有在看到 Commit（提交）消息时才保存。Commit 消息应该返回节点的当前状态，比如节点的数据库散列，即 App 散列。如果在提交任何区块时，三分之二的验证节点无法就应用散列达成一致，则区块链将完全停止工作。如果某个节点返回的应用散列与大多数节点不同，则该节点将被视为腐败节点，无法参与未来的共识投票。

20.1.3 获取信息

最后，ABCI 协议支持第三种类型的消息，即 Query（查询）消息，它允许 Tendermint Core 查询 ABCI 应用的持久状态。如前所述，ABCI 应用可以维护自己的数据库，并且数据库中存储的数据（即其状态）是由 ABCI 应用验证的交易历史决定的。区块链节点可以通过发出查询消息来查询这个数据库。

20.2 应用示例

在本节中，我们将通过构建一个 ABCI 应用来深入了解细节。应用通过来源跟踪一系列事实，并将结果存储在数据库中。外部应用将事实提交到区块链上的任何节点。如果应用接受一个事实，它将作为一个交易记录在区块链中。我们将用 Java 和 GO 语言实现这个应用。

一旦区块链（Tendermint Core）和事实的 ABCI 应用运行，读者可以将一系列事实作为交易发送到区块链。每个事实都包含一个源和一个语句。还记得吗，Tendermint Core 在端口 46657 监听提交给区块链的交易。

```
curl -s 'localhost:46657/broadcast_tx_commit?tx="Michael:True%20fact"'
{
  "jsonrpc": "2.0",
  "id": "",
  "result": {
    "check_tx": {
      "code": 0,
      "data": "",
      "log": ""
    },
    "deliver_tx": {
      "code": 0,
      "data": "",
      "log": ""
    },
    "hash": "2A02B575181CEB71F03AF9715B236472D75025C2",
    "height": 18
  },
  "error": ""
}
```

如前一章所述，有几种方法可以发送交易数据（可以是tx参数字段中的任何字节数组）。

- /broadcast_tx_commit：这是我们使用的消息。它将一直等待，直到区块链验证了交易并将其添加到一个新区块中。当此消息返回时，读者将能够看到CheckTx和DeliverTx的结果。
- /broadcast_tx_async：此消息将交易数据发送到区块链节点，而不等待区块链的响应。
- /broadcast_tx_sync：此消息将交易数据发送到区块链节点，并等待CheckTx运行。此消息返回CheckTx结果。

在事实的应用控制台，读者可以看到交易被处理和验证。注意，所有节点上都有CheckTx和DeliverTx消息。虽然交易只发送给一个节点，但是节点一旦传递了CheckTx消息，就将交易广播给所有节点。因此，每个节点都将看到该交易，检查它，将其保存到内存池，并在接收到包含该交易的新共识区块时再次处理它。

```
Commit 0 items
Check tx : Michael:True fact
The source is : Michael
The statement is : True fact
The fact is in the right format!
Deliver tx : Michael:True fact
The source is : Michael
The statement is : True fact
The count in this block is : 1
The fact is validated by this node!
Commit 1 items
```

读者还可以查询当前应用状态的区块链。ABCI 应用按来源返回事实的记录。注意，实际的事实语句以交易的形式存储在区块链中，而 ABCI 应用只在其数据存储中存储这些数据。响应中的 value 字段是 log 字段中响应文本的一个 Base64 编码的字符串。

```
curl -s 'localhost:46657/abci_query?data="all"'
{
  "jsonrpc": "2.0",
  "id": "",
  "result": {
    "response": {
      "code": 0,
      "index": 0,
      "key": "",
      "value": "4A696D3A312C4D69636861656C3A32",
      "proof": "",
      "height": 0,
      "log": "Jim:1,Michael:2"
    }
  },
  "error": ""
}
```

接下来，让我们看看如何实现这个简单的事实 ABCI 应用，也将讨论 Java 和 GO 语言的实现。读者可以自由选择一种自己最喜欢的编程语言。

20.2.1 Java 实现

Java 应用构建在 jTendermint 库之上。当应用启动时，它监听 ABCI 的默认 TCP 端口 46658，以接收运行在同一节点上 Tendermint Core 软件的交易。

为了简单起见，我们将不使用外部关系数据库来存储应用状态。相反，我们在应用中实例化一个全局散列表作为数据存储。散列表的键是事实的唯一来源，其值是与此来源关联的事实的数目。当然，缺点是，如果应用崩溃，应用的状态将丢失。当应用启动时，它启动一个套接字服务器来监听来自区块链的消息。

```
public final class FactsApp
        implements IDeliverTx, ICheckTx, ICommit, IQuery {

    public static Hashtable<String, Integer> db;
    public static Hashtable<String, Integer> cache;

    private TSocket socket;

    public static void main(String[] args) throws Exception {
        new FactsApp ();
    }

    public FactsApp () throws InterruptedException {
```

```
        socket = new TSocket();
        socket.registerListener(this);

        // Init the database
        db = new Hashtable <String, Integer> ();
        cache = new Hashtable <String, Integer> ();

        Thread t = new Thread(socket::start);
        t.setName("Facts App Thread");
        t.start();
        while (true) {
            Thread.sleep(1000L);
        }
    }
    ... ...
}
```

ResponseCheckTx 方法处理来自 Tendermint Core 的 CheckTx 消息。读者可能还记得，当区块链节点接收到交易请求时发送 CheckTx 消息。ABCI 应用只是将消息中的事实解析为源元素和语句元素。如果消息解析成功，ABCI 应用将返回 ok，交易将被广播并同步到网络上的所有节点。为了简单起见，这里删除了将消息记录到事实应用控制台的语句，如读者在前一节中所见。

```
public ResponseCheckTx requestCheckTx (RequestCheckTx req) {
    ByteString tx = req.getTx();
    String payload = tx.toStringUtf8();
    if (payload == null || payload.isEmpty()) {
        return ResponseCheckTx.newBuilder()
            .setCode(CodeType.BAD)
            .setLog("payload is empty").build();
    }
    String [] parts = payload.split(":", 2);
    String source = "";
    String statement = "";
    try {
        source = parts[0].trim();
        statement = parts[1].trim();
        if (source.isEmpty() || statement.isEmpty()) {
            throw new Exception("Payload parsing error");
        }
    } catch (Exception e) {
        return ResponseCheckTx.newBuilder()
            .setCode(CodeType.BAD)
            .setLog(e.getMessage()).build();
    }

    return ResponseCheckTx.newBuilder().setCode(CodeType.OK).build();
}
```

注意

本例中的CheckTx消息非常简单。在大多数应用中，CheckTx消息的处理程序方法使用应用的当前数据库状态来检查交易。应用的状态（即，应用散列）由最后一个区块的提交消息更新。CheckTx方法不应该修改应用的状态。

接下来，当网络对下一个区块达成共识后，每个节点将以一系列DeliverTx消息的形式将这个区块中的交易发送给ABCI应用。DeliverTx方法处理DeliverTx消息，它再次解析消息中的事实，然后按源数据的顺序记录在临时缓存中。因为所有节点都将以相同的顺序看到相同的DeliverTx消息集，所以它们应该依次更新应用的数据库。也就是说，第二个DeliverTx在第一个DeliverTx更新之后再更新数据库。然而，DeliverTx本身应该只更新数据库的临时（通常在内存中）副本，并且在提交（Commit）时将更改刷新到永久（通常在磁盘上）数据库。这不仅是高效的，而且还能确保应用的数据库状态总是设置在最后一个区块的Commit状态。然而，在这个简单的示例中，我们的应用数据库位于内存中，DeliverTx的处理不依赖数据库的当前状态。

```
public ResponseDeliverTx receivedDeliverTx (RequestDeliverTx req) {
    ByteString tx = req.getTx();
    String payload = tx.toStringUtf8();
    if (payload == null || payload.isEmpty()) {
        return ResponseDeliverTx.newBuilder()
            .setCode(CodeType.BAD)
            .setLog("payload is empty").build();
    }
    String [] parts = payload.split(":", 2);
    String source = "";
    String statement = "";
    try {
        source = parts[0].trim();
        statement = parts[1].trim();
        if (source.isEmpty() || statement.isEmpty()) {
            throw new Exception("Payload parsing error");
        }
    } catch (Exception e) {
        return ResponseDeliverTx.newBuilder()
            .setCode(CodeType.BAD)
            .setLog(e.getMessage()).build();
    }

    // In the delivertx message handler,
    // we will only count facts in this block.
    if (cache.containsKey(source)) {
        int count = cache.get(source);
        cache.put(source, count++);
    } else {
        cache.put(source, 1);
```

```
        }

        return ResponseDeliverTx.newBuilder().setCode(CodeType.OK).build();
    }
```

当ABCI应用看到Commit消息时，它将所有临时记录保存到基于散列表的数据存储中，以应用散列的形式返回数据存储的散列值。提交此区块后，所有节点必须认可应用散列。如果一个节点返回的应用散列与其他节点不同，则该节点被视为腐败，不允许参与未来的共识。

```
public ResponseCommit requestCommit (RequestCommit requestCommit) {
    Set<String> keys = cache.keySet();
    for (String source: keys) {
        if (db.containsKey(source)) {
            db.put(source, cache.get(source) + db.get(source));
        } else {
            db.put(source, cache.get(source));
        }
    }
    cache.clear();

    return ResponseCommit.newBuilder()
      .setData(ByteString.copyFromUtf8(
      String.valueOf(db.hashCode()))).build();
}
```

最后，外部应用可以从区块链查询应用的状态。在这种情况下，查询消息将从Tendermint Core传递到应用。ResponseQuery方法处理此消息并返回来自数据存储的所有源的记录。

```
public ResponseQuery requestQuery (RequestQuery req) {
  String query = req.getData().toStringUtf8();

  if (query.equalsIgnoreCase("all")) {
    StringBuffer buf = new StringBuffer ();
    String prefix = "";
    Set<String> keys = db.keySet();
    for (String source: keys) {
      buf.append(prefix);
      prefix = ",";
      buf.append(source).append(":").append(db.get(source));
    }
    return ResponseQuery.newBuilder().setCode(CodeType.OK).setValue(
            ByteString.copyFromUtf8((buf.toString()))
    ).setLog(buf.toString()).build();
  }

  if (query.startsWith("Source")) {
    String keyword = query.substring(6).trim();
    if (db.containsKey(keyword)) {
```

```
        return ResponseQuery.newBuilder().setCode(CodeType.OK).setValue(
            ByteString.copyFromUtf8(db.get(keyword).toString())
        ).setLog(db.get(keyword).toString()).build();
      }
    }

    return ResponseQuery.newBuilder()
        .setCode(CodeType.BadNonce).setLog("Invalid query").build();
  }
```

区块链本身存储外部应用提交的经过验证的 source : statement 数据。ABCI 应用存储基于源的事实记录，并且所有节点上的记录都是同步的，因为所有节点上的 ABCI 应用运行写入区块链的同一组交易。

我们使用 Maven 构建应用的可执行二进制文件。读者可以查看源代码存储库中的 pom.xml 文件，了解如何构建可执行的 JAR 文件。

```
$ mvn clean package
```

读者可以从命令行运行 ABCI 应用，它将自动连接到运行在同一节点上的 Tendermint Core 实例。

```
$ java -jar facts-1.0.jar
```

20.2.2 GO 语言的实现

Tendermint 本身就构建在 GO 编程语言之上。GO 是一个支持良好的构建 ABCI 应用的语言平台，这并不奇怪。应用中的 main 方法监听端口 46658 上的 ABCI 消息。

```
package main

import (
  "flag"
  "os"
  "strings"
  "bytes"
  "strconv"
  "github.com/tendermint/abci/example/code"
  "github.com/tendermint/abci/server"
  "github.com/tendermint/abci/types"
  cmn "github.com/tendermint/tmlibs/common"
  "github.com/tendermint/tmlibs/log"
)

func main() {
  addrPtr := flag.String("addr", "tcp://0.0.0.0:46658", "Listen address")
  abciPtr := flag.String("abci", "socket", "socket | grpc")
  flag.Parse()

  logger := log.NewTMLogger(log.NewSyncWriter(os.Stdout))
```

```
  var app types.Application
  app = NewFactsApplication()
  // Start the listener
  srv, err := server.NewServer(*addrPtr, *abciPtr, app)
  if err != nil {
    logger.Error(err.Error())
    os.Exit(1)
  }
  srv.SetLogger(logger.With("module", "abci-server"))
  if err := srv.Start(); err != nil {
    logger.Error(err.Error())
    os.Exit(1)
  }

  // Wait forever
  cmn.TrapSignal(func() {
    // Cleanup
    srv.Stop()
  })
}
```

与Java应用类似，为了简单起见，我们将使用内存中的映射来存储应用状态（即事实记录）。

```
type FactsApplication struct {
  types.BaseApplication

  db map[string]int
  cache map[string]int
}

func NewFactsApplication() *FactsApplication {
  db := make(map[string]int)
  cache := make(map[string]int)
  return &FactsApplication{db: db, cache: cache}
}
```

CheckTx方法处理来自Tendermint Core的CheckTx消息。读者可能还记得，当区块链节点接收到交易请求时发送CheckTx消息。ABCI应用只是将消息中的事实解析为源元素和语句元素。如果消息解析成功，ABCI应用将返回ok，交易将被广播并同步到网络上的所有节点。

```
func (app *FactsApplication) CheckTx (tx []byte) types.ResponseCheckTx {
  parts := strings.Split(string(tx), ":")
  source := strings.TrimSpace(parts[0])
  statement := strings.TrimSpace(parts[1])
  if (len(source) == 0) || (len(statement) == 0) {
    return types.ResponseCheckTx{
        Code:code.CodeTypeEncodingError,
        Log:"Empty Input"
```

```
    }
  }
  return types.ResponseCheckTx{Code: code.CodeTypeOK}
}
```

注意

本例中的CheckTx消息非常简单。在大多数应用中，CheckTx消息处理程序的方法将使用应用的当前数据库状态来检查交易是否有效。应用的状态（即应用散列）由最后一个区块的提交消息更新。CheckTx方法不应该修改应用状态。

接下来，当网络对下一个区块达成共识后，每个节点将以一系列DeliverTx消息的形式将这个区块中的交易发送给ABCI应用。DeliverTx方法处理DeliverTx消息，它再次解析消息中的事实，然后按源数据的顺序记录在临时缓存中。因为所有节点都将以相同的顺序看到相同的DeliverTx消息集，所以它们应该依次更新应用的数据库。也就是说，第二个DeliverTx在第一个DeliverTx更新之后再更新数据库。然而，DeliverTx本身应该只更新数据库的临时（通常在内存中）副本，并且在提交（Commit）时将更改刷新到永久（通常在磁盘上）数据库。这不仅是高效的，而且还确保了应用的数据库状态总是设置在最后一个区块的Commit状态。

```
func (app *FactsApplication) DeliverTx (tx []byte) types.ResponseDeliverTx {
  parts := strings.Split(string(tx), ":")
  source := strings.TrimSpace(parts[0])
  statement := strings.TrimSpace(parts[1])
  if (len(source) == 0) || (len(statement) == 0) {
    return types.ResponseDeliverTx{
      Code:code.CodeTypeEncodingError,
      Log:"Empty Input"
    }
  }

  if val, ok := app.cache[source]; ok {
    app.cache[source] = val + 1
  } else {
    app.cache[source] = 1
  }
  return types.ResponseDeliverTx{Code: code.CodeTypeOK}
}
```

当ABCI应用看到Commit消息时，它将所有临时记录保存到基于映射的数据存储中，返回数据存储中条目总数的散列作为应用散列。提交此区块后，所有节点必须认可应用散列。如果一个节点返回的应用散列与其他节点不同，则该节点被视为腐败，不允许参与未来的共识。

```
func (app *FactsApplication) Commit() types.ResponseCommit {
  for source, v := range app.cache {
```

```
    if val, ok := app.db[source]; ok {
      app.db[source] = val + v
    } else {
      app.db[source] = v
    }
  }
  app.cache = make(map[string]int)

  hash := make([]byte, 8)
  binary.BigEndian.PutUint64(hash, uint64(totalCount))
  return types.ResponseCommit{Data: hash}
}
```

最后，外部应用可以查询应用状态的区块链。在这种情况下，Query消息将从Tendermint Core传递到应用。Query方法处理此消息并返回来自数据存储的所有源的记录。

```
func (app *FactsApplication) Query (reqQuery types.RequestQuery)
                                  (resQuery types.ResponseQuery) {
  query := string(reqQuery.Data)

  if (strings.EqualFold(query, "all")) {
    var buffer bytes.Buffer
    var prefix = ""
    for source, v := range app.db {
      buffer.WriteString(prefix)
      prefix = ","
      buffer.WriteString(source)
      buffer.WriteString(":")
      buffer.WriteString(strconv.Itoa(v))
    }
    resQuery.Value = buffer.Bytes()
    resQuery.Log = buffer.String()
  }

  if (strings.HasPrefix(query, "Source")) {
    source := query[6:len(query)]
    if val, ok := app.db[source]; ok {
      resQuery.Value = []byte(strconv.Itoa(val))
      resQuery.Log = string(val)
    }
  }

  return
}
```

区块链本身存储外部应用提交的经过验证的source : statement数据。ABCI应用存储基于源的事实记录，并且所有节点上的记录都是同步的，因为所有节点上的ABCI应用执行写入区块链的同一组交易。

我们使用默认的工具来编译和构建 GO 应用。

```
$ go build
```

开发者可以从命令行运行应用，它将自动连接到同一节点上运行的 Tendermint Core 实例。

```
$ ./facts
```

20.3 Cosmos SDK

Tendermint 为在其共识引擎之上构建业务逻辑提供了一个灵活的框架。但是，正如读者所看到的，我们必须使用 ABCI 从头开始开发整个应用的业务逻辑。从 Tendermint 的角度来看，应用数据只是一个字节数组。

对于许多区块链应用，它们需要一组相同的基线功能，比如用户账户 / 地址管理、通证发布和 PoS 风格的标记。对于开发者来说，为所有基于 Tendermint 的区块链反复开发这些组件既烦琐又容易出错。这导致在通用业务组件的 ABCI 之上产生了应用框架。Cosmos SDK 就是 Tendermint 的这样一个组件库，它是用 GO 语言写的。Cosmos Hub 项目本身是建立在 Cosmos SDK 之上的。

Cosmos SDK 仍在发展中，它的技术细节超出了本书讨论的范围。建议读者访问 Cosmos SDK 网站（https://github.com/cosmos/cosmos-sdk），以获得最新的文档和教程。在本节中，将简要介绍该 SDK 的设计和功能。该 SDK 为大多数 ABCI 应用所需的基础设施提供内置支持。

- SDK 允许开发者轻松地创建和维护任意数量的键 - 值数据存储，即 KVStore。这些数据存储用于在 CheckTx 和 DeliverTx 操作期间管理应用的状态数据。例如，DeliverTx 需要在区块链状态的缓存副本上处理区块中的所有交易，并在处理成功完成时提交这些更改。
- SDK 提供了一个名为 go-amino 的数据编组和解组库。它允许将交易中的字节数组数据轻松地转换为 GO 对象，也允许执行相反的转换。
- SDK 提供了一个路由器对象，用于将来自远程过程调用（Remote Procedure Call，RPC）连接器的所有消息路由到 SDK 中的不同模块以进行进一步处理。路由器的设置方式允许消息以任何指定的顺序由多个模块处理。

在 Cosmos SDK 的应用中，开发者将为传入的消息配置路由器。以下是来自 Cosmos SDK 教程的一个例子：

```
app.Router().
    AddRoute(bank.RouterKey, bank.NewHandler(app.bankKeeper)).
    AddRoute(staking.RouterKey, staking.NewHandler(app.stakingKeeper)).
    ... ...
```

交易中的传入消息首先由bank模块处理，然后由staking模块处理。app.bankKeeper是应用开发者实现的一个回调方法，用于处理从bank模块发出的事件。例如，当一个用户向另一个用户转移资金时，它可以响应事件。Cosmos SDK提供了一个模块库，目前，它们大多与处理加密通证有关。

- auth模块检查和验证交易中的签名。
- bank模块管理用于保存加密通证的用户账户和地址。
- mint模块管理生成并在区块链操作期间发出加密通证。
- staking模块管理用户如何以一种权益证明（Proof-of-Stake，PoS）的方式将他们的通证投注到网络中以实现安全。
- distribution模块管理如何将权益奖金（投注利息）分配给用户。
- slashing模块管理如何惩罚那些在系统中行为不端的权益参与者。
- ibc模块管理由Cosmos Hub支持的跨链资产交换协议。

2019年4月，Cosmos SDK实现了一个通用PoS区块链的基本功能，但还不支持任何虚拟机功能。为了支持可编程区块链，Cosmos SDK路线图要求将虚拟机作为模块来处理交易。Cosmos SDK的前景是光明的。

20.4 本章小结

在本章中，我们探讨了ABCI协议，并演示了如何构建区块链应用。这些ABCI应用使得区块链减轻了大量的计算密集型任务。开发者现在可以用高效的方式开发具有复杂交易逻辑的应用。一个值得关注的重要领域是Cosmos SDK的开发，它可以极大地简化基于Tendermint区块链的应用开发。

Chapter 21 第21章

创建一个区块链客户端

在前一章中，我们讨论了如何构建应用区块链接口（Application BlockChain Interface，ABCI）应用来处理区块链的业务逻辑。这允许我们开发复杂的逻辑来处理、转换和验证要记录在区块链中的交易。对于每个交易，ABCI应用可以应用规则，计算它的持久效果（例如，对货币交易的账户余额的更改），并将结果保存到链下数据库中。由于ABCI应用可以用任何语言和任何软件栈开发，并且可以支持任意的交易逻辑，因此它允许我们构建各种不同的区块链，以实现特定的目的和优化。每一个ABCI应用是一个区块链。

然而，尽管ABCI功能强大，它仍然是围绕交易设计的。在传统的企业软件术语中，ABCI应用是提供业务或交易逻辑的中间件。它不提供用户界面或高级应用的逻辑。与以太坊类似，ABCI应用还需要一个去中心化的Dapp层以供最终用户访问。Dapp利用了区块链提供的数据和功能（即ABCI应用），因此，Dapp是区块链的客户端。

注意

Tendermint Dapp不同于本书前几章的以太坊Dapp。以太坊Dapp是部署在区块链上的智能合约客户端，仅限于调用合约公开的公共方法。另一方面，Tendermint Dapp可以完全访问存储在区块链中的交易记录，以及ABCI应用维护的链下数据库。这是一种“更强大的Dapp”。

在本章中，我们将使用上一章中的事实示例，演示如何在Tendermint平台上构建Dapp。我们将构建一个Web应用，但其原理对于任何类型的现代用户界面都是相同的。

21.1　方法概述

实现Dapp最简单的方法是构建一个与区块链应用编程接口交互的外部应用。如前几章所述，API命令通过TCP/IP端口46657发送到区块链网络上的任何节点。应用分别通过/broadcast_tx_commit和/abci_query API方法发送交易和查询交易。Dapp存在于区块链之外，它不知道ABCI应用的内部工作方式。这是一个真正的区块链即服务的架构（见图21.1）。

然而，这类Dapp只是另一个Web站点或移动应用。它通常由一个中央实体创建和管理，通过预定义的自定义数据协议访问区块链，并且缺乏对底层数据结构的深入访问。

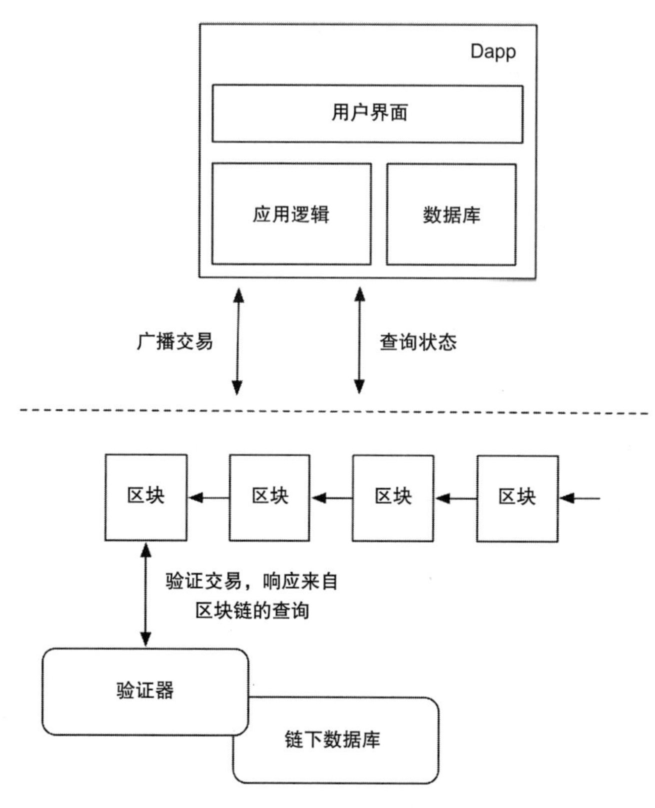

图21.1　区块链即服务的Dapp

另一种方法是构建在每个节点上运行的分布式应用。这个应用可以与ABCI应用进行深度集成，并可以访问本地数据库（见图21.2）。这种方法的优点是更高层次的去中心化和更高效的应用体系结构。缺点是它在节点级别创建了对应用的软件依赖，并且增加了区块链的潜在安全风险，这是因为节点通过互联网提供了应用服务。这些缺点增加了应用部署和管理的难度。

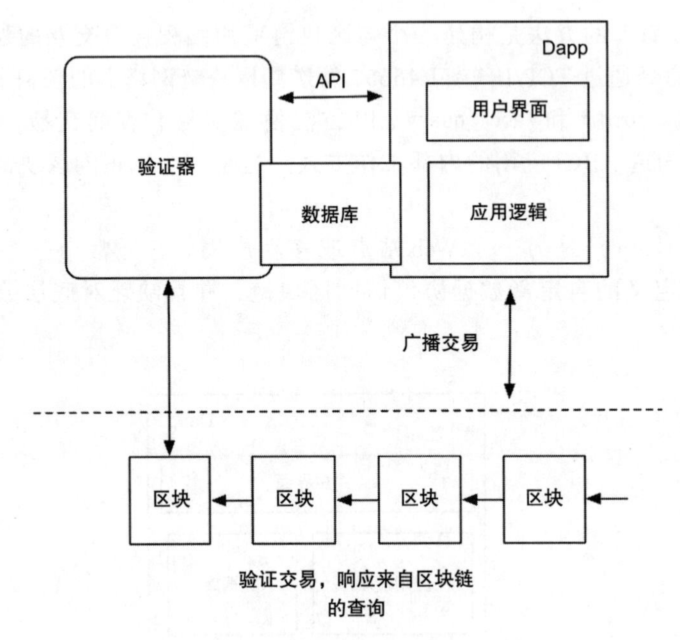

图 21.2　一个紧密集成的 Dapp 架构

注意

即使在一个去中心化的架构中，Dapp 软件在每个节点上运行，仍然需要一个集中的入口点。例如，如果 Dapp 是一个 Web 应用，它仍然需要一个 URL。在这种情况下，需要一个轻量级的集中负载均衡器来被流量定向到区块链节点。

21.2　应用样例

这里显示的应用示例是一个基于第 20 章中的事实应用的 Web 应用用户界面。它允许用户在 Web 页面上输入带有源和语句的事实，同一页面显示了当前的源语句计数（见图 21.3）。

在接下来的两部分中，将演示如何用 PHP 和 Java 创建这个 Web 应用。PHP 应用是一个简单的 Web 应用，它使用区块链 API 作为后端。Java 应用与 ABCI 应用紧密集成。

21.2.1　PHP

我们开发了一个 PHP Web 应用来通过 TCP 套接字连接来调用区块链 API。区块链运行 Tendermint Core 和事实 ABCI 应用（见第 20 章的描述）。

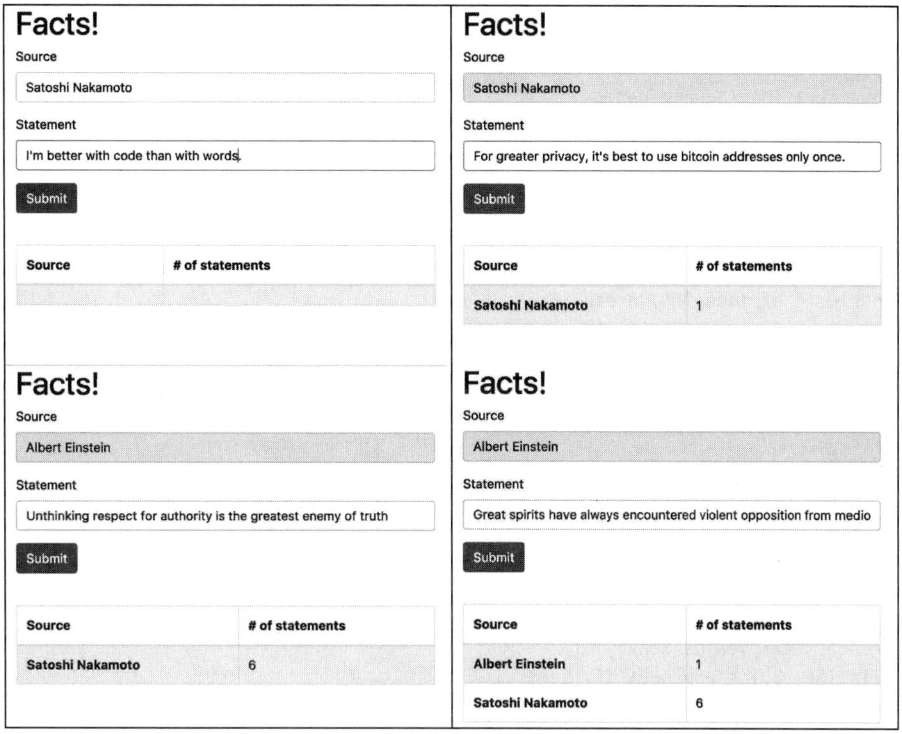

图 21.3　面向事实的 Dapp Web 应用

PHP 代码首先检查这个请求是否是表单的提交，如果是，PHP 代码将把交易发送到区块链，并等待它提交。

```
$source = $_REQUEST['source'];
$stmt = $_REQUEST['stmt'];
if (empty($source) or empty($stmt)) {
  // Not valid entry
} else {
  $transaction_req = 'localhost:46657/broadcast_tx_commit?tx="'
        . urlencode($source) . ':'
        . urlencode($stmt) . '"';
  $ch = curl_init($transaction_req);
  curl_setopt($ch, CURLOPT_RETURNTRANSFER, TRUE);
  curl_exec($ch);
  curl_close($ch);
}
```

接下来，PHP 代码通过其自定义查询 API 来查询区块链，以检查基于源的事实统计。查询被传递给 ABCI 应用，如前所述，ABCI 应用负责解析查询、创建响应并通过区块链发送响应。ABCI 的响应是结构化的 JavaScript 对象表示（JSON）消息。响应消息中的值字段包含了十六进制字符编码的结果。PHP 代码将解析十六进制内容，然后在表中显示结果。

```
<?php
  ... ...
  $query_req = 'localhost:46657/abci_query?data="all"';
  $ch = curl_init($query_req);
  curl_setopt($ch, CURLOPT_RETURNTRANSFER, TRUE);
  $json_str = curl_exec($ch);
  $json = json_decode($json_str, true);
  $result = hex2str($json['result']['response']['value']);
  curl_close($ch);

  $entries = explode(",", $result);
?>
... ...
<table class="table table-bordered table-striped">
  <thead>
    <tr>
      <th>Source</th>
      <th># of statements</th>
    </tr>
  </thead>
  <tbody>
<?php
  foreach ($entries as $entry) {
    list($s, $c) = explode(":", $entry);
?>
    <tr>
      <td><b><?= $s ?></b></td>
      <td><?= $c ?></td>
    </tr>
<?php
  }
?>
  </tbody>
</table>
```

21.2.2 Java

Java Web 应用实现了与 PHP 应用相同的功能，但是它直接与 ABCI 应用的数据存储集成在一起。事实上，ABCI 应用与 Java Web 应用运行在相同的 JVM 中。让我们看看它是如何工作的。

在 Java Web 应用的 web.xml 文件中，我们指定了在 Tomcat 中加载应用后立即运行 servlet。

```
<servlet>
  <servlet-name>StartupServlet</servlet-name>
  <servlet-class>
    com.ringful.blockchain.facts.servlets.StartupServlet
  </servlet-class>
  <load-on-startup>1</load-on-startup>
</servlet>
```

servlet 加载并运行 ABCI 应用。

```
public class StartupServlet extends GenericServlet {

  public void init(ServletConfig servletConfig) throws ServletException {
    super.init(servletConfig);
    try {
      // This starts the ABCI listener sockets
      FactsApp app = new FactsApp ();
      getServletContext().setAttribute("app", app);
    } catch (Exception e) {
      e.printStackTrace();
    }
  }
}
```

接下来，在 index.jsp Web 页面前的 servlet 过滤器中，我们首先检查这个请求中是否提交了一个新的事实（源和语句）。如果是这种情况，过滤器使用其常规的 TCP 套接字 API 连接将交易发送到区块链。

```
public class IndexFilter implements Filter {
  private FactsApp app;
  FilterConfig config;

  public void destroy() { }

  public void doFilter (ServletRequest request,
          ServletResponse response, FilterChain chain)
                  throws IOException, ServletException {
    if (app == null) {
      app = (FactsApp) config.getServletContext().getAttribute("app");
    }
    String source = request.getParameter("source");
    String stmt = request.getParameter("stmt");
    if (source == null || source.trim().isEmpty() ||
        stmt == null || stmt.trim().isEmpty()) {
      // Do nothing
    } else {
      CloseableHttpClient httpclient = HttpClients.createDefault();
      HttpGet httpGet = new HttpGet(
          "http://localhost:46657/broadcast_tx_commit?tx=%22" +
          URLEncoder.encode(source) + ":" +
          URLEncoder.encode(stmt) + "%22");
      CloseableHttpResponse resp = httpclient.execute(httpGet);

      try {
        HttpEntity entity = resp.getEntity();
        System.out.println(EntityUtils.toString(entity));
      } finally {
        resp.close();
      }
```

```
    }

    // Sends the application data store to the web page for JSTL
    // to display in a table.
    request.setAttribute("facts", app.db);

    chain.doFilter(request, response);
  }

  public void init(FilterConfig filterConfig) throws ServletException {
    this.config = filterConfig;
  }
}
```

然后过滤器直接查询ABCI应用的数据存储，根据源获得事实的统计。注意，我们没有为此遍历基于套接字的区块链查询API。虽然对于这个简单的应用，数据存储查询很简单，并且得到了区块链查询API的良好支持，但是在可以想象应用的场景中，Dapp将大量使用链下应用数据存储来处理复杂的业务逻辑和用户界面逻辑。

```
<table class="table table-bordered table-striped">
  <thead>
    <tr>
      <th>Source</th>
      <th># of statements</th>
    </tr>
  </thead>
  <tbody>
    <c:forEach items="${facts}" var="fact">
      <tr>
        <td><b>${fact.key}</b></td>
        <td>${fact.value}</td>
      </tr>
    </c:forEach>
  </tbody>
</table>
```

Java应用可以在本书的GitHub仓库中找到，读者可以通过运行以下Maven命令来为Apache Tomcat的部署构建一个WAR文件：

```
$ mvn clean package
```

21.3 本章小结

在本章中，我们展示了如何构建一个完整的、可供最终用户访问的区块链应用。这是一个Web应用，但是它很容易成为一个支持富客户机（即移动设备）应用的Web服务。虽然完全去中心化的数据应用是可能的，但大多数数据应用是由向用户提供服务的公司创建和运营的。

第六部分 Part 6

加密经济学

区块链应用与传统软件在一个关键的方面有所不同。通过加密货币协作，区块链应用为网络安全、信任、数据交换和用户行为提供了内在的经济激励。除了软件架构之外，经济和激励设计也是区块链生态系统和应用成功的关键。

本书的这一部分将讨论称为**加密经济学**的激励设计。我们将研究通证分类、通证估值，以及众筹通证销售和交易所等主题。

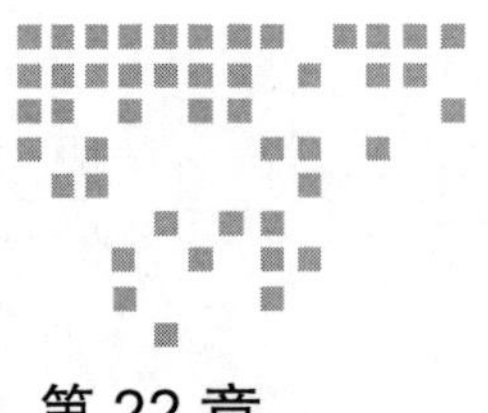

Chapter 22 第22章

通证设计的加密经济学

虽然加密货币最初是作为区块链共识机制的一部分发明的，但随后的发展已经证明，加密货币对推动区块链被行业采用是至关重要的。区块链生态系统的网络效应强烈地依赖于加密货币的设计，它激励贡献者和消费者在网络上相互交互。

在本章中，将讨论加密货币（通证）的设计，即所谓的加密经济学。通过理解加密经济学，读者将更好地理解到底什么类型的应用适合区块链。

加密货币（通证）有三大类：网络效用通证、应用效用通证和证券通证。一些加密货币可以同时属于多个类别。

> **注意**
>
> 本章的通证分类方案与理论框架一致。Catalini 博士和 Gans 博士在他们的开创性论文“Some Simple Economics of the Blockchain”（https://papers.ssrn.com/sol3/papers.cfm?abstract_id=2874598）中提出了上述观点。他们确定了区块链通证的两个关键效用：支付验证成本和网络成本。它们分别对应于我们的网络实用程序和应用实用程序通证。

22.1 网络效用通证

区块链在非信任的对等节点之间建立协作。它可以提供“信任即服务”，范围可以从安全账本到智能合约的执行（即，保证某些软件代码的执行），再到透明记录保存。区块链用户使用网络效用通证“支付”这样的网络服务。用户获取和使用通证是因为他们从前面提到的“信任即服务”获得了价值和效用。

区块链是一个去中心化的网络，没有中介机构（corporation in the middle）发布订单和支付资金。区块链网络的规则和协议必须由社区成员（即贡献者）维护和实施，以换取通证。贡献者运行计算机硬件和软件来支持区块链节点，并参与共识和治理过程。这些贡献者被称为*矿工*（在工作量证明（PoW）共识区块链中）或*验证者*（在权益证明（PoS）共识区块链中）。读者可以在第 2 章中阅读关于 PoW 和 PoS 更详细的解释。

矿工和验证者接收通证来创建新区块，作为共识协议的一部分。他们还要获得“交易费”来执行计算以验证区块中的交易或执行交易中涉及的智能合约。这种交易费通常由发起交易的各方支付。随着区块链的成熟，矿工和验证者应该主要通过交易费得到补偿。这形成了一个闭环，提供服务来维护网络的人（矿工和验证者）以通证的形式收取费用，他们在交易所出售这些通证，而使用网络服务的人（用户）从交易所购买通证来支付费用（见图 22.1）。

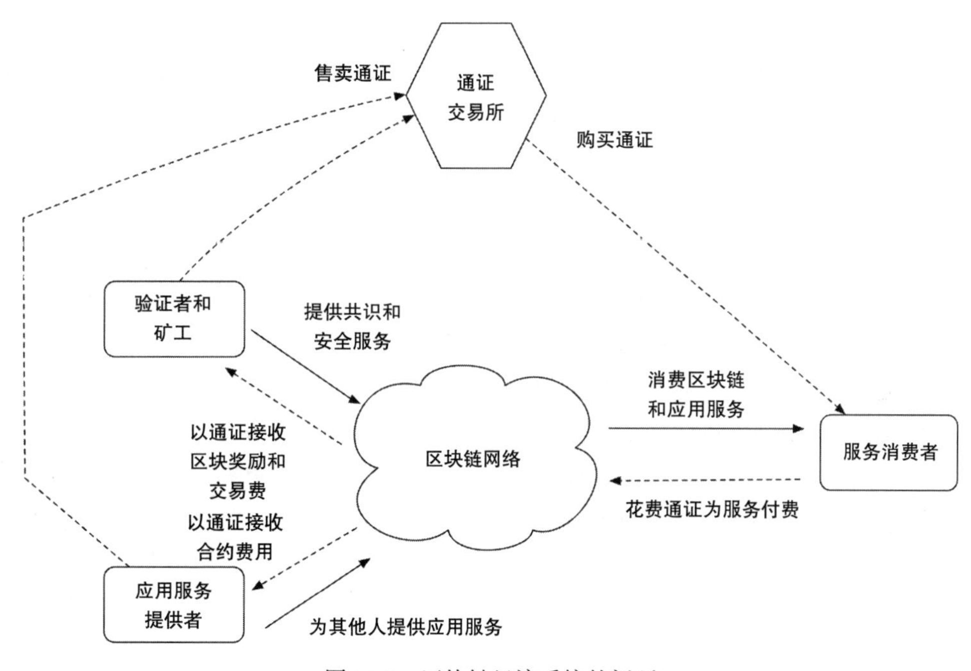

图 22.1　区块链经济系统的闭环

最初，网络效用通证没有或只有很少的价值。随着区块链网络本身变得越来越有用，越来越多的人希望使用网络提供的服务。加密通证的基本价值可能因此与由其底层区块链网络提供的效用价值绑定（见第 1 章胖协议理论的讨论）在一起。如果很多人愿意花钱来使用网络，加密通证将具有重要的价值。接下来，让我们看一些例子。

22.1.1　比特币

狭义而言，比特币（BTC）网络的效用服务是安全、透明地记录数字交易。然而，广义上来说，该效用价值是用来提供一种值得信赖的价值储存手段。

在比特币之前，所有公开可用的数字通证都是无限可复制的，因此作为一种价值储存手段是毫无用处的。今天，比特币成为一种价值（即互联网黄金）储存手段，因为它可以加密存储和转移。到目前为止，还没有人能够通过记录欺诈交易来攻击比特币系统。因此，比特币区块链提供的主要功能就是信任。它与黄金或钻石为社会提供的效用是相同的。同样，比特币的估值经常被拿来与全球黄金储备进行比较。

注意

BTC被相当一部分人认为是存储价值的“互联网黄金”。它的独特特点包括它的先发优势（由于它是最广为人知的加密货币）、账本的安全性（从未被黑过）以及有限供应（只有2100万比特币存在）。这些都离不开比特币区块链“矿工”的工作。现在使用BTC付费的人反映了区块链网络的价值。

随着人们对使用BTC作为安全的价值储存手段（即互联网黄金）越来越感兴趣，他们通过交易费用来支付BTC的网络记账服务。

22.1.2 以太坊

以太坊（ETH）网络的效用服务是提供一个可靠的平台来保证计算机代码（称为智能合约）的执行。当双方在以太坊区块链上签订智能合约时，双方都可以保证合约的执行（因为代码已经写入合约）。这种级别的完整性是由运行以太坊节点的社区贡献者（矿工和验证者）提供的。这些社区贡献者的报酬由以太坊的加密通证ETH支付。随着越来越多的人有兴趣使用以太坊区块链来强制执行自己的智能合约，ETH的需求和价值就会上升。

有趣的是，与BTC一样，ETH也被越来越多地视为一种价值储存手段，但用途不同。随着去中心化金融的应用，如Uniswap交易所、MakerDAO稳定币（Stable Coin，SC），甚至是首次代币发行（Initial Coin Offering，ICO）的融资在以太坊网络上的发展，ETH越来越多地被用作金融投资的抵押品。ETH的持有者正因其被锁定在抵押品池中的ETH而获得利息、红利或“奖励”。ETH已经成为一种能够产生回报的可投资资产。正如我们将在本章后面看到的，这降低了ETH循环的速度，为ETH估值创造了一个良性循环。

目前有许多改进以太坊区块链的努力，包括EOS、QTUM、Cosmos的ATOM和CyberMiles的CMT，它们的加密通证具有与ETH类似的效用价值。

22.1.3 ZCash

ZCash（ZEC）网络的效用服务是记录匿名和加密的交易，这样就没有人能找出参与这些交易的各方。涉及隐私的用户使用此效用服务进行交易，并且必须为每笔交易向网络社区的维护人员支付ZCash费用。

22.2　应用效用通证

正如在第 1 章中所讨论的，区块链网络有可能取代公司，成为组织数字产品生产和服务生产的一种方式。除了“信任即服务”之外，社区成员贡献的应用服务在区块链网络上销售的经济机会要大得多。区块链聚合服务产品并以加密通证进行买卖交易。通证的价值可以直接映射到通过区块链提供的聚合服务的价值。让我们来看一个假设的存储共享代币（Storage Sharing Coin，SSC）示例，以说明应用效用通证是如何工作的。

SSC 区块链为用户提供基于云的数据存储空间。存储空间由数百万社区成员提供，他们贡献了自己计算机上的空闲硬盘空间和互联网带宽。区块链聚合了分散的存储空间，并提供在互联网上按需销售这些存储空间。

由于用户需要并使用区块链提供的基于云的存储，他们必须使用 SSC 通证进行支付。区块链接受 SSC 通证，提供存储空间，并将 SSC 通证分发给存储空间提供者。所有这些都是通过在软件中开发的协议和规则完成的，并由区块链共识协议执行。

SSC 不一定需要自己的区块链，它可以在以太坊区块链上实现为一系列的智能合约。智能合约指定了系统的经济参数，包括通证供应、费用结构、通证使用、分配规则等。

显然，SSC 只是冰山一角。除了数据存储，社区成员还可以提供各种有用的数字产品和服务，包括知识产权、个人数据、太阳能发电和医疗记录等。

这里的共同属性是，这些数字产品在总体上是有价值的。区块链的基本功能是将社区中非信任的成员聚集起来，并公平分配利润。反过来，用户需要为区块链本地加密通证中的聚合产品和服务付费。

22.3　证券通证

加密通证最令人兴奋的用途之一是代表传统的所有权证券，例如股票，甚至房子或汽车的权益。与今天的证券不同，这种新的证券形式是可编程的，并通过区块链上的智能合约来实施。它为人工智能世界打开了许多引人注目的用例。

例如，让我们考虑像出租车或优步一样的自动驾驶汽车。汽车通过服务乘客赚钱之后，将利润交付给所有者或利益相关者。有了可编程的通证，当满足某些动态条件时，所有者可以收到汽车的利润：当汽车保险是最新的，在所有者指定的区域和速度行驶，并且只搭载特定配置的乘客。相应地，所有者的代币也将对当时发生的责任和损失负责。同一辆车的不同利益相关者可能希望从风险更大的业务战略中获利，并在汽车承担更大风险时获得回报。以下是一些例子：

- 当车辆在白天行驶，交通正常（碰撞风险低）时，通证 A 的车主将获得利润。
- 当车辆因在交通高峰期而票价较高且面临较高的碰撞风险时，通证 B 的车主将获得利润，并对增加的损失风险承担责任。

- 当汽车在夜间行驶在高风险的街区去接喝醉的乘客时，它将获得最高的票价和最高的损坏风险。通证 C 的拥有人会收取利润，并对可能造成的损害负责。

今天的证券法规是为“愚蠢”的股票和债券时代而设计的。在智能可编程证券的愿景得以实现之前，这些法规仍需要进行重大更新。然而，也有很多创新的尝试，下面是一些例子。

22.3.1 DAO

以太坊的去中心化自治组织（Decentralized Autonomous Organization，DAO）实验是为了筹集一个在投资决策和利润分配方面受智能合约约束的投资基金。虽然由于技术问题，这一努力没有成功，但这个想法很有启发性。美国证券交易委员会（Securities and Exchanges Commission，SEC）审查了以太坊 DAO，并决定让其发行证券——尽管这是一种可编程的、更智能的、比基金中的常规股票更透明的证券。

22.3.2 通证基金

多个传统风投公司通过 ICO 机制筹集了新资金。例如区块链资本基金（Blockchain Capital fund，http://blockchain.capital/）和科学孵化器（Science Incubator，https://www.science-inc.com/）。这些基金的利益相关者不再被称为有限合伙人（Limited Partner，LP），而是作为通证持有人，他们的股票拥有即时的流动性，并将通过他们持有的加密通证获得投资回报。

鉴于这一新兴市场的巨大市场潜力，我们建议读者密切关注这一领域的发展。

22.4 通证的估值

使用加密通证来消费区块链服务，这一做法使得可以对这些通证进行评估。实际上，通证价格是推动区块链的采用和构建网络效应的主要因素。

在撰写本文时，对区块链网络进行估值的一种常见方法是简单地将单位通证价格乘以流通通证的总数，从而得到一个市值（http://coinmarketcap.com/）。这类似于用股票价格来评估一家上市公司的市值。然而，正如我们在第 1 章中所提到的，区块链网络与公司非常不一样。首先，区块链网络是非营利的，而市盈（Price-to-Earning，P/E）率是没有意义的。没有传统的“销售”度量——只有网络上的交易量（类似于商品价值总额（Gross Merchandise Value，GMV）。

我们认为，对估值区块链网络而言，更合适的方法是通过其经济产出，类似于用经济产出（即国内生产总值（Gross Domestic Product，GDP））来衡量国家货币。在区块链网络中，有服务提供商（即矿工、验证者、应用服务提供者）和使用者。加密通证的设计目的是促进各方之间的交易，更重要的是，激励生态系统中的协作交互。

注意

对于证券通证，其估值取决于通证的基础资产和利润分享规则的表现。计算证券定价有许多理论和实践方法（如贴现现金流量法）。本书不会详细讨论这些。

22.4.1　效用通证

对于网络效用通证和应用效用通证而言，宏观经济学理论指出，每个通证的价格可以由以下因素决定。下面的公式称为交易价值方程：

$$\text{单个通证价格} = \frac{1}{P} = \frac{T}{V \cdot M}$$

- P 是价格水平，以通证表示的服务价格。所以，通证价格是 $1/P$。
- T 是区块链网络社区在单位时间内（比如一年）生产的服务或产品的总价值。通证的长期价值由区块链提供的基础服务价值决定。从这个意义上说，通证是由服务的价值“支持”的。
- M 是可用于交易此类服务和产品通证的总供应量。
- V 是货币流通速度，用单位时间内的平均通证易手次数来衡量。它与通证持有者持有通证的平均时间成反比。速度越快，通证的价值就越低，因为每个通证都可以重用以购买一定数量的产品和服务。

与传统货币系统中的货币供应量和货币流通速度相比，我们可以根据货币供应量 M 在系统中的使用情况来估计 V。

- M0 是指流通中的现金。
- M1 是指流动性强且可动用的货币，包括 M0、支票账户和旅行支票。在美国，美元 M1 在 2019 年的速度是 5.6。
- M2 指的是流动性较差的货币，如储蓄账户和货币市场。M2 货币通常具有保值和交易的功能。2019 年美元 M2 的流通速度约为 1.5。

鉴于储蓄账户急剧降低了美元的 M2 流通速度，货币流通速度是一个可以设计成区块链协议的参数。以下是一些例子：

- BTC 通常被用作一种价值存储，因此用户倾向于长期持有它。这给了 BTC 一个极其缓慢的货币流通速度，因此非常有价值。换句话说，人们往往持有 BTC 很长一段时间，这严重限制了市场上 BTC 的供应，导致其价格上涨。
- 由于智能合约的设计，智能合约（例如 ETH 和 CMT）的效用通证具有自然的持有时间。例如，在托管合约中，通证必须在托管交易结算之前在合约账户中保存几天。
- 在电子商务区块链的应用中，购买者通常批量购买通证，而销售者则等到积累了大量通证后才兑现。他们这样做是为了在将加密通证转换成法定货币（例如美元）时将交易费用降到最低。

- 在 SSC 这样的应用效用通证中，区块链网络可能要求服务使用者存储和保持几天的通证余额，以确保不间断服务。

注意，通过交易价值方程计算的价格表示通证的当前内在价值。通证的实际交易价格应该反映人们对未来几年通证价格的预期。然而，由于未来的钱可能会贬值，我们需要应用一个折扣。考虑到整体市场增长和区块链生态系统对市场的渗透增长，我们假设市场规模以每年 *gr*% 的速度增长；假设贴现率是每年的 *dr*%，贴现率通常在 5% 到 10% 之间，这取决于市场风险。这是读者在市场上借钱的利率。*n* 年后，通证价格可以折现的现值如下：

$$当前通证价格 = \frac{T_0 \cdot (1+gr\%)^n}{V \cdot M_n \cdot (1+dr\%)^n}$$

T_0 是当年（第 0 年）区块链网络的 GDP，M_n 是第 *n* 年的浮动通证数量，这取决于经济系统的设计。通常，我们使用 $n = 5$ 来计算通证的现值。

22.4.2 设计中的注意事项

一般来说，区块链网络提供的增值越多，就越能影响用户持有通证，降低货币流通速度。这就是为什么我们认为可以聚集更小的服务提供商的区块链网络，比那些简单地匹配买家和卖家的区块链网络更有价值。

一个常见的新手设计缺陷是构建纯粹作为交易媒介的应用代币。也就是说，服务提供者和使用者只在交易期间使用通证，在交易之前或之后立即与其他货币交易通证。由于没有人持有通证，市场上总是有大量此类通证可供出售，导致通证价格很快跌至零。

诺贝尔经济学奖得主保罗·克鲁格曼曾经说过：“要想成功，货币必须既是一种交易媒介，又是一种相当稳定的价值储存手段。”正如我们之前所讨论的，一个仅仅用作交易媒介的应用代币是不稳定的，可能会崩溃为零。价值储存要求是给用户一个在交易之间持有货币的理由，从而使系统保持一个稳定的货币流通速度。

然而，这也是一个鸡生蛋还是蛋生鸡的问题：货币只有在货币流通速度稳定的情况下才能成为价值储存手段。就比特币而言，早期的矿工决定持有它，希望它的价格在未来会上涨。这降低了货币流通速度，并帮助确立了比特币作为价值储存手段的“互联网黄金”地位。对于大多数效用通证，一个设计良好的协议具有部分效用能力（例如，赌注和投票，或者准备金系统）和价值储存能力。

22.4.3 另一种方法

使用交易价值方程的另一种方法如下。这种替代方法的好处是，它以美元计算出加密资产的货币基础。如果通证服务于多个用途（例如，一个证券效用通证和一个应用效用通证），我们可以以两种方式派生资产的基础，然后将它们相加，如下所示：

$$资产货币基础 = M = \frac{P \cdot Q}{V}$$

- ❑ M 是加密资产的货币基础。换句话说，它是代币的总美元价值，是代币的“市值”。
- ❑ P 现在是网络上提供的服务的价格水平。这个价格是每单位美元的服务。
- ❑ Q 是网络上可用的服务数量。因此，P 和 Q 的乘积就是网络生态系统的总 GDP。
- ❑ V 是计算 GDP 时同一时期的货币流通速度。

与我们之前使用的方法类似，需要将资产的未来货币基础折现回今天的价值，以考虑市场的未来预期。让我们假设区块链生态系统正以每年 $gr\%$ 的速度增长，而贴现率为每年 $dr\%$（根据风险，$dr\%$ 一般在 5% 到 10% 之间）。货币基础的现值如下，P 和 Q 都是现值。

$$货币基础的现值 = M = \frac{P \cdot Q \cdot (1+gr\%)^n}{V \cdot (1+dr\%)^n}$$

要计算每个通证的价格，可以用 M 除以第 n 年自由浮动通证的数量。同样，我们通常使用 $n = 5$ 来预测。

现在，假设通证既可以用作证券，也可以用作交易媒介。通证作为一种股息收益证券的市值可以使用传统的证券资产评估方法来计算，比如使用贴现现金流（Discounted Cash Flow，DCF）方法，对未来生态系统产生的所有自由现金流进行折现和相加。另一方面，代币作为一种交易媒介的市值可以从前面的等式中计算出来，这两个市值是相加的。

> **注意**
>
> 本节讨论的估值方法最初是由 Chris Burniske 提出的。读者可以在他的 *Cryptoassets: The Innovative Investor's Guide to Bitcoin and Beyond* 一书中了解他更多的投资方法（见 https://www.bitcoinandbeyond.com/）。

然后，我们可以将流通中的所有通证分为两类：收入和支付。如果一个通证在 30% 的时间被用作支付通证，在 70% 的时间被用作股息收入通证，我们将把 0.3 的通证放入支付池，0.7 的通证放入收入池。当每个用例的价格彼此匹配时，整个通证价格达到均衡。

$$EP = \frac{M_s}{N_s} = \frac{M_e}{N_e}$$

- ❑ EP 是每个通证的均衡价格。
- ❑ M_s 和 M_e 分别是股息收益证券和交易所使用的通证现值。
- ❑ N_s 和 N_e 分别是主要用于证券或交易目的的通证数量。

$$(M_s + M_e) = EP \times (N_s + N_e)$$

$$通证市值总额 = \mathrm{EP} \times [总浮动通证]$$

很容易证明，当通证只是一个效用通证时，此替代方法给出的通证价格与我们用于效用通证的公式相同。这种新方法简单地给交易价值方程的分量分配了可选的意义，更容易应用于一个通证有多种用途的情况。

22.5 高级主题

现在，我们已经介绍了通证经济学的基础知识。在本节中，将讨论通证设计中的一些更复杂的主题。我们不会深入讨论技术细节，但目的是让读者对加密经济学的研究有一个大致的了解，以便有兴趣的读者可以进一步自己探索。

22.5.1 非货币价格

在前一节中，我们讨论了效用通证的内在价值。然而，在现实世界中，我们常常需要用非货币的方式来给通证定价。例如，在像比特币这样的 PoW 系统中，矿工的努力会得到奖励。如果矿工太容易获得新的比特币奖励，那么比特币的市场价格将永远不会上涨，因为矿工只要通过挖矿获得了比特币，就会为了快速获利而出售他们的通证。

如果在交易媒介框架中理解这一现象，就相当于以比网络 GDP 增长更快的速度向系统添加了通证的供应。由于供应过剩，它会导致明显的价格下跌。

然而，大多数区块链网络都有让未来用户获得通证的机制，以平衡不断增长的网络 GDP。通证公开销售的一个主要目标是启动网络效应。一旦通证销售完成，通常希望通过其他方式促进网络效应，进而持续激励新用户获取通证。所有这些都导致了网络 GDP 的增长和个人通证价格的象征性增长。

因此，对于协议设计者来说，平衡通证购买者和通证赚取者的利益是很重要的，以确保每个人都能以公平的成本获得通证。为了了解一个设计良好的协议，让我们只看比特币。

比特币矿工不是免费得到比特币的，他们需要把钱花在电力、挖矿机器、数据中心和房地产上。如果市场上 BTC 的价格上升，更多的人将希望加入或扩展挖矿操作，从而增加网络上的计算能力（散列率）。该协议的设计目的是提高网络散列率，使比特币挖矿算法自动增加其难度，从而提高矿工的成本。挖矿难度的自动调整形成了一个负反馈循环，使挖矿成本始终与当前 BTC 市场价格保持同步。正因为如此，比特币生态系统没有免费的午餐。

在许多较新的区块链网络中，有各种不同的“XYZ 证明”机制供用户从网络获取新通证。该协议必须有一个类似比特币系统的负反馈循环，以确保那些新挖出或铸造的通证的“成本”与当前市场价格一致。

22.5.2 稳定币

加密通证设计的一个重要目标是创建一个对法定货币具有稳定汇率的稳定币（Stable

Coin，SC）。稳定币至少有两个重要的使用场景。

- 通证必须有一个稳定的价值才能用作支付的实用工具。没有人会使用波动剧烈的代币来购买商品，因为人们永远无法确定其下一个小时的价格。
- 稳定币可以作为通证交易者的对冲或安全港。正如我们所看到的，加密通证的价格都是高度相关的。它们经常同时上升和下降。对于交易者来说，在市场下跌时，没有安全的通证，可以把钱放在那里等待市场的底部。唯一的选择似乎是使用法定货币退出并重新进入市场，这在税收、交易速度或算法自动化方面造成了问题。在交易中，稳定币的需求量很大。

稳定币是对于通证销售来说是一个糟糕的候选，因为没有人想买一个不升值的通证。但算法的稳定币通常成对出现，代表资产池的通证确实有可能涨价。在接下来的两节中，我们将讨论在没有中央银行的区块链网络上发行稳定币的两种常见方法。

22.5.2.1　完全抵押的稳定币

一个完全抵押的稳定币总是可以在任何时候兑换一个稳定的价值。例如，用户可以从发行者那里以1美元的价格购买稳定币。发行人可以是任何中心化的实体，并持有美元作为储备。发行人承诺在任何时间以1美元兑换及销毁稳定币。然后，在区块链网络的交易中使用稳定币，每笔交易都会产生一笔由发行者收取的费用。

用户可以选择持有和重用稳定币，而不是在使用之前和之后立即将稳定币转换为美元。这是因为：

- 将稳定币兑换成美元需要KYC和银行费用。
- 从交易费用中获得潜在红利。

发行人之所以要经历持有和交换美元的麻烦，是因为可以从以下方面获利：

- 稳定币交易的潜在费用。
- 持有作为抵押品的美元利率。

在这个场景中，我们有一个通用的稳定币发行者。事实上，区块链网络中的许多实体都有额外的动机来发行稳定币，并有更多的方式从稳定币中获利。以下是一些例子：

- 现金流发行者：可由有稳定美元现金流的企业发行。稳定币可以从业务产生的现金收入中发放，然后返还客户。这允许企业补贴和促进某些用户行为，作为一个副作用，同时创建了一个稳定币。
- 贷款发行者：稳定币可以由加密贷款创建。发行者可以将比特币作为抵押，发行稳定币作为美元使用。当稳定币持有人赎回他们的稳定币时，发行商会出售比特币支付美元。在这种情况下，当比特币价格下跌时，必须有规则将比特币抵押品变现为美元。
- 支付者发行人：稳定币可由交易网络上交易量大的用户发行。用户存入支付所需的美元并发出自己的稳定币，然后，用户使用生成的稳定币进行实际支付。收款人可以进一步将稳定币用于其他付款，发行人持有美元存款作为未偿付的稳定币的负债。在这种情况下，发行方实际上是为整个网络的支付提供担保，这可以说是该网络的重度用户的责任。这种方法的一个关键好处是它可以去中心化。

可以看到，实体推出担保资产和发行稳定币的原因是多方面的。我们可以设想未来的世界将有许多不同的稳定币，适用于不同的应用场景和发行者的利益。

> **注意**
>
> USDT 是广泛使用的稳定币，它由发行方持有的美元支持。理论上，USDT 持有者可以在任何时候以 1∶1 的比例兑换美元。这给了 USDT 一个以美元衡量的稳定价格。然而，依靠中央发行者的信用和信誉，USDT 只是一个小型的、私有的“中央银行”。这种做法非常违背区块链社区的精神。然而，USDT 的流行表明对稳定币的真正需求。

22.5.2.2 算法稳定币

另一类有趣但尚未被证明的稳定币叫作*算法稳定币*。其基本思路是创建一个资产池，在代币价格下跌时买进，在价格上涨时卖出。也就是说，利用市场机制来创建一个稳定币。算法稳定币的关键好处是，它们不需要全部抵押品来保持稳定。它们有能力在市场波动时动态地将资本和资产吸引到系统中，作为抵押品发挥作用。

已经有人尝试创建一个算法稳定币。例如，创客（Maker）协议创建了两个相互链接的通证。两个通证都是自由浮动的，但通过对创客 MKR 通证的交易，使资产支持的代币价格趋于稳定。在本书中，不会详细介绍创客协议，有兴趣的读者可以在 https://makerdao.com/whitepaper/ 阅读白皮书。

22.6 本章小结

在本章中，我们解释了区块链加密货币的常见经济设计。在本书的余下部分，我们将探索如何使用加密货币来支持构建实际的区块链网络。

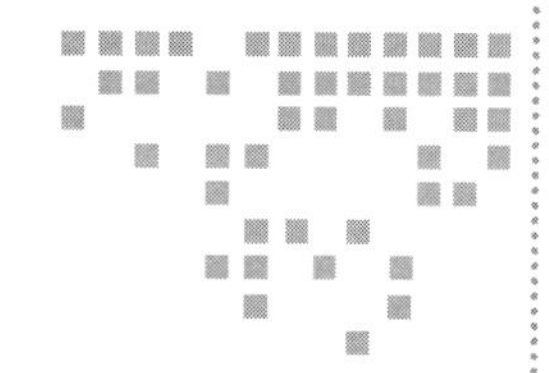

第23章 Chapter 23

ICO

Ash SeungHwan Han 著

ICO是initial coin offering（首次代币发行）的缩写，源于常用的首次公开募股（Initial Public Offering，IPO）一词。根据项目或代币（通证）的特性以及法律解释，它被称为贡献、捐赠或通证生成事件（Token Generation Event，TGE）。在本章中，我们将介绍各种ICO，何时以及如何使用它们。

23.1 简短的历史

进入资本市场是现代资本主义的一个显著特征。对于要开发的新业务或项目，一定数量的资本通常是必要的。通过ICO，筹集资金，参与者从项目中获得基于区块链的通证。如果通证价格上涨，参与者就会获利。如果说IPO是企业融资的传统工具，那么ICO就是一种新的基于区块链的融资方式。

第一次ICO发生在2013年9月，涉及的是Mastercoin的ICO，共筹集了4740个比特币，根据该时期的比特币价格估计为60万美元。该基金由一个基金会管理，用于开发Mastercoin和促进生态系统发展。

不久之后，其他ICO项目也纷纷效仿。2013年NXT进行ICO，2014年以太坊、Counterparty、Digibyte、NEM、Maidsafe、Supernet、Storj等项目成功完成ICO。2015年，Augur、Synereo、NEO和IOTA也都走上了ICO的道路。2016年ICO市场开始蓬勃发展，DAO、Waves、Stratis、Iconomi、Komodo、Golem、Chronobank等70多个项目都完成了ICO。据记录，2017年有900多个项目筹集了大约60亿美元。ICO市场实现了显著增长。

ICO项目是历史上最成功的众筹项目之一。最大的ICO是Filecoin项目，该项目在

2017年9月筹集了2.57亿美元。第二大是Tezos，在2017年7月筹集了2.32亿美元。当时，Tezos共筹集了65 627个BTC和361 122个ETH，按2018年1月13日的价格计算，总计14亿美元。

2014年启动的以太坊项目在推广ICO方面发挥了关键作用。以太坊是一个区块链平台，用户可以直接在以太坊虚拟机上开发和执行代码。在以太坊上，ERC20规范提供了发布新通证的标准方法，然后这些通证可以在ICO中销售。

由于以太坊上有ERC20通证，所以不需要构建或维护自己的区块链来发布加密通证。通过使用现成的源代码，可以简单地使用以太坊区块链来发行通证。因此，ICO在技术上变得容易了很多，这一较低的门槛导致了ICO在2017年的繁荣。

已经成功支持ICO的主要平台区块链项目有以太坊、Cosmos、EOS、Qtum、NEO、Cardano、Waves、NEM、CyberMiles等。

23.2 ICO的效用

ICO为新发明的加密通证提供了一种设定市场价格的机制。可交易的加密通证最终将由市场供求力量决定其价值。然而，在一个新的通证开始发行时，很难预测市场价格。ICO允许早期的市场参与者就一个通证的价值达成共识，并为早期的参与者提供一个以共识价格购买通证的机会。

当比特币首次推出时，它没有价格。后来，当人们开始在交易和商业中使用比特币时，比特币的价格随着交易的时间、地点和性质而剧烈波动。经过多年的努力，比特币的价格才在任何时候都能达成共识。在达成这一共识后，比特币成为一种用于储存和交换价值的真正货币。到2019年6月，按总市值计算，比特币在全球最有价值货币中排名第九，仅次于日本、中国、欧盟、美国、英国、瑞士、印度和俄罗斯的货币。

正如比特币的历史所展示，市场可能需要数年时间才能为一种加密货币设定一个共识价格。事实上，对于大多数没有通过ICO的加密货币来说，它们没有价格，因此很难交易。如果没有可交易的通证，基础的区块链项目就无法为其社区提供激励或构建网络效应。

23.2.1 助推区块链项目

如前所述，区块链项目的一个重要的决定性特征是其网络效应。ICO有助于网络效应的启动。当更多的人自主参与并为项目做出贡献时，区块链项目就会扩展。区块链项目的价值在它所创建的网络中。如果网络的未来价值从一开始就被定价并分配给参与者，那么更多的人会参与进来，并对项目有主人翁的感觉。这就形成了一个正反馈循环，从而启动了网络效应。

从网络效应的角度来看，了解有多少人参加ICO以及他们是谁是很重要的。一般来说，能够直接为项目做出贡献的多元化参与者加入ICO更有利。例如，如果一个项目要为娱乐业务创建一个区块链网络，来自歌手、演员、唱片公司、唱片发行公司和电影制作公司等各方的ICO参与者将特别有价值，因为他们可以帮助扩大网络，从而在ICO之后增加他们自己的通证价值。

PoS项目的网络效应

如第2章所述，区块链主要有两种类型：工作量证明（PoW）区块链和权益证明（PoS）区块链。虽然比特币和最初的以太坊都是PoW区块链，但是新一代可伸缩和高性能的区块链都是PoS类型的。

然而，在构建网络效应方面，PoW区块链已经有了成熟的路径。PoW通证会逐渐发放给那些投资了真金白银建设区块链基础设施的矿工。矿工们互相竞争以建立一个多样化的去中心化的网络。然而，看到区块链网络获得成功，通证价格上涨，矿工有既得利益。

但是，在PoS区块链的情况下，发出的通证总数通常是固定的（或以一定的速率预先确定的），一个人可以拥有所有的通证。因此，如何在众多利益相关者的共同努力下，建立一个多样化的网络来发展PoS区块链是一个至关重要的问题。ICO恰恰提供了这种机制。

在PoS项目中分发通证的一种简单方法是举行通证销售，让人们购买通证。然而，如果有人愿意购买大多数通证并持有超过51%的PoS投票权，这仍然可能导致垄断和腐败。这种现象被称为*拜占庭式攻击*或*51%攻击*。解决的办法是举行一次公开的通证拍卖，并优化规则，以包括尽可能多的公众参与者（即，设定个人上限及参与资格规则）。因此，对于PoS区块链，有三个因素会显著影响系统的稳定性。

- 公开ICO的可能性
- ICO参与者的数量
- ICO筹款金额

有尽可能多的参与者是必要的，而通证的总市值应该足够高，以避免一个参与者或少数参与者试图主导共识机制的攻击。

23.2.2 融资

当然，除了立即创建一个真正的利益相关者社区来发展区块链网络之外，ICO还帮助项目筹集了资金。大多数区块链项目是没有中心机构的社区项目，这使得它们不适合基于股权的投资。然而，正如我们一再看到的（如优步、亚马逊、Facebook），构建网络效应需要大量的资金，通证出售的收益现在可以用于这些目的。ICO可以为技术开发、网络运营和治理、法律合规、社区激励、未来网络服务的预付款以及许多其他目的筹集资金。

当然，随着ICO的流行，那些没有直接利用区块链技术的企业也在通过ICO筹集资金。这是一个有趣的现象，它引出了“证券通证”的概念——表示资产所有权的通证，而不是区块链上实用程序的支付机制。将ICO主要用作融资机制的主要理由如下。

23.2.2.1 高需求

加密货币市场的资金量呈爆炸式增长，因为投资者对具有强大网络效应或能够以新方式将资产证券化的项目有着高风险偏好。与传统的风险投资相比，通过ICO进行融资的难度更低，可以筹集到更多的资金。

23.2.2.2 营销效应

ICO营销效应类似于网络效应。通过早期采用者和购买者的传播，它引起了公众对项目的关注。ICO项目有可能通过多种全球渠道进行成功的全球营销。

23.2.2.3 即时流动性

即使不在交易所上市，加密通证也可以即时交易。而且，加密通证的交易所上市比股票交易所上市要容易得多。通过交易所和商业交易，项目可以赚取额外的资本，吸引更多的参与者。

23.3 ICO与传统股权融资的对比

在这一部分，让我们扩展ICO的筹资视野，因为大多数人认为ICO是筹集资金的一种方式，这里将定义ICO与传统风险投资模式的区别。

23.3.1 投资壁垒

在传统的风险投资（VC）模式中，投资者必须以有限合伙人（LP）的身份向风险投资基金出资。投资需要大量的资金，普通合伙人代表有限合伙人做出投资决策，并在管理费和附带权益方面大幅削减。

然而，就ICO而言，全球任何人都可以参与，无论投资资本如何。事实上，任何人都可以投资一家初创公司，这使得ICO成为一个创新的投资过程。

> **注意**
>
> 需要注意的是，在一些国家，包括美国，一些ICO可能被视为证券产品。为了遵守证券法规，我们强烈建议ICO发行方对参与公开代币发行的每一位投资者的身份进行核查（即身份认证（Know The Customer，KYC）验证）。

23.3.2 融资壁垒

对于初创公司来说，获得风险资本的股权投资有很多不利之处。风险投资评估和尽职调查的过程通常是耗时且乏味的。由于风险投资是一种稀缺资源，创业公司在合约谈判中没有任何话语权。因此，投资合约往往非常有利于投资者，而将项目及其创始人置于潜在的危险之中。此外，风险投资者往往对企业的决策过程有着过度的控制。

ICO允许公众和全世界从一开始就参与投资过程。一笔风险投资交易可能在与风险投资家几次不成功的会面后就夭折了，而ICO可以从一个更大的投资池中锁定特定的投资者。

在2017年和2018年，许多ICO项目比风投项目在更短的时间内筹集了更多的资金。

23.3.3 监管/文书工作

典型的风险投资交易需要监管部门的批准以及大量的行政工作。即使在风险投资交易完成后，可能也需要很长时间（甚至几个月）资金才能到位，团队才能开始项目工作。目前，ICO只需要最低限度的监管，它们只需要很少的文书工作（通常由以太坊上的智能合约强制执行），而且资金是即时的。然而，随着越来越多的国家决定对此进行监管，所有这些在未来都可能发生改变。例如，大多数ICO项目已经自觉地将美国居民排除在它们的公开销售之外。当然，这也意味着项目必须为所有潜在的参与者注册并执行KYC，然后他们才能投资。这是单靠区块链智能合约无法做到的。

展望未来，美国有一些法规可以作为完全规范和兼容ICO的法律框架。

- 法规D 506（c）：只向认可投资者发售代币，没有投资或筹资的限制。虽然这听起来很简单，但它也严重限制了代币的流动性及其网络效应。代币发行后必须在证券交易所交易。
- 监管众筹：这允许任何人投资，但该项目每年募集资金不得超过107万美元。对于较小的项目，例如软件开发，这是一种很好的方法，但是对于旨在构建大型网络的项目，这不是一个可行的选择。对于网络项目来说，筹款上限实在太低了。
- 法规A+：这允许任何人投资，但该项目在通过美国证券交易委员会的资格审查程序后，每年只能筹集5000万美元。

法规A+有可能成为未来ICO的框架。这种类型的ICO也称为证券通证产品（Security Token Offering，STO）。截至2018年上半年，各个项目和美国证券交易委员会都在探索如何最好地向前发展。

23.3.4 融资之后的流动性

流动性是ICO获得空前增长的关键原因。在传统的风险投资交易中，投资者的资产变现（或"套现"）要求投资者等待下一轮投资或IPO。这需要时间，而且可能有下一轮投资完全泡汤的风险。

同时，由于ICO是在区块链上进行的，投资交易可以在没有中介的情况下进行。此外，如果加密资产在加密货币交易所上市，这又会增加流动性，充足的流动性鼓励更多的人进入市场。

23.3.5 社区参与

对于区块链项目来说，社区参与对于网络效应和整个项目的成功是至关重要的。然而，风险投资者在项目中的角色仅限于筹集资金，而不是建立一个社区。

同时，ICO本身就是一个建立社区的过程。ICO在其投资阶段建立的社区可能会成为项目发展的基础。

23.3.6 风险

基于股权的风险投资和ICO投资具有不同类型的风险。

一个典型的ICO项目往往比一个典型的寻求风险投资的项目处于更早的阶段。大多数ICO项目仅凭借其技术愿景和网络构建路线图获得资金。在项目成熟度方面，ICO可以被认为是高风险的。

然而，由于ICO项目实现流动性的速度要比风险投资项目快得多，投资损失的风险也就大大降低了，因为投资者直到项目最后才会把资金投入到项目中。在流动性风险方面，ICO的风险应该被认为低于股权投资。

23.3.7 市场规模

传统的风险投资市场规模庞大。根据行业数据库Crunchbase的数据，大约有22 700家初创公司获得了总计2130亿美元的投资。

根据Coindesk收集的数据，从2017年1月到2017年11月，ICO收到了大约35亿美元的资金。2017年，ICO的资本流入呈指数级增长。

23.4 评估一个ICO项目

在本节中，我们将讨论如何通过查看ICO项目的关键组件来评估它。一个典型的ICO由以下组成部分组成：项目、团队、资金、社区和法律框架。

23.4.1 项目

项目是ICO的目标。项目的性质决定了ICO期间应该筹集多少资金，以及如何为各种目的分配代币。一个明确的目标、路线图和时间表应该被定义，这个项目在目标和时间框架方面应该是现实的。

23.4.2 团队

与任何企业家的努力一样，团队决定了项目的最终成功。团队应该由项目所需的所有专业领域的企业家、经理和领域专家组成，每个成员的角色应该明确指定。在评估项目时，我们应该考虑每个团队成员对项目的投入程度，例如全职工作的情况。

23.4.3 融资结构

ICO通过出售通证来筹集资金。通证式销售结构因项目而异，例如，所有的通证都可以一次性发布销售。然而，通常情况下，一部分可使用的代币可以指定给ICO前一轮特定的投资者群体（即非私募），其余的将在以后出售给公众。

23.4.4 通证分配表

ICO 创建的通证分配在项目生态系统的形成中起着至关重要的作用。一般来说，一部分代币会留给团队、ICO 参与者和生态系统的开发，分配计划应该根据项目的目标来制定。

23.4.5 社区

正如我们提到的，创建和发展一个社区对于 ICO 区块链项目至关重要。公共区块链是去中心化的，因此它的效用相对于它的参与者和它的网络是增加的。ICO 在帮助推动增长的同时，社区必须在 ICO 之后产生自身的增长和积极的网络效应。必须有一个明确的机制，让 ICO 的参与者继续参与到项目中来。社区可以回答问题，举办活动，或者为项目的技术开发做出贡献。

大多数项目着眼于发展全球社区。例如，比特币和以太坊社区在全球举办各种活动，并分享一种伟大的归属感。

23.4.6 法律框架

由于 ICO 的目的是建立一个区块链网络，因此它通常由一个非营利性组织（即基金会）来提供网络的治理和管理。由于世界各国的法律风险各不相同，许多 ICO 选择新加坡或瑞士作为其基金会的法律所在地。然而，这项工作通常是与通过合约向基金会提供服务的营利性公司合作完成的。这是一个复杂的结构，必须在健全的法律指导下建立。ICO 鼓励投资者重新审视由融资基金会提供的法律设置和投资者保护。

在 ICO 期间，基金会还需要适应世界各地不断变化的法律环境。例如，它必须排除某些国家的公民或居民，以避免政策禁令或潜在的违反证券法规的行为。

23.5 ICO 的参与风险

作为一种基本不受监管的融资形式，目前的 ICO 对新手投资者来说风险很大。在本节中，我们将讨论与 ICO 项目相关的一些常见风险因素。

23.5.1 黑客攻击的风险

ICO 技术含量高，涉及加密货币账户、智能合约、KYC 流程等，而且涉及大量资金。正因为如此，它们遭受了广泛的黑客攻击。

ICO 项目本身也可能被黑客攻击。诸如 DAO、Polkadot 和 Coindash 等备受瞩目的项目都成为黑客事件的受害者，并导致了数亿美元的损失。在这种情况下，虽然投资者仍可能收到承诺的代币，但投资资金的损失将对项目的发展产生不利的影响。

参与ICO的过程本身也有风险。一些参与者成为网络钓鱼攻击的受害者，他们发送投资资金的地址或者接收代币的地址是错误的。

23.5.2 项目开发风险

就像所有的创业公司一样，ICO项目本身可能会失败，甚至在筹集到资金之后，最终也会使在ICO中出售的代币变得一文不值。

- 整个ICO可能是一个骗局。例如，ICO的目的不是项目本身，而是ICO本身。
- 实现项目目标的技术不存在或无法开发。
- 项目不能发挥网络效应，找不到足够的用户参与。
- 市场上已经存在更好的解决方案。
- 提供的解决方案没有市场需求。

通过对项目进行尽职调查，可以减轻所有这些问题。然而，普通散户投资者往往缺乏进行尽职调查所需的资源和专业技能，这可能会催生专业和独立的ICO评级机构。

23.5.3 团队的风险

最终，任何项目的成功都取决于团队。团队中的人员通常也是项目中最不确定和最危险的部分。ICO的项目团队过去也曾随基金一起解散并消失。大量的资金可能会导致团队内部的冲突。有些项目会失败，因为团队成员无法就如何公平补偿彼此达成一致。然而，也发现有一些团队在技术上无法执行该项目。

23.6 本章小结

在本章中，我们讨论了什么是ICO，以及为什么ICO对于区块链项目如此重要，而不仅仅是简单的融资。这种不受监管的融资形式存在许多风险，但如果操作得当，它也能带来巨大的经济回报，而且是以协作用户社区的形式。

ICO只是一个筹集资金和启动社区的活动，是一个漫长旅程的开始。为了获得成功并为其通证创造价值，每个项目必须专注于其目标。让马拉松开始吧！

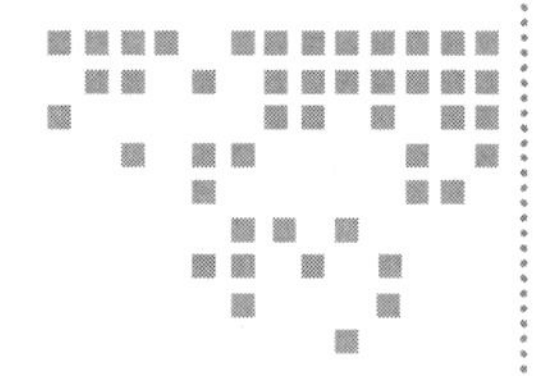

第 24 章 Chapter 24

加密货币交易所

Ash SeungHwan Han 著

加密货币生态系统中的一个关键组件是交易所。当用户说自己的账户中有价值 1 万美元（USD）的比特币时，这意味着用户现在可以把这些比特币兑换成 1 万美元，并把美元存入银行。加密货币（通证）只有在不断交易时才有价值和流动性。正如前几章所讨论的，加密货币只能作为区块链激励设计的一部分，当它们的价值在社区中被广泛接受时，才能促进网络效应。

在本章中，我们将一起探寻当下加密货币交易所所提供的服务，并讨论不同类型的交易所以及这些交易所在加密货币生态系统中所起的作用。

24.1 交易所的类型

交易所允许人们用加密货币与其他加密货币进行交易，以及与美元等法定货币进行交易。一般来说，交易所有三种类型。

24.1.1 支持法定货币的交易所

法定货币交易所允许加密货币和法定货币之间的交易。它们必须得到政府的许可才能与银行开展业务，这样用户才能通过银行账户或银行发行的信用卡收发法定货币。这些交易所受到严格的政府监管，通常只允许少数知名加密货币（如 BTC 和 ETH）直接兑换成法定货币。

支持法定货币的交易所通常是最有信誉和最可靠的交易所，因为它们是由政府作为半金融机构监管的。然而，它们也是最受限制和最中心化的。例如，它们需要核实和记录每个用户的详细个人信息，以防止洗钱和征税。尽管方便，但它们的存在并不符合区块链加密货币去中心化的世界观，正因为如此，许多人认为支持法定货币的交易所只是朝着真正去中心化的金融体系迈出的第一步。

可以交易美元的代表性法定加密交易所有 Kraken 和 GDax（来自 Coinbase）。

24.1.2 只支持通证的交易所

这类交易所只支持加密通证之间的交易。由于交易中不涉及法定货币，这些交易所受到的监管要少得多，因此其增长可以快得多。在撰写本书时，这种类型的交易所是加密货币世界中交易量最大的交易所。然而，随着对这些交易所的监管收紧，它们未来的增长受到了质疑。具体来说，或许这些交易所确实需要监管，所有参与者必须使用真实姓名，并为他们的收入纳税。

大多数只支持通证的交易所还提供针对某种资产支持的“稳定币”之间的交易，作为人们在市场波动期间暂时存放资产的一种方式，而不必真正转换为法定货币。这类资产支持的通证包括 USDT，它以 1 : 1 的比例由传统银行的美元存款支持。这些资产支持的通证的法律地位也很模糊。

只支持通证的代表性交易所包括 Binance、OKEX 和 HuoBi。目前这一代只支持通证的交易所也是高度中心化的，也只有一家盈利的公司在经营这类交易所。为了方便营销，交易所有时会发行自己的加密通证（例如，来自 Binance 的 BNB），并通过折扣和回购将公司的利润从股权持有者转换为通证持有者。

> **注意**
>
> 在完全禁止加密通证交易的国家，还有另一种类型的交易所，称为场外（Over-The-Counter, OTC）交易所。这些交易所只列出订单，让交易双方找到对方，并在平台之外进行交易。通常有一种机制供各方报告交易完成情况并发布订单。它就像 Craigslist 上的加密交易！

24.1.3 证券通证交易所

证券通证交易所是加密货币领域的一个新兴趋势。它是用来交易被归类为有价证券的通证。与普通证券交易所一样，这些交易所也将受到证券法律的约束。在严格的监管下，许多类型的证券只能由合格投资者进行交易。这种类型的交易是高度中心化的，但它也代表了证券通证被主流采用的最大机会。通证化证券产品也称为*证券通证产品*（security token offering，STO）。

目前有许多为证券通证构建交易所的努力。值得注意的项目有：

- OpenFinance Network（http://OpenFinance.io）是美国最早完全兼容证券通证的交易所之一。它创建了一个开放的技术标准，称为 S3（智能证券标准 Smart Securities

Standard，见 https://github.com/OpenFinanceIO/smart-securities-standard），这个标准将 ERC20 通证合约与 KYC 和 OpenFinance 网络上的反洗钱（Anti-Money Laundry，AML）服务连接起来。这使得 ERC20 通证能够确定哪些交易符合证券法，并据此采取相应的措施。

- tZero 项目已经从 ICO 筹集了 1 亿美元，用于建立一个合规的交易所，用于交易证券通证。
- Templum 项目正在为 ICO 和二级市场搭建一个证券交易平台。
- Circle 是一家加密货币的 P2P 支付公司，最近收购了基于美元的加密货币交易所 Poloniex，用来构建一个合规的证券通证交易所。
- Harbor 项目正在为 STO 和证券通证交易所构建一个去中心化的合规协议。
- Polymath 项目的目标是建立一个区块链系统，该系统可以获取所有投资者的个人信息，以确定谁可以与谁交易何种证券。这是一个雄心勃勃的项目，可以作为证券交易的技术支柱。

正如读者所看到的，已经有很多构建证券通证的尝试。如果这些努力取得成功，加密数字资产的格局将被彻底重塑。

24.2　去中心化交易所

如前所述，当今加密通证交易所的最大问题之一是中心化。对于一个建立在去中心化思想之上的生态系统来说，关键的基础设施被中心化的公司所控制是具有讽刺意味的。这有以下几个原因。

- 对于法定货币交易所，银行监管机构的法律规定（即，交易员的真实身份和不法行为的责任）要求交易所必须具有中心化的经营实体。
- 然而，大部分密码通证的交易流量并不在法定交易所。大多数交易发生在只允许使用通证的交易所。对于只使用通证的交易所，中心化的模式使其更有效地匹配交易订单，因此可以创建更多的交易深度（trading depth），这对交易所的实用价值至关重要。
- 中心化交易所可以激励参与和活跃交易，从而创造更多的深度。

去中心化交易的不需要交易方将通证和资产发送到交易所的账户，并在交易所系统内进行交易。去中心化交易所可以匹配世界任何地方的交易方，然后直接从交易方的私人钱包中交换代币。去中心化交易所不是一个操作实体，而是一个网络协议，可能作为一个智能合约存在于区块链上。

除了意识形态上的原因外，创建和使用去中心化的交易也有令人信服的实际原因。例如，去中心化的交易要安全得多。加密通证的交易所是吸引黑客的磁石。过去，几乎所有的加密通证交易所都曾遭到黑客攻击。因此，在交易所的账户上发送和存储加密通证资产的过程并不总是安全的。当然，直接使用自己的私人加密钱包进行交易要安全得多，就像去中心交易那样。

对于去中心化的交易，有许多伟大的但仍处于试验阶段的想法。

- EtherDelta 和 BTS 是在以太坊和 BitShare 区块链上的最早的去中心化交易所，这些交易所是一些智能合约，允许交易者从私人账户下单并执行交易。
- 较新的协议（如 Kyber 网络）试图做的不仅仅是交易。它们提供各种各样的金融服务，如复杂的合约和支付。
- DAEX 是一种用于去中心化结算的协议。这个想法是，中心化交易所对于撮合（匹配）非常重要，但为了安全起见，账户结算（即通证资产的实际转移）应该从交易者的私人账户进行。因此，DAEX 可以为中心化的交易所提供去中心化的安全性。
- 0x 是一种协议，它分解了交易网络的所有模块，从钱包到订货台再到交易协议和接口。它支持从头开始构建一个新的交易所，并在每个模块中采用任何级别的去中心化。
- Bancor 协议的目标是创建一种新的智能合约支持的通证，它可以作为中介为世界上的任何通证提供交易对家。汇率是通过协议而不是贸易订单来计算的，因此总是存在流动性。虽然 Bancor 系统在实现上存在问题（目前的系统被证明存在显著的“前端运行”风险），但这是一个值得探索的想法。
- Uniswap 是一种算法流动性协议，类似于 Bancor，但没有 ICO 通证。它只是允许做市商向流动性资金池贡献资金，而用户可以根据算法确定的价格与资金池进行交易。它正成为以太坊最受欢迎的去中心化交易所之一。
- 所有这些系统都在单一的区块链网络上工作。去中心化交易所的智能合约必须存在于某个区块链上，并且只能处理该区块链上的资产。Polkadot 和 Cosmos IBC 协议提供了跨区块链的资产交易机制。它们可以确保在发送方的区块链上进行通证销毁，在接收方的区块链上进行通证创建。它们为跨链去中心化交易所提供了基础。

关于去中心化交易所的研究和实验非常活跃。在接下来的几年里，我们将看到哪些想法会被市场接受！

24.3 产品和服务

来自所有交易所的产品和服务，无论它们是否是去中心化的，都是相似的。

- 所有的交易所都提供现货交易，你可以立即交易自己已经拥有的通证和资产。这些资产已经在读者的钱包或账户里了。
- 许多交易所提供期货交易。这是一种基于现有通证的未来价格进行交易的方法。一般来说，期货存在于 1 天、7 天、30 天等，当某一日期到来时，将当前价格与期货价格进行比较，得出变化。

- 对于不存在的通证，有些交易所允许你交易欠条。虽然实际的通证尚未发行，但它是一种期货交易，前提是把它交易给未来的通证。例如，在比特币 SegWit（隔离见证）硬分叉出现之前的日子里，普通的比特币和 SegWit 比特币在 SegWit 出现之前就已经在市场上交易了。
- 一些交易所支持保证金交易。在这种情况下，可以交易的金额可能比一个人实际拥有的要大。如果存在杠杆率为 10 倍的保证金交易，其效果相当于 1 个比特币当 10 个比特币交易。因此，如果有 10% 的价格增加，读者可以赚取 100% 的利润。当然，在亏损期间发生相反的情况。

许多交易所提供的更有趣的“产品”之一是交易所自己的加密通证，称为*平台币*。例子包括来自 Binance 的 BNB 和来自 Huobi 的 HT。这些通证用于激励交易所的用户进行更多交易，并将更多用户介绍给交易所。它们通常会提供交易费用折扣、推荐奖金，甚至是交易所的利润分成。社区中的许多人，包括监管者，认为这些通证类似于交易所发行的股票，而不是效用通证。

除了交易服务，一些交易所还试图在加密世界中提供更传统的金融服务。例如，交易所可以提供托管服务，帮助基金管理和记录其通证。Coinbase 交易所是美国第一个合法的加密托管服务。该交易所可以充当“银行”，向用户发放通证并收取利息。交易所还可以向投资者出售通证组合，作为“共同基金”甚至“指数基金”。

24.4 本章小结

交易所是密码通证生态系统的关键部分。对运营商来说，加密交易通常利润丰厚，因为与传统金融交易不同，加密交易不受监管，可以从事范围广泛的活动，包括针对自己客户的交易。今天的重大挑战是通过适当的去中心化使交易所变得安全，并确定交易所应在何种法律框架下运作。

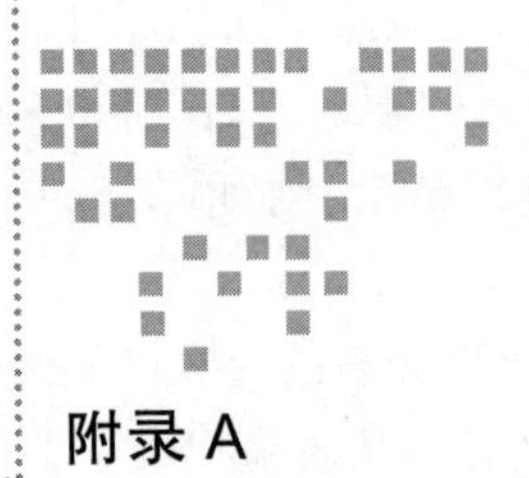

Appendix A 附录 A

开始使用 CyberMiles

CyberMiles 是一个基于委托权益共识（Delegated Proof-of-Stake，DPoS）的公共区块链，并且与以太坊协议兼容。虽然 CyberMiles 为以太坊生态系统带来了许多增强的功能，但也可以作为一个比以太坊区块链更快、更便宜、更可靠的替代选择。所有的以太坊智能合约都可以在 CyberMiles 区块链上运行，无须修改。此外，CyberMiles 生态系统拥有易于使用的开发工具，这些工具是基于以太坊的改进版本。因此，CyberMiles 是学习以太坊协议并开始应用开发的很好选择。

虽然在 CyberMiles 公共区块链上有许多工具，读者可以快速熟悉 Lity、智能合约和 Dapp 的开发。如果要真正了解区块链的工作方式，读者应该启动一个 CyberMiles 节点并将其与区块链网络同步。该节点可以在服务器上运行，如果需要，甚至可以在读者自己的笔记本上运行。在本附录中，将描述如何使用 Docker 运行 CyberMiles 节点，以及如何使用命令行工具与节点交互。

A.1 部署 CyberMiles 节点

部署 CyberMiles 节点的最快方法是使用最新节点软件的 Docker 镜像以及最新区块数据的快照。下面的说明向读者展示了如何构建一个 CyberMiles 测试网节点。首先，读者必须安装 Docker 软件：https://docs.docker.com/install/。

Travis 的 Docker 镜像存储在 Docker Hub 上。测试网环境使用 `vTestnet` 版本，它可以自动从 Travis 中提取。

```
docker pull cybermiles/travis:vTestnet
```

接下来，让我们将区块链的配置和数据下载到本地目录（$HOME/.travis）中。然后通过 Docker 容器访问它。配置文件如下：

```
$ rm -rf $HOME/.travis && mkdir -p $HOME/.travis/config
$ curl https://raw.githubusercontent.com/CyberMiles/testnet/
master/travis/init/config/config.toml > $HOME/.travis/config/config.toml
$ curl https://raw.githubusercontent.com/CyberMiles/testnet/
master/travis/init/config/genesis.json > $HOME/.travis/config/genesis.json
```

读者可以编辑 config.toml 文件，将节点的名称更改为自己的名称。

```
$ vim ~/.travis/config/config.toml
# here you can change your name
moniker = "<your_custom_name>"
```

然后，通过下面的链接下载最新的区块数据快照：

```
$ wget $(curl -s http://s3-us-west-2.amazonaws.com/travis-ss-testnet/
latest.html)
```

提取 tar 文件并将 data 和 vm 子目录从未压缩的目录复制到 $HOME/.travis。最后，通过将本地的 $HOME/.travis 目录映射到 Docker 容器的 /travis 目录来启动 Docker。

```
$ docker run --name travis -v $HOME/.travis:/
travis -t -p 26657:26657 cybermiles/travis:vTestnet node start --home
/travis
```

读者可以使用类似的过程来启动 CyberMiles 的主网节点。唯一的区别是配置数据和区块数据的下载链接。详细信息见：https://travis. readthedocs.io/en/latest/connect-mainnet.html。

A.2　节点上的交互式控制台

一旦 CyberMiles 节点和区块链网络同步完成，就可以使用 Travis 程序连接到该节点，并可以通过该节点向网络发送命令并交互。读者所需要做的就是将 travis 命令挂接到该节点上。下面的命令需要在 Docker 容器的相同主机上运行：

```
$ docker exec -it travis bash
> ./travis attach http://localhost:8545
```

> **注意**
>
> 永远不要在启用 personal 模块时将端口 8545 暴露在防火墙之外。如果这样做，黑客将能够窃取存储在节点上的所有加密货币。

Travis 在新终端中打开一个交互式控制台，然后读者可以使用 web3-cmt 的 JavaScript

API 访问区块链。例如，下面的命令将创建一个新账户来保存这个网络上的虚拟货币。只需重复几次 newAccount() 命令，读者将在 cmt.accounts 列表中看到一些账户。如前所述，每个账户由一对私有密钥和公共密钥组成。对于此账户的所有交易，区块链上只记录公钥。

```
> personal.newAccount()
Passphrase:
Repeat passphrase:
"0x7631a9f5b7af9705eb7ce0679022d8174ae51ce0"
> cmt.accounts
["0x7631a9f5b7af9705eb7ce0679022d8174ae51ce0", ...]
```

当读者通过 Travis 控制台创建或解锁账户时，账户的私钥存储在节点文件系统的 keystore 文件中。接下来，读者可以将一些 CMT 从一个账户发送到另一个账户。或者，如果读者的节点在测试网上，可以从链接 https://travis-faucet.cybermiles.io/ 获取测试网的 CMT。

```
> personal.unlockAccount("0x7631a9f5b7af9705eb7ce0679022d8174ae51ce0")
Unlock account 0x7631a9f5b7af9705eb7ce0679022d8174ae51ce0
Passphrase:
true
> cmt.sendTransaction({from:"0x7631a9f5b7af9705eb7ce0679022d8174ae51ce0",
to:"0xfa9ee3557ba7572eb9ee2b96b12baa65f4d2ed8b", value: web3.toWei(0.05,
"cmt")})
"0xf63cae7598583491f0c9074c8e1415673f6a7382b1c57cc9b06cc77032f80ed3"
```

最后一行是用于在两个账户之间发送 0.05 CMT 的交易 ID。在下一个示例中，让我们看看如何构建和部署智能合约，然后调用合约中的函数。

要从源代码构建智能合约，可以使用 Europa 集成开发环境。或者，读者可以使用 lityc 命令行编译器，它提供了比 Europa 更高级的特性，比如安全性和合规性检查（见第 15 章）。Europa 和 lityc 的目标是相同的：从 Lity/Solidity 源代码生成应用程序二进制接口和字节码，以便将它们部署到区块链上。让我们看看如何使用 lityc 实现这个目的。读者可以按照链接 https://lity.readthedocs.io/ 中的说明安装 lityc。下面的命令从 HelloWorld.lity 生成字节码和 ABI 定义：

```
$ lityc --bin HelloWorld.lity
======= ./HelloWorld.lity:HelloWorld =======
Binary:
608060405234...

$ lityc --abi HelloWorld.lity
======= ./HelloWorld.lity:HelloWorld =======
Contract JSON ABI
[ { "constant": false, "inputs": [], "name": "kill",
"outputs": [], "payable": false, "stateMutability": "nonpayable",
"type": "function" }, { "constant": false, "inputs": [ {
"name": "_new_msg", "type": "string" } ], "name": "updateMessage",
```

```
"outputs": [], "payable": false, "stateMutability": "nonpayable",
"type": "function" }, { "inputs": [], "payable": false, "stateMutability":
"nonpayable", "type": "constructor" }, { "constant": true, "inputs": [],
"name": "owner", "outputs": [ { "name": "", "type": "address" } ],
"payable": false, "stateMutability": "view", "type": "function" }, {
"constant": true, "inputs": [], "name": "sayHello", "outputs": [ {
"name": "", "type": "string" } ], "payable": false, "stateMutability":
"view", "type": "function" } ]
```

在 Travis 控制台，现在可以将合约字节码和 ABI 部署到 CyberMiles 区块链。

```
> personal.unlockAccount(cmt.accounts[0],'1234');
> bytecode="0x608060..."
> abi = ... the ABI output ...
> contract = web3.cmt.contract(abi);
> contractInstance = contract.new(
    {
      from: web3.cmt.accounts[0],
      data: bytecode,
      gas: "4700000"
    },
    function(e, contract) {
      console.log("contract address: " + contract.address);
      console.log("transactionHash: " + contract.transactionHash);
    }
  );
```

一旦区块链确认合约部署成功，读者将在控制台上看到合约的地址。现在可以调用合约的函数。

```
> contractInstance.sayHello.call({from: cmt.accounts[0]})
Hello World
> contractInstance.updateMessage.call("Hi", {from: cmt.accounts[0]})
```

或者，读者可以从合约的部署地址获取合约实例，然后调用合约的函数。

```
> contractInstance = web3.cmt.contract(abi).at("0x1234ABCD...");
```

Travis 控制台提供了交互式访问 CyberMiles 区块链的可靠方式。强烈建议读者熟悉并使用 Travis 来探索区块链。

A.3　小结

CyberMiles 是针对电子商务应用而优化的区块链。它与以太坊区块链完全兼容，但更快、更便宜、更安全。它拥有一整套的开发和部署工具来帮助智能合约和 Dapp 的开发。因此，CyberMiles 区块链是研究和开发以太坊以及更多应用的最佳选择。